贵州大学“贵州省黔科合重大专项字〔2011〕6004号项目”扶持性（配套）资金、“水文地质学理论与实践课程体系改革项目”、“蔡家关校区水文地质学实习基地建设项目”等资助

贵州岩溶地下水

丁坚平 褚学伟 王中美 段先前 党爽 羊永夫 编著

地质出版社

·北 京·

内 容 提 要

本书主要阐述贵州岩溶地下水赋存特征、水资源评价及开发利用、矿坑涌水量预测、地下水污染防治和保护、建筑工程地下水勘察、带状地热资源开发等内容，可为分析和解决贵州岩溶地下水问题提供参考。

本书可供从事水文地质、工程地质、环境地质、岩土工程、环境工程等工作的相关技术人员阅读，亦可作为高等院校相关专业的教学参考用书。

图书在版编目（CIP）数据

贵州岩溶地下水 / 丁坚平等编著 . — 北京 : 地质出版社 , 2024.10
ISBN 978-7-116-13904-6

Ⅰ . ①贵… Ⅱ . ①丁… Ⅲ . ①岩溶水 - 地下水资源 - 研究 - 贵州 Ⅳ . ① P641.134

中国国家版本馆 CIP 数据核字 (2023) 第 233727 号

GUIZHOU YANRONG DIXIASHUI

责任编辑： 刘亚军 吴金键
责任校对： 关风云
出版发行： 地质出版社
社址邮编： 北京市海淀区学院路 31 号，100083
咨询电话：（010）66554528（邮购部）；（010）66554622（编辑室）
网　　址： https://www.gph.clmpg.com
传　　真：（010）66554622
印　　刷： 北京地大彩印有限公司
开　　本： 787mm × 1092mm 1/16
印　　张： 12
字　　数： 300 千字
版　　次： 2024 年 10 月北京第 1 版
印　　次： 2024 年 10 月北京第 1 次印刷
定　　价： 108.00 元
书　　号： ISBN 978-7-116-13904-6

序

本书第一作者丁坚平，二级教授，硕士研究生导师，国家注册岩土工程师，贵州大学资源与环境学院勘查技术与工程（水文与水资源工程）专业教研室原主任。主持和参加完成国家和省、市科研项目11项及岩土工程勘察设计、治理等项目90多项，获贵州省科技进步二等奖和三等奖3项，出版专著2部，参与主编相关专业规范3部，发表论文107篇。

贵州岩溶地区工程建设中遇到的地下水问题较为复杂，如何确保在实际工作中采用正确的分析评价方法、切实可行的设计和实施方案是水文地质工作者不断追求和探索的目标。本书作者及其研究团队，长期从事贵州岩溶水资源和水环境研究，取得的创新成果主要包括：①通过对贵州省9个市（州）2044口机井工程利用情况的调查研究，为《贵州省地下水（机井）开发利用总体规划（2013—2017年）》提供了制定依据；②《贵阳市地下水资源普查报告》为《贵阳市地下水开发利用及保护的工作方案》提供了制定依据；③归纳总结了贵州岩溶渗漏污染4种类型及水动力弥散类型，采用一维水动力弥散、有限元剖面、系统动态、神经网络等方法，对工业废渣堆场（库）岩溶渗漏污染进行预测评价及防治工程的实践，取得了一定的成效，具国际先进水平；④岩溶裂隙–管道水动力弥散特征室内模拟实验，获国家专利；⑤通过对贵州几千口钻孔的水位资料和8个市（州）长期水位监测钻孔资料的收集，以及对基坑（地下工程）涌（透）水事故的综合分析，规定了岩溶地下水抗浮水位确定的要求（DBJ52/T 046—2018），对贵州岩溶地区工程勘察事业具有创新和先进意义；⑥通过对毕节地区578个煤炭企业生产过程中对含水层破坏的调查分析，提出的《关于加强贵州省毕节地区煤炭开采地下水资源保护与监督管理的意见》实用性和可操作性强。

本书的突出特点就是具代表性和典型性，总结十几年来代表岩溶地下水资源评价及其开发利用、矿坑涌水量预测、建筑工程地下水勘察、地下水污染防治和带状地热资源开发等成果编著而成，可供岩溶水文地质工作者阅读参考。

前 言

贵州大学资源与环境工程学院（原贵州工学院地质系）自20世纪60年代以来，对贵州省岩溶地下水资源的赋存规律、水资源评价及开发利用、矿区水文地质、地下水污染等方面进行了调查和理论研究，取得以下科研成果：①全国科学大会奖——“贵州独山南部岩溶地下水系及水资源评价”（1978年）；②贵州省科技进步三等奖——“贵州独山南部岩溶水资源评价及开发利用”（1987年）；③贵州省科技进步三等奖——“岩溶地下水污染的水质模型研究”（1997年）；④贵州省科技进步二等奖——“岩溶地下水渗漏污染预测及防治研究”（2007年）；⑤《贵州岩溶地下水渗漏污染预测及防治》（地质出版社，2014年）；⑥《贵州岩溶塌陷》（地质出版社，2016年）；⑦修编《贵州省建筑岩土工程技术规范（DBJ52/T 046—2018）》（主编岩溶地下水等内容，2018年）；⑧主编《岩溶塌陷防治工程设计规范（试行）（T/CAGHP 077—2020）》（2020年）；⑨主编《岩溶塌陷防治工程设计规范（试行）（T/CAGHP 077—2020）》（2020年）。

本书研究成果得到以下项目的资助：①贵州省人民政府“六五”科技攻关项目——独山南部地区岩溶及其水资源和开发治理的研究（1985年）；②贵州省科学技术基金项目——岩溶地下水污染的水质模型研究（1994年）；③贵州省科学技术基金项目——岩溶地下水渗漏污染防治研究（2000年）；④贵州省教育厅基金项目——岩溶地下水动态模型研究（2002年）；⑤贵州省爱国卫生委员会项目——贵州省农村供水改善项目可持续发展研究（2005年）；⑥水利部综合事业局项目——贵州省毕节地区煤矿开采区地下水资源开发利用、保护和管理研究（2007年）；⑦贵州省地质矿产开发勘查局项目——贵州牛栏江—横江流域1∶5万地下水及地质环境调查（2008年）；⑧贵州省国土资源厅项目——贵州省地下水供水机井使用、管理及保护宣传（2010年）；

⑨贵州省科技厅重大科技专项——贵州省地质灾害成灾模式及预警预报研究（2011 年）；⑩贵州省国土资源厅项目——贵州省地下水打井工程利用情况调查研究（2012 年）；⑪贵阳市水务局项目——贵阳市地下水资源调查（2014 年）；⑫贵州省发展和改革委员会项目——贵州喀斯特工程性缺水区水资源安全利用关键技术推广示范（2016 年）。

参与本书编写人员：王中美、周小义、吴浩东、褚学伟、段先前、李博、吴莹、林少华、丁航航、党爽、陈丽霞、班文韬等博士，綦娅、许保海、高均昭、刘珂林、刘力阳、韦俊发、陈敏涛、王鹏、曾昭霞、张文、曹兴民、屈伟、段黎、代凯欧、杨绍萍、刘杰、潘盛泽、赵伟丽、董毓、仲星颖、杨建华、罗海洲、杨倩、丁力、杨平波、张深、冯福、蒲文斌、羊永夫、周维星、黄姗、解超、蒙发强、孟银贵、曹云云、杨洋、董雪妍、叶婷婷、蔡云、张雪梅、令狐燕艳、吕子明、高岩、陈波、巴特尔、龚兴祥、杨元丽、吴伦、李兰、何兴波、张洪文、马腾、罗仕富、罗和平等硕士。

感谢鄢贵权、毛健全、朱立军、张启厚、王约教授及王伍军、杨先寿、何丰胜、姜涛副教授以及张家勇、赵健、郑洪流等高级工程师的指导和帮助。

感谢贵州大学、贵州省自然资源厅、贵州省土地矿产资源储备局、贵州省地质矿产开发勘查局 111 地质大队和 114 地质大队、贵州省地质环境监测院、贵州省有色金属和核工业地质勘查局七总队、贵州有色地质工程勘察公司、中铝公司贵州铝厂有限责任公司、贵州开磷（集团）有限责任公司、贵州瓮福（集团）有限责任公司、中化开磷化肥有限公司、贵阳市水务局、中国电建集团贵州电力设计研究院有限公司、黔美基础工程公司、贵州省毕节市勘测设计研究院等的大力支持。

编著者

目　录

第一章 贵州岩溶地下水特征

第一节 区域概况

一、气象、水文

1. 气象

贵州气候温暖湿润，属亚热带季风气候区。光照适中，雨热同季，气温变化小，冬暖夏凉，气候宜人。年平均气温在15℃左右，年降水量在800～1700mm之间。受大气环流

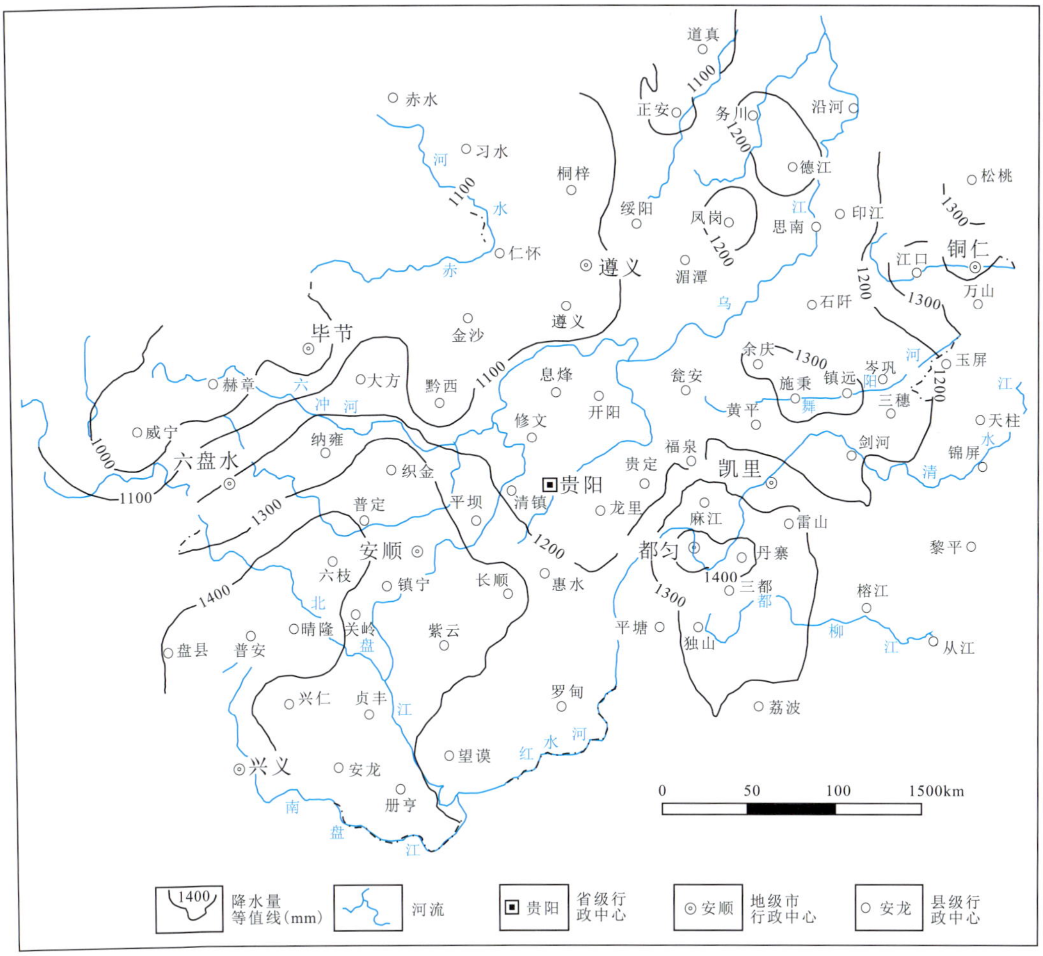

图1-1 贵州省多年平均降水量等值线图

及地形等影响，贵州气候呈多样性，高原山地和深切河谷地带气候垂直变化非常明显，山上山下冷暖不同，降水情况也有差异，故有“一山有四季，十里不同天”的说法。另外，气候不稳定，灾害性天气种类较多，干旱、凝冻、冰雹等频度大。

贵州河流主要靠天然降雨补给。全省平均年降水量 1179mm，其中长江流域 1126mm、珠江流域 1280mm。受降水量的分布影响，全省年径流深在 200 ~ 1200mm 之间，平均径流深 602.8mm，其中长江流域 587.4mm、珠江流域 632.3mm。贵州省多年平均降水量等值线图见图 1-1。径流年内分配极不均匀，与降雨大致相同，枯水期出现在 12 月—次年 4 月，夏旱年份的 7—8 月在中小河流也出现过短期的最小流量；丰水期出现在 5—10 月，丰水期占全年总水量的 75% ~ 80%。洪水急涨暴落，峰高量小，历时不长。

2. 水文

贵州河流一级分水岭为走向东西、横亘于贵州中部的苗岭山脉，苗岭以北为长江流域，主要河流为乌江、清水江、赤水河等；苗岭以南属珠江流域，主要河流有南盘江、北盘江、都柳江、红水河等，见图 1-2。

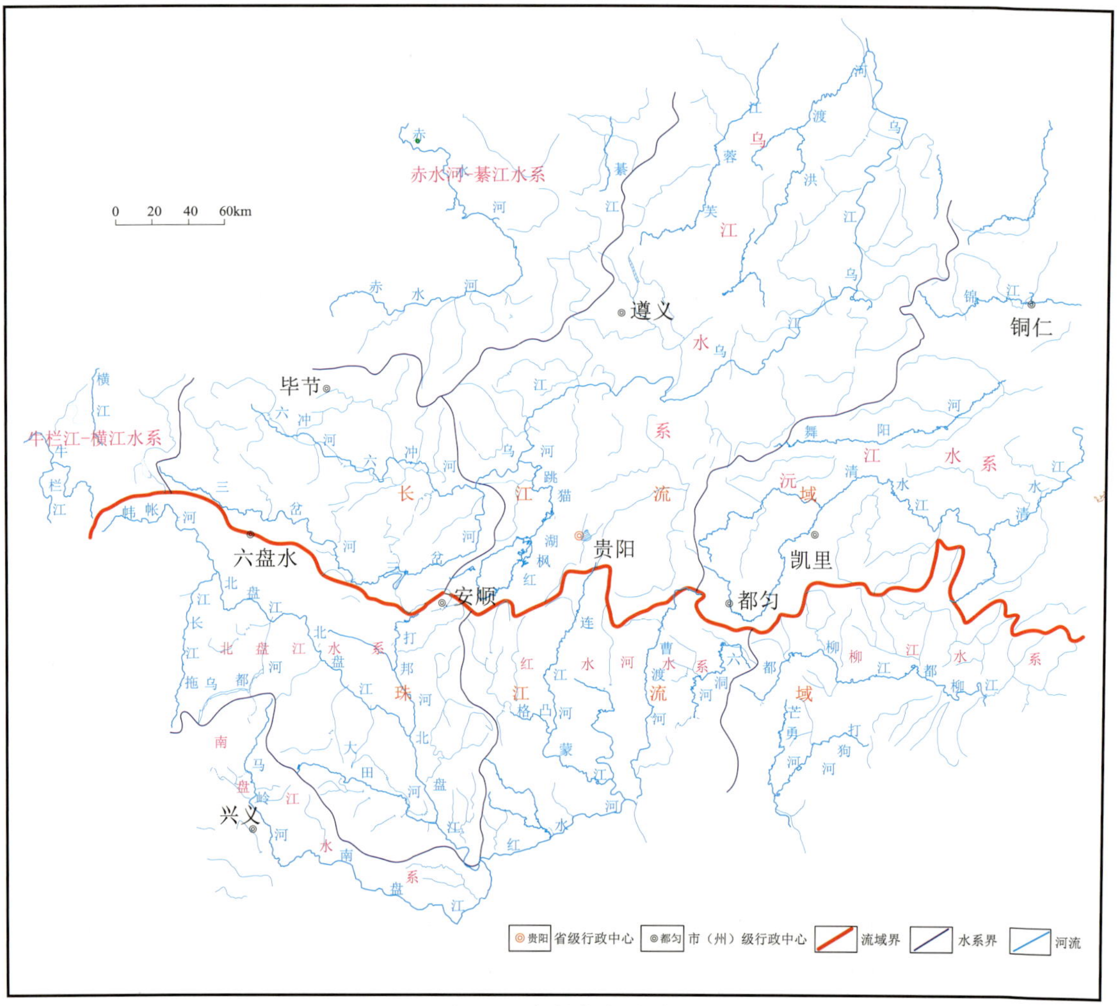

图 1-2 贵州省水系图

省内河网密布，多发源于西部高原地区，且水系顺应地势与地质构造条件由西部及中部向北、东、南呈扫帚状三向分流。贵州可溶性碳酸盐类岩层广布，岩溶发育，河流穿行其间造成河床透水现象，常见明流、伏流交替出现。贵州河流大部分属雨源性河流，岩溶地区与非岩溶地区类似，地表径流补给源主要为大气降雨，地表径流量的变化情况基本上与降雨量分布相一致。

北属长江流域的乌江、沅江、牛栏江–横江、赤水河–綦江四大水系，流域面积 $11.58\times10^4km^2$，占 65.7%；南属珠江流域的南盘江、北盘江、红水河、都柳江四大水系，流域面积 $6.04\times10^4km^2$，占 34.3%。河长大于 10km、流域面积大于 $20km^2$ 的河流有 984 条，流域面积大于 $300km^2$ 的河流有 167 条，流域面积大于 $10000km^2$ 的河流有乌江、六冲河、清水河、赤水河、北盘江、红水河、柳江 7 条。贵州河系地处分水岭地带，多属岩溶山区中小河流，河网密度大，平均河长 $0.56km/km^2$。河网密度：都柳江水系最大（$0.77km/km^2$），其次为沅江水系（$0.69km/km^2$），最小为北盘江水系（$0.47km/km^2$）和红水河水系（$0.43km/km^2$），东密西疏；河道多深切河谷，河床狭窄。

二、地形、地貌

1. 地形

贵州省处于云贵高原东北部，属我国第二级地形阶梯。省内最高点在西部六盘水市钟山区与赫章县交界处的韭菜坪，海拔 2903m；最低点在省东南部的都柳江河谷出口处，海拔仅 137m；最大高差 2766m。省境内的地势总体上西高东低，从西部和中部的山地、高原向南往广西桂中盆地、向东往湖南丘陵、向北往四川盆地倾斜过渡。

贵州地势自西向东分为三级阶梯，见表 1–1，在这三级高原（台）面之间形成过渡斜坡地形。

表 1–1　贵州地形特征

地区	高程 /m	台面等级
威宁、赫章乌蒙山区	1500 ~ 2900	一级高原面
遵义–贵阳–安顺山（丘）原区	1000 ~ 1500	二级高原面
铜仁–凯里–都匀低山丘陵区	300 ~ 400	三级台面

2. 地貌

贵州的地貌可分为岩溶地貌和非岩溶地貌。在岩溶地貌区，岩溶分布广泛，发育较为完整，质优厚大的碳酸盐岩是岩溶区地貌的雄厚物质基础。新近纪以来地壳的间歇性大面积隆升和表生带复杂的地质作用，则是岩溶区地貌形成的重要条件。以主体地貌形态为依据，将贵州地貌大致分为 4 个区（图 1–3）。

根据图 1–3 可知，岩溶地貌区都是连片出现，主要可分为峰丛区、峰丛–谷（洼）地区、峰丛（林）–谷（盆）地、洼地区、峰丛（林）–谷（洼）地区；而非岩溶地貌区则比较分散，如表 1–2 所示。

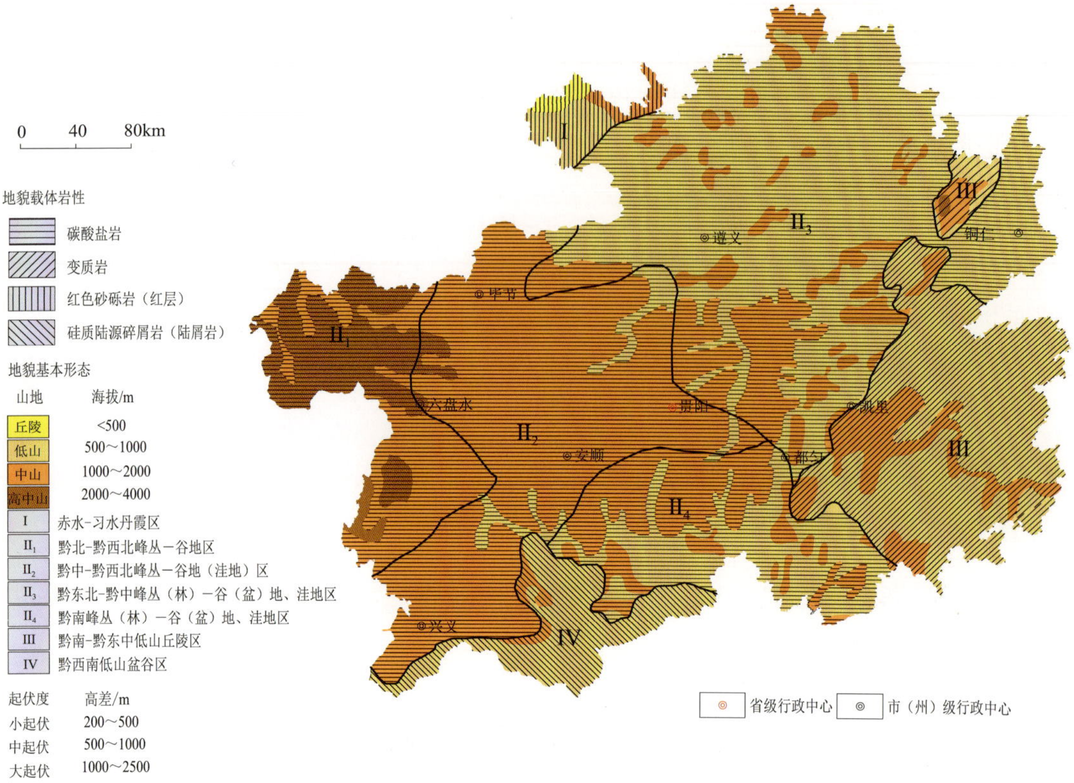

图 1–3 贵州省地貌分区略图

表 1–2 贵州地貌分区概况

分区代号	地貌类型	地区	地层	岩性	备注
Ⅰ	丹霞区	赤水、习水	中生界红层，白垩系和侏罗系	红色砂砾岩、泥岩、（硅质陆源碎屑岩）	基岩裂隙水分布区
Ⅱ$_1$	峰丛–谷地区	黔北、黔西北	寒武系中—上统、石炭系上统、二叠系中统、三叠系中—下统	白云岩和灰岩、泥质灰岩和白云岩	溶洞–裂隙水 裂隙–孔隙水 分布区
Ⅱ$_2$	峰丛–谷（洼）地区	黔中、黔西北	寒武系中—上统、奥陶系下统、石炭系上统、二叠系中—上统、三叠系	石灰岩和白云岩、泥质灰岩和白云岩	溶洞–裂隙水 裂隙–溶洞水 裂隙–孔隙水 分布区
Ⅱ$_3$	峰丛（林）–谷（盆）地、洼地区	黔东北、黔中	寒武系中—上统、奥陶系下统、石炭系上统、二叠系中—上统、三叠系	灰岩和白云岩、泥质灰岩和白云岩	溶洞–裂隙水 裂隙–溶洞水 裂隙–孔隙水 分布区
Ⅱ$_4$	峰丛（林）–谷（洼）地区	黔南	泥盆系中统、石炭系上统、二叠系中统	灰岩和白云岩	溶洞–裂隙水 裂隙–溶洞水 分布区
Ⅲ	低山丘陵区	黔南、黔东	震旦系	浅变质岩	基岩裂隙水分布区
Ⅳ	低山盆谷区	黔西南	三叠系中—上统	砂岩、泥岩、页岩、（硅质陆源碎屑岩）	基岩裂隙水分布区

三、地层、岩性

贵州岩溶地区碳酸盐岩出露地层较完整，分布较广（表1–3），古生界及中生界碳酸盐岩普遍分布于省内大部分地区，而玉屏—镇远以南及凯里—三都以东的黔东南区分布元古宇浅变质岩类。

表1–3　贵州碳酸盐岩地层

界	系	统	地层厚度 /m	沉积建造特征	出露地区
中生界	三叠系	中统	167 ~ 285	碳酸盐岩沉积	全省岩溶石山地区
		下统	280 ~ 475	碳酸盐岩沉积	全省岩溶石山地区
古生界	二叠系	上统	0 ~ 380	碎屑岩与碳酸盐岩互层，紫云一带为碳酸盐岩沉积	苗岭地区
		中统	165 ~ 290	碳酸盐岩沉积	全省岩溶石山地区
	石炭系	上统	0 ~ 120	独山–威宁相区为浅灰碳酸盐岩沉积，南西为暗色碳酸盐岩沉积	出露于苗岭以南地区
		下统	0 ~ 176	暗色碳酸盐岩沉积	除黔北、黔东北地区外，其他地区均有出露
	泥盆系	上统	185 ~ 320	暗色碳酸盐岩沉积	黔南、黔西地区、黔中地区偶有出露
		中统	125 ~ 280	碳酸盐岩夹碎屑岩沉积	黔南、黔西地区、黔中地区偶有出露
		下统	120 ~ 230	碳酸盐岩夹碎屑岩沉积	黔南、黔西地区、黔中地区偶有出露
	志留系	下统	23 ~ 120	碳酸盐岩夹碎屑岩沉积	除黔西北及黔东地区外，其他地区均有出露
	奥陶系	中统	89 ~ 165	碳酸盐岩沉积	除黔西北及黔东北地区外，其他地区均有出露
		下统	105 ~ 185	碳酸盐岩沉积	除黔西北及黔东地区外，其他地区均有出露
	寒武系	中上统	230 ~ 390	巨厚碳酸盐岩沉积	出露于黔北、黔中及黔东地区
		下统	79 ~ 150	碳酸盐岩沉积	主要出露于黔北、黔中及黔东地区
新元古界	震旦系		100 ~ 400	变质岩沉积	出露于黔北、黔中及黔东地区

（据王明章等，2005，修订）

贵州南北地区地层及岩性发育程度和分布情况差异较大。黔南以上古生界为主，泥盆系、石炭系发育良好；黔西南发育较好的是上古生界及中生界三叠系，沉积较厚的三叠系，二叠系、三叠系生物礁相发育，上三叠统至侏罗系属陆相地层，主要分布于望谟、贵阳、遵义北北东一线以西；北部发育有古生界寒武系、奥陶系、志留系、二叠系；在赫章、纳雍、息烽、玉屏一线以北普遍缺失泥盆系、石炭系，致使下古生界潜覆于二叠系之上。白垩系、古近系、新近系分布较少，在海拔2000m以上的高原和一些河谷盆地有出露；除北部邻接四川盆地区的赤水一带外，其他地方出露面积不大；较多的白垩系—新近系红层多组成小型盆地沿北东东及北北东方向呈串珠状分布。新生界零星地分布于贵州中部及东部。

四、地质构造

1. 构造单元划分

贵州位于扬子克拉通型沉积盆地南部，是一个叠置在扬子陆块上自震旦纪发展起来的碳酸盐岩台地，以地质历史上武陵运动以来地壳不同时期的构造运动形成的明显边界及地壳变形特点作为划分标准，将贵州省一级构造单元以北东向展布的盘县–贵阳–梵净山北断裂为构造单元界线进一步划分为上扬子地块（黔北隆起区）和江南复合造山带（黔南坳陷区）两个次级构造单元（图 1–4）。

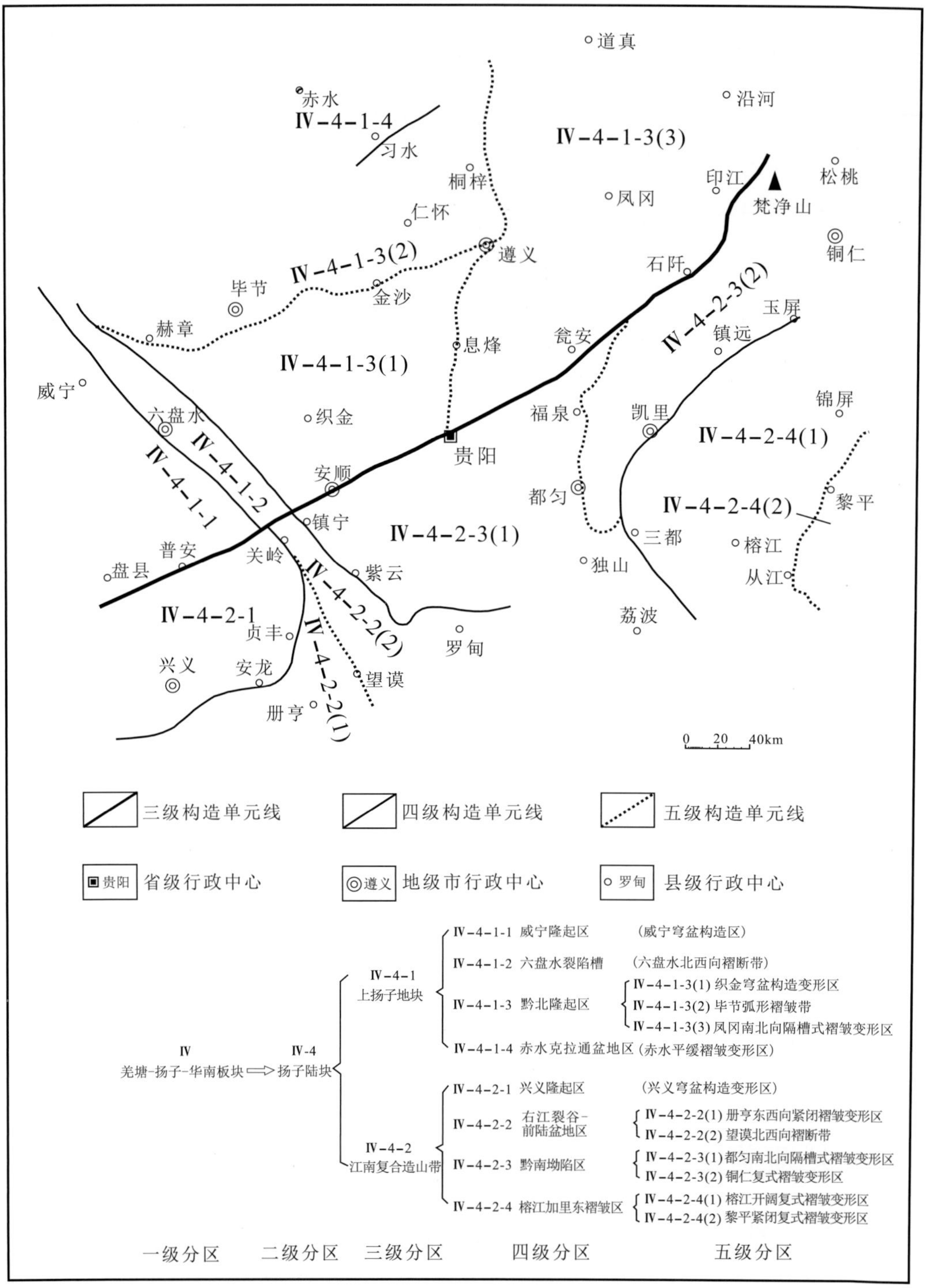

图 1–4　贵州省地质纲要图

上扬子地块（Ⅳ-4-1）：地处盘县-贵阳-梵净山北断裂带以北，是自南华纪以来叠置于武陵运动形成的扬子陆块之上的一个相对隆起区；震旦纪至中三叠世大部分地区处于浅海台地相沉积，由晚三叠世逐渐转为陆相沉积。

江南复合造山带（Ⅳ-4-2）：羌塘-扬子-华南板块、扬子陆块之上的一个相对坳陷区，为武陵运动以来多期次构造运动形成的江南造山带西南段北亚带及中亚带的主体部分；基底主要为新元古界浅变质岩系，由过渡性地壳至早三叠世后，南东向北西逐渐转为陆相沉积。贵州省遍布不同方向的燕山期褶皱，喜马拉雅期褶皱仅见于黔北赤水市和习水县，加里东期褶皱分布于黔东南剑河-榕江以东地区，武陵期褶皱见铜仁印江县。

2. 主要断裂带

贵州境内一级构造单元界线为北东向展布的盘县-贵阳-梵净山断裂带，以此为界，黔北隆起区与黔南坳陷区在组成和结构上以及构造运动的表现上存在一定的差异。贵州地区经过多期构造运动后，大部分属地壳隆升区，发育一系列北东、北北东向的地层褶皱，且伴有以北东向、北北东（近南北）向为主的深大断裂带。省内发育三条区域性深断裂：松桃-榕江深断裂、赫章-滥坝-盘县深断裂、滥坝-贵阳-三穗深断裂。

贵州构造运动不仅直接或间接控制着岩溶的发育程度，而岩溶发育又为地下水频繁活动提供了岩溶空间和场所，而且控制着岩溶地下水系统的赋存、运移、富集及边界，因此，岩溶地区的水文地质调查、勘察和研究及查明地质构造（特别是断裂构造），是确定岩溶水文地质概念模型和建立分析评价模型的重要基础工作。

第二节 岩溶地下水系统及含水岩组

根据《贵州省岩溶地下水系统及水资源研究》（2018）相关内容修编。

一、地下水系统

一切物质都自成系统或互成系统。地下水系统是由地下水和含水要素（含水介质、蓄水构造）组成的、在时空上具四维性质的、能量不断新陈代谢的有机整体。

$$GS=\{w\cdot m\cdot b\cdot k\cdot c\cdot th|_{x\cdot y\cdot z\cdot t}\} \quad (1-1)$$

式中：GS 为地下水系统；w 为地下水；m 为含水介质、蓄水构造；b 为边界；k 为地下水流的动势能；c 为地下水流的化学能；th 为地下水流的热能；x、y、z 为空间坐标；t 为时间。

地下水系统又是水文系统的组成部分，与大气降水、地表水有密切联系，它们互相转换，控制地下水系统的演变发展规律（互成系统）。

$$WS=\{S\cdot P\cdot GS|_{x\cdot y\cdot z\cdot t}\} \quad (1-2)$$

$$GS=\{PS\cdot IS\cdot st|_{x\cdot y\cdot z\cdot t}\} \quad (1-3)$$

式中：WS 为水文系统；S 为地表水系统；P 为大气降水系统；PS 为输入系统；IS 为输出系统；st 为内部结构。

应用系统方法研究地下水遵循的原则包括以下四种。

1. 目的性原则

必须有明确的目的，目标的确定和目标的实现应联系起来考虑。例如：矿区水文地质问题的供、排水结合及多井田统一、单个的勘探及评价等，供水水文地质问题的目的层的确定能否满足计算要求，场源同一属性确定，才能实现正确的模型。

2. 整体性原则

解决问题从整体性出发，考虑整体与局部、局部与局部的关系，不但做到局部优化，而且又要整体优化。必须从区域水文地质、工程地质、环境地质资料（宏观上）来把控水文地质条件，确定水文地质概念模型特别是渗流场特征及边界的确定（图 1–5）。

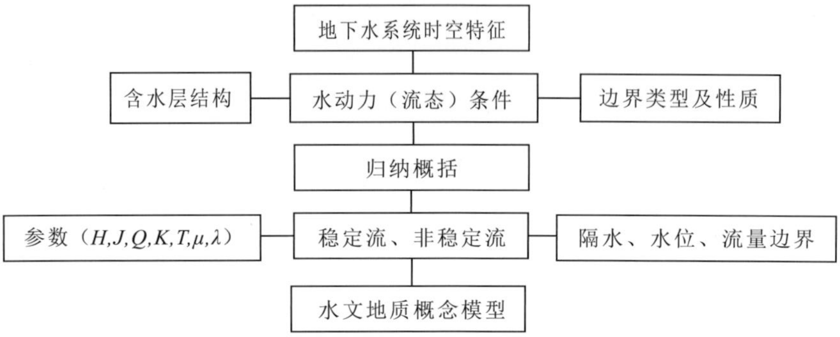

图 1–5　建立水文地质概念模型

3. 综合性（关联性、协调性）原则

研究对象是由各种因素而组成的综合体（时空上相互关联与协调平衡）。而研究问题应从成分、结构、功能、相互联系方式、历史发展等方面进行系统综合考察。思维方法应该分析与综合，综合与分析贯穿始终。水文地质模型概念：岩性结构场、水动力场、水文地球化学场、水文地温场、基本物理场，放在不同的状态（天然、人工）、不同的时段（年、丰水期、枯水期）进行考察。

4. 最优化原则

以解决水文地质具体问题为出发点，宏观上控制，确定的分析评价（计算）模型最接近实际，计算结果准确。

二、岩溶地下水系统划分

按照系统中地下水的赋存条件、地下水富集规律以及地下水开发利用条件，分三个层次（图 1–6）。

第一层次反映系统中地下水的水动力条件和富集条件，划分出“封闭型地下水系统”和“开放型地下水系统”。前者指在地下水的排泄方向上存在阻水的岩层或断裂构造，相当于传统概念中的阻水性储水构造；该类型系统中地下水受阻水边界阻隔壅水而富集，具有水力坡度缓、水位埋藏浅、动态较稳定、含水层富水性强的特点。后者主要分布在河谷斜坡地带，地下水径流途中没有阻水的岩层及构造，受河谷或沟谷深切影响，地下水直接排泄入河谷或沟谷中，具有水力坡度大、水位埋藏深、动态不稳定、含水层富水性差的特点。

第二层次反映系统中地下水的排泄条件及可有效开发利用方式。“地下河系统”及“岩

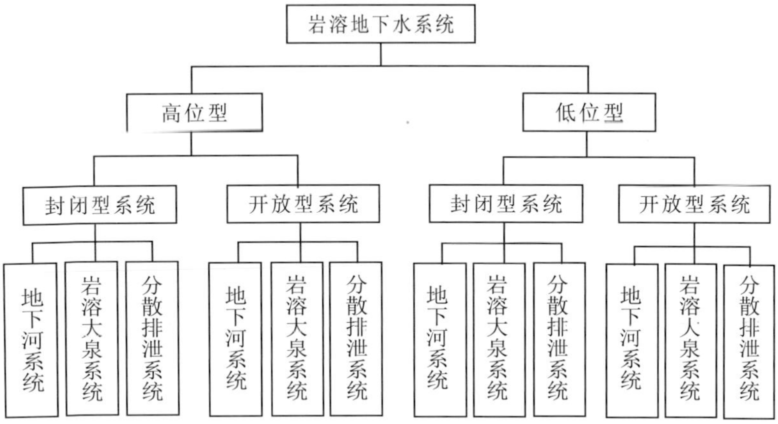

图 1-6　岩溶地下水系统分级图

（据贵州省地质矿产勘查开发局 111、114 地质大队，2018）

溶大泉系统”均属于地下水集中排泄的类型，其中地下河系统中含水介质的组合主要为溶蚀裂隙、洞穴及管道组合，系统中地下水多集中径流、集中排泄，岩层富水性极不均匀。合理的地下水的开发方式主要为针对地下河径流途中地下河天窗、岩溶潭以及集中排泄口的提、引、蓄；“分散排泄系统”的含水岩组岩性以白云岩为主，含水介质组合主要为空间较小的孔洞和裂隙，并多形成网络状，地下水在系统中分散径流、岩层富水性相对均匀并以分散状排泄为特点。该类型系统中适宜的地下水开发方式为机井开采。

第三层次反映地下水系统与供水对象在空间上的相对位置及开发利用条件。“高位地下水系统”受地质构造和地形条件控制，分布高程高于供水的乡镇、村寨及农田，地下水具有较高的势能，可以采用引水隧洞对地下河截流，自流引水开发，开发成本较低，是岩溶区地下水开发利用的首选地下水系统类型。

省内岩溶地下水系统划分一级流域 2 个、二级流域 6 个、三级流域 11 个、四级流域 41 个（表 1-4），在此基础上划分出五级流域 365 个（图 1-7）。

表 1-4　贵州省四级流域统计表

一级流域名称	二级流域名称	三级流域名称	四级流域		
			名称	流域代码	面积 /km²
长江流域	金沙江石鼓以下	金沙江石鼓以下	牛栏江	F020250	1946.58
			横江	F020260	3011.07
	宜宾至宜昌	赤水河	赤水河茅台以上	F060110	3879.13
			桐梓河	F060120	3303.00
			赤水河茅台以下	F060130	4350.90
		宜宾至宜昌干流	綦江区	F060260	2100.50
	乌江	思南以上	阳长以上	F050110-A	2735.62
			阳长至鸭池河干流	F050110-B	4646.14
			白浦河	F050130	2231.46
			六冲河	F050120	8003.66
			鸭池河至构皮滩干流	F050110-C	6036.11
			野济河-偏岩河	F050150	4431.11

续表

一级流域名称	二级流域名称	三级流域名称	四级流域		
			名称	流域代码	面积 /km²
长江流域	乌江	思南以上	猫跳河	F050140	3200.27
			南明河	F050170	2201.34
			清水河干流	F050180	4355.79
			余庆河-石阡河	F050190	3641.20
			湘江区	F050160	4908.91
			构皮滩至思南干流	F050110-D	4100.26
		思南以下	思南至省界干流	F050210	5310.37
			洪渡河	F050220	4242.98
			芙蓉江	F050230	6875.74
	洞庭湖水系	沅江浦市镇以上	施洞以上	F070210	6052.98
			施洞至锦屏	F070220	7436.28
			锦屏以下渠水	F070230	4700.85
			舞阳河	F070240	6421.20
			锦江	F070250	4205.07
		沅江浦市镇以上	松桃河	F070330	1494.55
小计	**4**	**7**	**27**		**115823.07**
珠江流域	南北盘江区	南盘江	黄泥河	H010120	1425.51
			马别河	H010130	2966.25
			南盘江干流	H010110	3475.95
		北盘江	大渡口以上	H010210-A	2750.58
			打帮河	H010230	2953.89
			麻沙河	H010220	1443.98
			大田河	H010240	2352.27
			北盘江中下游	H010210-B	11429.62
	红柳江区	红水河	红水河上游	H020110	2380.36
			蒙江	H020120	8608.27
			六硐河	H020130	4842.94
		柳江	打狗河	H020230	4171.23
			都柳江、榕江以上	H020210	6518.07
			都柳江、榕江以下	H020220	5075.60
小计	**2**	**4**	**14**		**60394.52**
合计	**6**	**11**	**41**		**176217.59**

（据贵州省地质矿产勘查开发局 111、114 地质大队，2018）

三、岩溶地下水类型

根据地下水赋存地层、岩性、含水介质类型，可将全省地下水划分为岩溶水、基岩裂隙水和松散岩类孔隙水三大类别（图 1-8）。

贵州属于典型的岩溶区，是我国碳酸盐岩类分布最广的地区之一。除东部外，

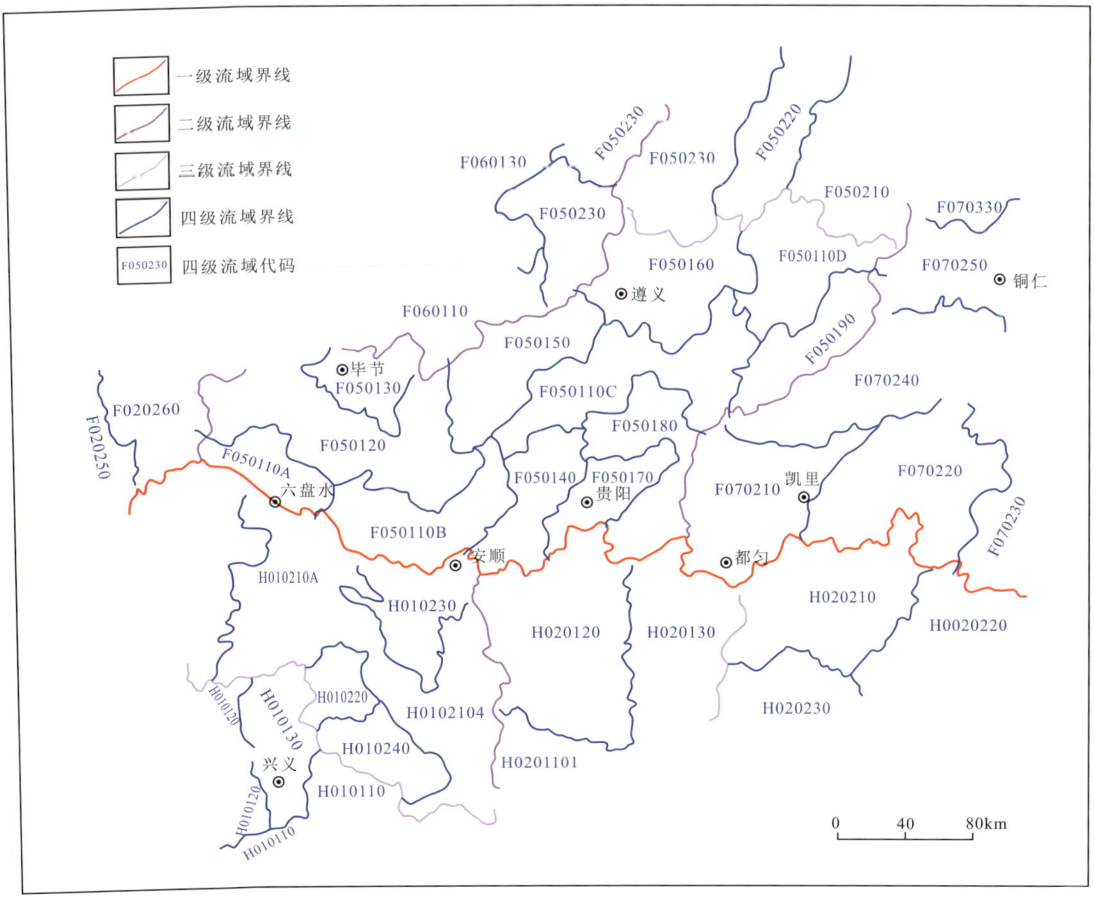

图 1–7　贵州省四级岩溶流域划分分区图

（据贵州省地质矿产勘查开发局 111、114 地质大队，2018）

震旦系至三叠系的碳酸盐岩广泛分布，总厚度在 3000 ~ 12000m 之间，分布面积为 $12.96 \times 10^4 km^2$，占全省总面积的 69.1%。岩溶地下水资源丰富，是省内最重要的地下水类型。

基岩裂隙水主要赋存于海相和陆相碎屑岩、浅变质岩中，火成岩体在贵州分布面积不大，且所含地下水特征与碎屑岩中地下水相似，故均归并于基岩裂隙水类型。基岩裂隙水岩组多含泥质成分，含水性差，透水性弱，一般均无集中供水意义。第四系孔隙水在省内随第四系松散层分布范围小，厚度小而缺乏水文地质意义。因此，贵州省内最有供水意义的地下水类型为岩溶水。

省内岩溶水又可根据含水介质组合及水动力条件，进一步划分为溶洞–管道水、溶隙–溶洞水、溶孔–溶隙水三大类。

1. 溶洞–管道水

溶洞–管道水指赋存径流于碳酸盐岩溶洞–管道中的地下水，并以暗河或地下河系的形式出现。该类地下水在岩性上主要分布于纯碳酸盐岩分布区，在地形地貌上主要分布于河谷斜坡地带。其特点为地下水集中径流，空间分布不均，地下河出口流量大，动态变化大。受岩性及构造控制，溶洞–管道水主要集中分布在纯石灰岩地层及断裂带附近，全省 1130

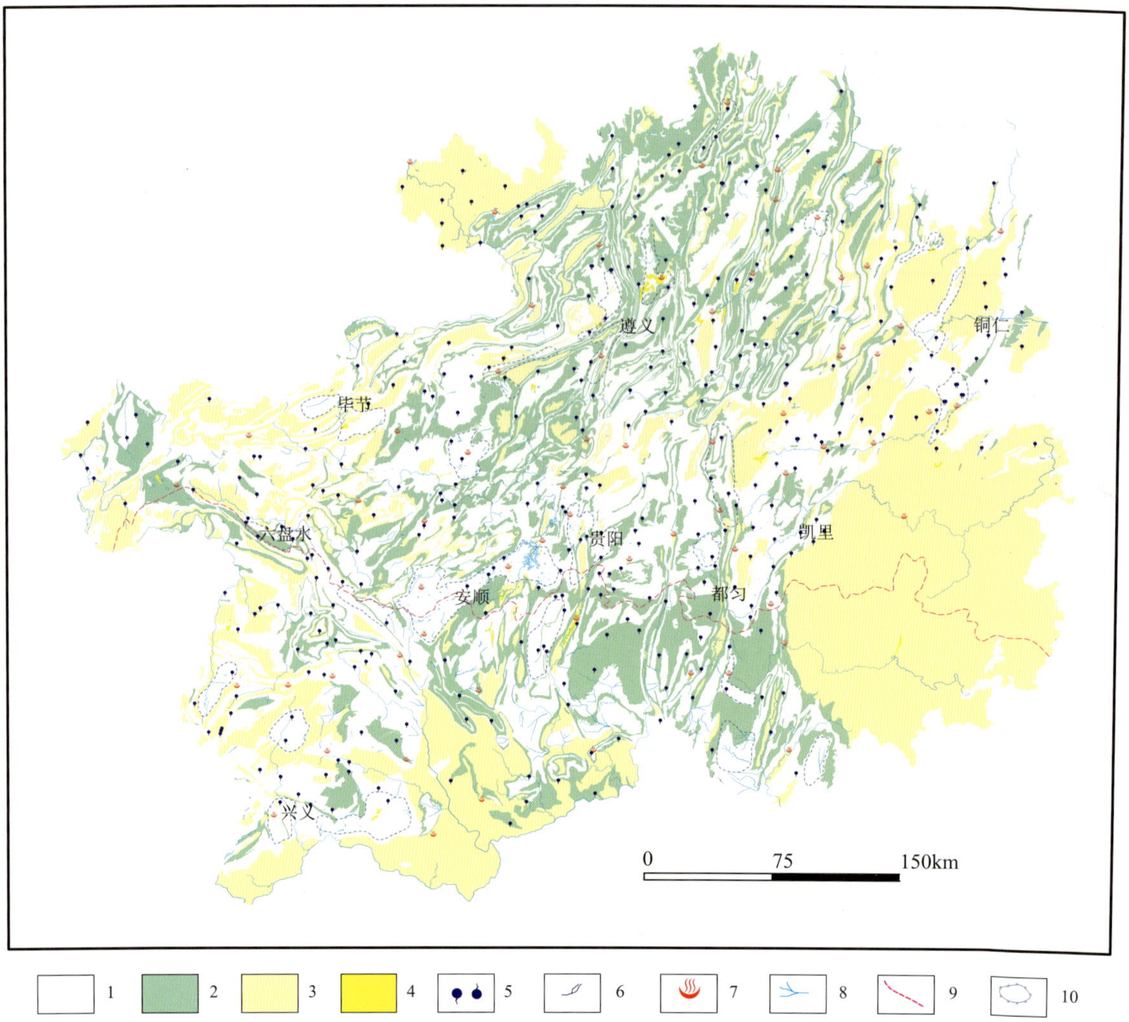

图 1-8　贵州省水文地质简图

1—岩溶水（纯碳酸盐岩含水岩组）；2—岩溶水（次、不纯碳酸盐岩含水岩组）；3—基岩裂隙水含水岩组；4—孔隙水含水岩组；5—下降泉和上升泉；6—地下河；7—温泉；8—地表水系；9——级流域界线；10—地下水富水范围

条地下河中的806条地下河发育于石灰岩中，占其总数的71.33%，其空间分布规模和特征可概括为片状分布和条带状分布。

1）片状分布：主要分布在苗岭以南的珠江流域区（黔南、黔西南一带），在宽缓的隔槽式褶皱的构造背景下，大片分布纯碳酸盐岩，岩层产状较平缓，加之处黔中丘原向广西峰林平原过渡的斜坡地带，地下水循环交替强烈。区内溶洞-管道水呈片分布，多发育呈大、中型地下河系，地下河多呈树枝展布（如罗甸大、小井地下河系），流域控制面积达1000余平方千米。

2）条带状分布：主要分布于苗岭以北的长江流域区内，在紧密褶皱带的碳酸盐岩及碎屑岩互层的石灰岩中，地下水规模较小，且多呈单支管状，长度小，水量不大。

2. 溶隙-溶洞水

溶隙-溶洞水指赋存、运移于碳酸盐岩溶蚀裂隙和溶洞中的岩溶水，其水动力条件介于溶洞–管道水和溶孔–溶隙水之间。溶隙–溶洞水主要分布在白云岩、白云质灰岩层位以及碳酸盐岩夹碎屑岩的层位中，在地貌上则主要分布于较大型的溶蚀台地、剥夷面或河流中上游的宽缓分水岭地带，以贵州第三级台面—黔中贵阳—安顺一带较大面积的溶蚀台地为代表，含水岩组由三叠系白云岩、白云质灰岩互层组成，地下水露头以岩溶大泉及岩溶潭为主，钻孔单孔涌水量较大，地下水埋藏浅，富水性较均匀，常在台地上形成一些中–大型地下水源地（如贵阳汪家大井、安顺西郊水厂等）。

3. 溶孔–溶隙水

溶孔–溶隙水指赋存于可溶岩溶蚀孔洞、孔隙中的地下水，以分散状径流于含水层中，并多以分散泉的形式出露地表，含水层富水性均匀。这类地下水分布于黔北、黔东北一带，主要赋存于寒武系中上统白云岩中，富水盆地（谷地中）成井率极高，单井涌水量多达 1000 ~ 3000m^3/d，最高单井出水量大于 5000m^3/d，从而常能成为地下水集中开采的水源地，如遵义市高坪、凯里市、瓮安丁家寨水源地及黔东玉屏—铜仁一带等。

四、碳酸盐岩含水岩组及其富水性

碳酸盐岩含水岩组根据其岩性组合特点，可划分为纯碳酸盐岩、次纯碳酸盐岩和不纯碳酸盐岩含水岩组三个类型，其划分富水性指标及特征，见表 1–5、表 1–6。

表 1–5　含水岩组富水性等级指标划分

含水岩组	富水性指标				富水性等级
	泉流量 /（$L \cdot s^{-1}$）	地下河流量 /（$L \cdot s^{-1}$）	枯季地下水径流模数 /（$L \cdot s^{-1} \cdot km^{-2}$）	钻孔单位涌水量 /（$L \cdot s^{-1} \cdot m^{-1}$）	
碳酸盐岩类含水岩组	＞ 10	>100	>6	>0.5	强
	5 ~ 10	50 ~ 100	3 ~ 6	0.3 ~ 0.5	中等
	＜ 5	<50	<3	<0.3	弱

表 1–6　含水岩组富水性统计

含水岩组类型		地层代号	泉流量 /（$L \cdot s^{-1}$）	枯季地下水径流模数 /（$L \cdot s^{-1} \cdot km^{-2}$）	钻孔涌水量 /（$m^3 \cdot d^{-1}$）	钻孔单位涌水量 /（$L \cdot s^{-1} \cdot m^{-1}$）	富水性等级
岩溶水含水岩组	裂隙溶洞水含水岩组	T_2sh	0.05 ~ 20.00	2.4 ~ 6.0	60 ~ 1050		中
		T_1m、T_1y^2	0.7 ~ 25.0	2.8 ~ 10.0	300 ~ 1500	0.15 ~ 1.55	强—中
		P_3w	0.8 ~ 139.0	3.6 ~ 6.5	400 ~ 800		强—中
		P_2q+m	1.0 ~ 1415.0	3.6 ~ 12.2	500 ~ 2800	0.14 ~ 1.32	强
		$C_{2+3}h+mp$	0.3 ~ 35.0	3.6 ~ 9.1	220 ~ 960	0.12 ~ 1.19	强
		O_1h、O_1t	0.2 ~ 30.0	3.2 ~ 8.6	400 ~ 800		中
		ϵ_1q	0.7 ~ 178.0	3.6 ~ 5.1	500 ~ 1000		强
	溶洞裂隙水含水岩组	T_2g、T_2s	0.2 ~ 100.0	2.7 ~ 5.8	40 ~ 800	0.13 ~ 4.14	中—弱
		T_2y	0.1 ~ 287.0	1.3 ~ 5.1	100 ~ 1000		中
		T_2h、T_2q	0.5 ~ 100.0	2.1 ~ 5.5		0.25 ~ 3.43	中
		T_1yn	0.1 ~ 206.0	1.4 ~ 3.8	50 ~ 1650	0.23 ~ 3.73	中
		T_1a、T_1d	0.5 ~ 240.0	5.6 ~ 8.4	100 ~ 3400	0.23 ~ 3.41	强—中
		P_3c+d	0.1 ~ 4.1	3.0 ~ 5.8	100 ~ 600	0.01 ~ 1.31	强—中
		C_1b	1.4 ~ 42.6	5.8	100 ~ 300		中

续表

含水岩组类型		地层代号	泉流量 /（L·s⁻¹）	枯季地下水径流模数 /（L·s⁻¹·km⁻²）	钻孔涌水量 /（m³·d⁻¹）	钻孔单位涌水量 /（L·s⁻¹·m⁻¹）	富水性等级
岩溶水含水岩组	溶洞裂隙水含水岩组	C_1d	0.01 ~ 3.20	3.2			弱
		D_2d、D_3y、D_3w	0.13 ~ 28.00	2.3 ~ 3.5	100 ~ 300		中—弱
	溶孔溶隙水含水岩组	D_3g	0.1 ~ 70.0	4.8 ~ 6.6		0.11 ~ 0.21	中
		€$_2l$、€$_2h$、€$_2s$、€$_2g$、€$_{2-3}ls$	0.3 ~ 273.4	5.9 ~ 7.1	50 ~ 1600	0.12 ~ 0.22	中
		Z_bdn	2 ~ 49	5.9	300 ~ 900	0.14 ~ 0.51	中

纯碳酸盐岩含水岩组按岩性及含水介质组合类型，又可进一步划分为纯石灰岩溶洞-管道水含水岩组、纯白云岩溶孔-溶隙水含水岩组和白云岩、石灰岩互层溶隙-溶洞水含水岩组三个亚类。

1. 石灰岩溶洞-管道水含水岩组

该岩组主要包括：寒武系下统清虚洞组，石炭系上统马平组、黄龙组，二叠系中统栖霞组、茅口组，二叠系上统吴家坪组，三叠系下统安顺组、永宁镇组。含水丰富，枯季地下水径流模数多大于 6L/（s·km²），为强富水含水层。

2. 白云岩溶孔-溶隙水含水岩组

该岩组主要包括：震旦系灯影组，寒武系中上统娄山关群，泥盆系上统高坡场组。枯季地下水径流模数 5 ~ 6L/（s·km²），富水性中等—丰富，含水性均匀。

3. 白云岩、石灰岩互层溶隙-溶洞水含水岩组

该岩组主要包括：奥陶系桐梓组、红花园组，三叠系下统茅草铺组、中统杨柳井组等。富水性中—丰富，枯季地下水径流模数 6L/（s·km²）左右。

4. 次纯碳酸盐岩岩溶水含水岩组

该岩组主要包括：寒武系中统石冷水组，泥盆系上统望城坡组、尧梭组，三叠系中统关岭组、法郎组及狮子山组等。富水含水层枯季地下水径流模数 3 ~ 6L/（s·km²），富水性中等。

5. 不纯碳酸盐岩岩溶水含水岩组

该类含水岩组所含（或夹）碎屑岩或含硅质泥质等不溶物较多，其岩溶发育程度和富水性均较差。其代表性岩组有：寒武系高台组，泥盆系响水洞组，石炭系岩关组-摆佐组，三叠系大冶组、夜郎组、罗楼组、松子坎组等，富水性多为弱。

五、岩溶地下水的埋深特征

按岩溶地下水埋藏深度的不同，可将全省分为地下水浅埋区（埋藏深度＜ 50m）、中等埋藏区（埋藏深度 50 ~ 100m）、深埋区（埋藏深度 >100m）。

1. 浅埋区

该区主要分布于各级溶蚀台地及溶蚀盆地、谷地内。如安顺-贵阳台地浅埋区，为高原二级台面，亦为长江、珠江宽缓分水岭地带，地面高程 1100 ~ 1250m，地下水埋深多小于 10m；向台地岸地带，水位埋深逐渐增大，如安顺、长顺台地南缘近斜坡地带及普定城南近三岔河岸坡地带的水位埋深多在30m左右。全省的地下水浅埋区主要有：①独山–麻尾；②威宁台地；③黔西岩溶谷地；④安龙–兴仁–兴义；⑤瓮安草塘–贵定黄丝；⑥遵义–绥阳；⑦水城盆地；⑧凯里谷地；⑨江口–玉屏。

2. 中等埋藏区

该区主要分布在台地前缘斜坡及河谷上游地段，集中分布于一级斜坡的毕节—织金—金沙—息烽一带及二级斜坡的平塘—罗甸—紫云等地，以及威宁台地西缘与斜坡地带、黔北向四川盆地过渡的斜坡地带。受河谷切割、地貌条件及隔水层的限制，地下埋深一般在20～100m之间。

3. 深埋区

该区主要分布在深切河谷岸坡地带。例如，黔北牛栏江、横江、赤水河河谷两岸，黔中乌江及其支流深切河谷岸坡地段，黔南格必河–曹渡河两岸、西南部北盘江中河谷岸坡地带。这些地带河谷切割深度300～600m，主要地貌类型为峰丛峡谷、峰丛洼地，岩溶强烈向纵深发育，岩溶水赋存运移于深部，泉、地下河出露位置在深切河谷低洼处，地下埋深大于100m。

六、岩溶地下水补给、径流和排泄

（一）地下水的补给特征

贵州省地下水主要靠降水补给，次为地表河流和水库、渠道水的补给。降水入渗量的大小与降水强度、可溶岩裸露情况、岩溶化程度等因素有关。降水入渗系数（α）一般在0.10～0.28之间，岩溶化程度较高者可达0.31。

岩性及其岩溶化程度也控制降水的入渗量。石灰岩岩溶化强烈的裸露区，峰丛洼地、落水洞、漏斗、溶洞极发育，降水多通过各种管道集中补给地下水，其α值多在0.25～0.31之间；白云岩、次纯和不纯碳酸盐岩的覆盖型和埋藏型岩溶区溶丘盆（谷）地，以溶隙溶孔为主要形态，其降水下渗的通畅条件明显弱于落水洞，溶洞发育的灰岩区，降水通过溶隙、溶孔呈分散状补给地下水。相应入渗量较小，α值多在0.10左右。

地表水补给地下水主要通过溶隙、溶洞、落水洞以渗入或注入式补给地下水。据不完全统计，全省地表河水的地下伏流入点有1400余处，苗岭以南最多，仅是罗甸大、小井地下河系便有60余处。此外，省内各级台面上，断头河、伏流也很多，如兴仁下午屯河流入地下径流10余千米于扯鸿流出，地下河出口流量达6000L/s。

（二）地下水的径流特征

地下水的径流特征受含水岩组的岩性组合类型、构造、地貌条件及水文网展布的控制。岩溶水的径流形式按地下径流方向、地质构造的地貌条件不同分为汇流型和分流型两大类。

1. 汇流型

按地下径流场的构造、地貌条件不同可进一步划分为向斜谷地汇流、断裂谷地汇流和背斜槽谷汇流。

（1）向斜谷地汇流

其特点是向斜构造较为完整，向斜核部为谷地，地下水常从构造两翼向轴部径流汇集排泄于河谷或地下河主流中。如织金三塘向斜，地下河展布受向斜构造控制，主流沿向斜轴部自北东翘起端向南西倾伏方向流动；支流则由向斜两翼向轴部汇流。

（2）断裂谷地汇流

在断裂带及其附近地下径流常沿裂隙运动，向断裂带低洼处径流、排泄。其特点是地下水有接收降雨补给的明显通道；地下水径流途径长，由补给区向断陷盆地（谷地）汇集排泄，多为集中径流通道；主干断裂常形成主管道，而次级断裂则形成支管道，构成与断裂系统相一致的地下水径流网络。如晴隆-兴仁间的碧痕营断陷谷地、潘家计断陷谷地的地下水均分别汇集在龙摆层等地下河。

（3）背斜槽谷汇流

在背斜轴部，因受构造应力的影响，岩石张裂隙发育，构成侵蚀槽谷或盆地，其四周高位岩溶裂隙水向盆地径流排泄。在背斜轴部，地下水常沿其裂隙向倾伏端径流，于构造地貌低洼处形成富水块段，如瓮安丁家寨背斜北端富水块段即属此情况。

2. 分流型

分流型指岩溶水流排泄无一定方向或呈不规则的径流，多发生在穹窿台地、背斜垄脊。其特点是构造核部处于分水岭地带，岩层产状平缓。地下水由核部沿裂隙、管道向翼部运移，径流于倾伏端排泄。典型的如威宁穹窿、兴仁回龙背斜等。

（1）穹窿台地分流

如威宁穹窿地处北盘江、乌江与赤水河分水岭交汇处。其核部地层为下石炭统灰岩及泥质碳酸盐岩，翼部上石炭统及二叠系下统灰岩大面积分布，富含溶洞-管道水。又如王佑穹窿核部地层为泥盆系中下统砂页岩，外围为石炭系碳酸盐岩围绕，含丰富的岩溶地下水，以裂隙和地下河的形式呈放射状向四周流动，分散排泄于外围河谷中。

（2）背斜台地分流

如回龙背斜核部由在即组及龙潭组地层组成，倾角 10° 左右。地貌为溶丘洼地，两翼出露永宁镇组至杨柳井组碳酸盐岩含水岩组，倾角 20°～50°，呈槽谷地形。地下水由核部向翼部运移，分别排泄于北盘江与者塘河中。

（三）地下水的排泄特征

地下水的排泄也受岩性、构造、地貌及水文网展布控制。在相变带、断裂带、褶皱转折端地下水排泄点集中，且水量较大；层状地貌结构具分层排泄的特征，多呈悬挂泉；深切河谷多在当地最低侵蚀基准面排泄，大泉、地下河多。按出口水量大小及水点分布可分为集中排泄、分散排泄、多层排泄、悬挂式排泄。

1. 集中排泄

集中排泄多出露于纯灰岩区深切河谷地段，水点少、排泄口集中，流量大，地下水露头多为地下河出口。如大小井、小七孔、龙摆尾、天生桥、三塘、四方洞、航龙等地下河系统，其出口流量多在 0.5～5.0m^3/s 之间。集中排泄常是汇流型岩溶水的一个特点，它除受岩性、构造约束外，还受深切河谷控制而向深谷集中排泄。因此，大水量的岩溶水排泄点，多数出露于深切河谷中。

2. 分散排泄

分散排泄主要分布在各级台地（或河谷谷坡顶部）的白云岩不纯碳酸盐岩区。岩溶水沿层面裂隙、构造裂隙分散径流，于地形低洼地带或断裂处排泄。沟谷地带地下呈泉排泄，地下水露头多为泉水。在白云岩分布区泉水出露较多，这是由于岩溶水赋存于溶孔、溶隙之中，径流通道狭小，分散出露，流量也较小，一般小于 10L/s；只有在断裂带才有岩溶大泉出露，如遵义海龙坝水源地，凯里大、小井等泉枯季最大流量可达 100L/s。

3. 多层排泄

由于地壳上升，在全省范围内构成了几级大台面和许多次级小台面。各级台面的溶洞、溶隙水相互联系，一般是低一级台面在其后缘接受高一级台面地下水的补给，向台面边缘径流、排泄又补给更低一级台面地下水而形成多层排泄。如贵阳阳关海拔 1250 ~ 1300m 台面上的小龙潭等地下水露头向南径流又补给和尚坡至金关海拔 1150 ~ 1200m 次级台面地下水，最后于二桥市西河排泄。

4. 悬挂式排泄

悬挂式排泄一般出现在高位含水岩组中，以黔东北地区的高位向斜和地形斜坡地带最多，多受隔水岩层托举或构造影响而悬空流下。地下水露头既有泉也有地下河，流量差异很大。据统计，省内有悬挂水近百余处，最高落差近 400m，最大流量枯季达 3068.92L/s。

第三节 岩溶地下水动态

地下水流量或水位的动态变化是降水量、含水介质通畅性、地下水水力坡度、人工开采地下水等综合作用的集中表现，其中最主要的影响因素是降水量大小及含水介质通畅性。贵州岩溶地下水动态变化分为缓变型和急变型两种。

一、缓变型

缓变型表现为流量或水位变化对降水量的反映有明显的滞后现象，一般为几天至几十天（图 1–9、图 1–10）。

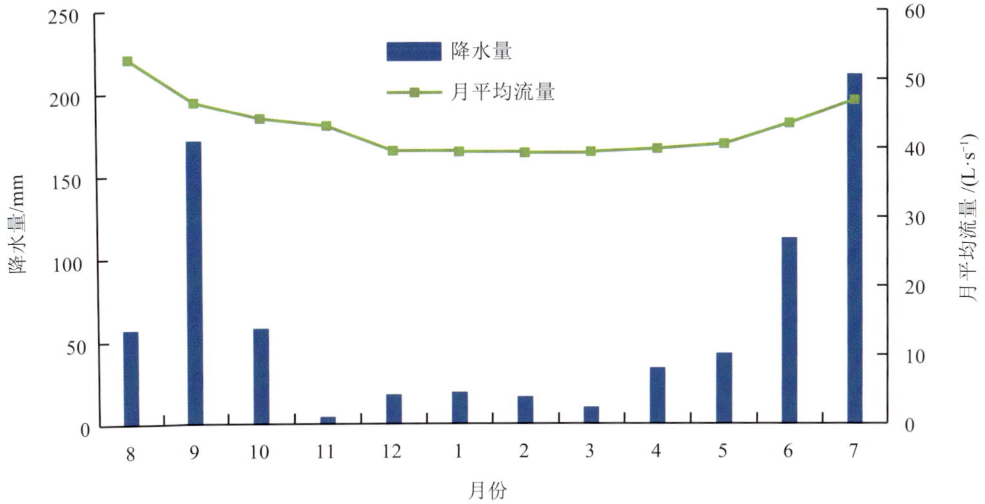

图 1–9　毕节草堤泉（关岭组）月平均流量与降水量动态变化图

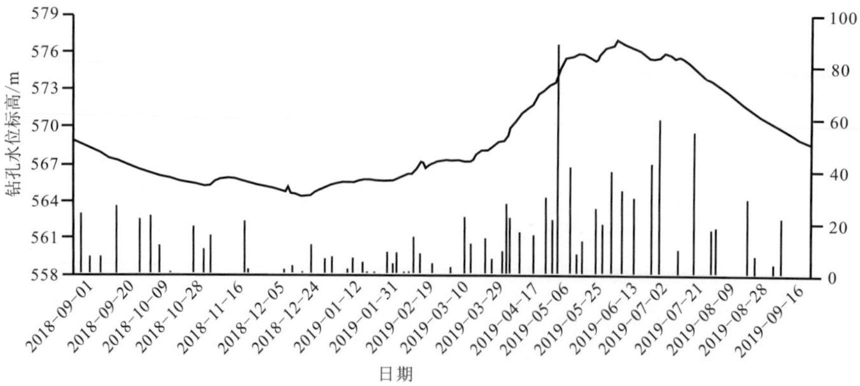

图 1-10　铜仁 522223212001 号监测孔（高台组）水位动态变化图
（据罗和平，2021）

二、急变型

急变型指流量或水位变化对降水强度、时间、水量等都有灵敏的反映（图 1-11、图 1-12、图 1-13）。

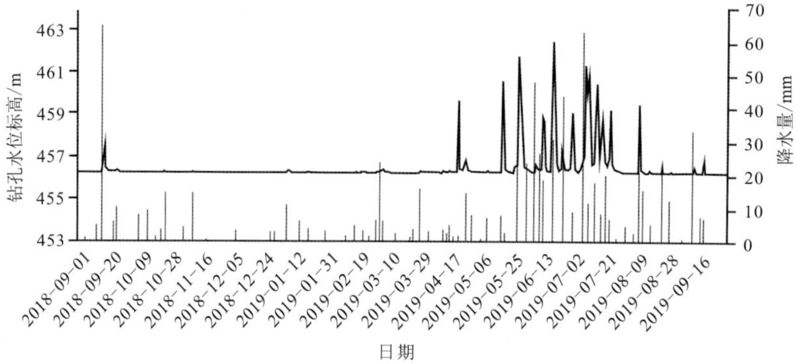

图 1-11　荔波 522722210002 号监测孔（上司组）水位动态监测图
（据罗和平，2021）

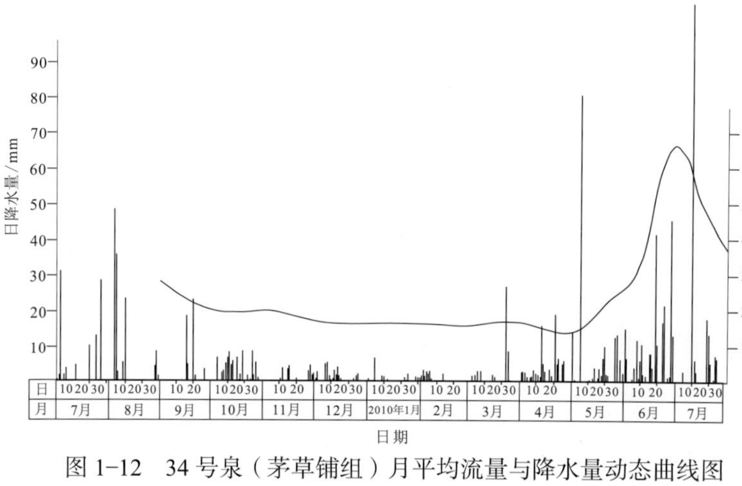

图 1-12　34 号泉（茅草铺组）月平均流量与降水量动态曲线图
（据郑明英，2011）

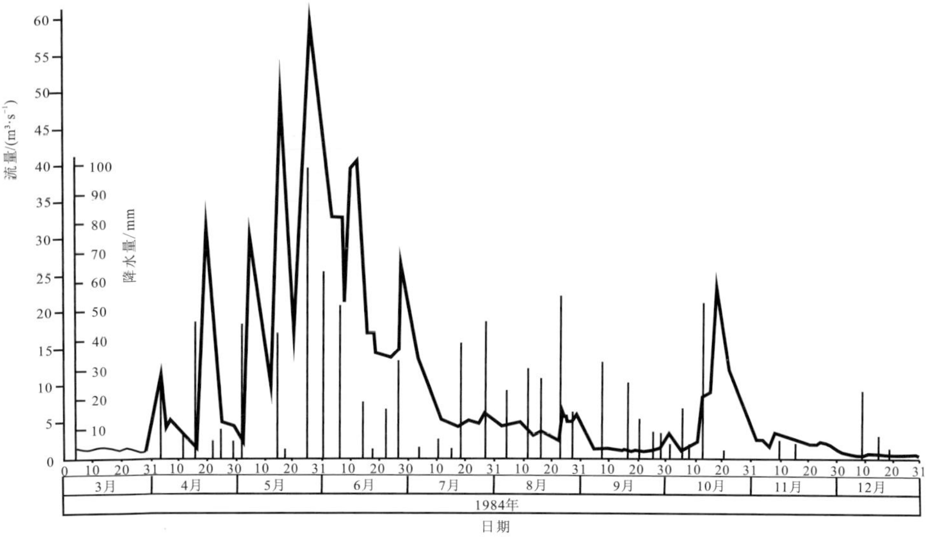

图 1-13 独山黄后地下河（栖霞组、黄龙组、马平组）降雨量和流量动态曲线

第四节 岩溶地下水水质

一、水化学特征

根据《贵州省勘查找水打井总结报告（2012）》相关内容修编。

（一）地球化学背景概况

碳酸盐岩的化学成分主要为 CaO、MgO，其次是 SiO_2、$A1_2O_3$ 等。震旦纪晚期、寒武纪中、晚期至奥陶纪早期，为台地及台地边缘相沉积，岩性以白云岩为主，镁质含量高，岩石化学成分的加权平均含量如下：CaO 为 21.40% ~ 37.92%，MgO 为 11.21% ~ 22.25%，w(CaO)/w(MgO) 为 1.23 ~ 2.96，近似白云岩的相应理论值。滨海至半封闭海相沉积的泥盆纪晚期至石炭纪中期，镁质含量相对降低，钙质相对增高，岩性多为灰质白云岩。深水和相对深水相的泥盆纪、石炭纪及二叠纪中期，岩性多以灰岩为主，钙质含量高，岩石化学成分的加权平均含量如下：CaO 为 32.00% ~ 54.00%，MgO 为 0.90% ~ 18.00%；三叠纪为镁质含量的高峰时期，岩性主要为灰质白云岩及白云质灰岩，岩石化学成分的加权平均含量如下：CaO 为 33.37% ~ 53.77%，MgO 为 0.60% ~ 19.94%，w(CaO)/w(MgO) 为 2.12 ~ 89.62，变化幅度较大。

碎屑岩地区岩性为石英砂岩、泥岩、页岩、板岩、玄武岩，主要由硅酸岩类矿物、石英组成，可溶性、渗透性差，大部分表现出 pH 值、矿化度、硬度均低的水化学特征。

（二）地表水系沉积物化学特征

自然条件下，贵州省内地下水所具有的水化学特征是地下水在运动过程中持续不断地与岩石介质发生水-岩作用的结果，岩石、土壤地球化学背景就是对地下水水化学组分的印证。根据《贵州省地球化学图集》（2009），区内与地下水质量评价相对应的地表水系沉积物部分化学组分的地球化学背景如表 1-7 所示。地表水系沉积物为一级或二级流域范围内的岩石、土壤在各种地质营力作用下形成的风化、冲洪积、残坡积等物质，其中所含化学成分继承了母岩的化学组分，一定程度上代表了采样区域的岩石、土壤地球化学背景。

表 1-7　贵州省地表水系沉积物部分化学组分地球化学背景

类别	化学成分	含量单位	背景值
常量组分	K_2O	%	0.03 ~ 5.29
	Na_2O	%	0.01 ~ 3.00
	CaO	%	0.02 ~ 35.00
	MgO	%	0.05 ~ 22.00
微量元素	F	10^{-6}	40.00 ~ 10100.00
重金属组分	As	10^{-6}	0.08 ~ 1647.00
	Cd	10^{-6}	21.00 ~ 46600.00
	Cr	10^{-6}	0.30 ~ 1059.00
	Cu	10^{-6}	1.00 ~ 446.90
	Hg	10^{-6}	1.00 ~ 724080.00
	Mn	10^{-6}	36.00 ~ 21811.00
	Pb	10^{-6}	2.00 ~ 9094.00
	Fe_2O_3	%	0.34 ~ 53.10

1. 常量组分含量

贵州省广泛分布钾、钠，钾的高值区主要分布于贵州的东部和北部，中部、西部和西南部零星出现；钠的高值区集中分布在贵州黔东南陆源碎屑岩一带，西部高原地区和北部赤水、习水一带也有出现。钙、镁广泛分布于碳酸盐岩地层的石灰岩和白云岩中，在碎屑岩覆盖区含量相对较少。贵州省内没有镁过量区，亦无缺乏区。

2. 微量元素氟（F）

贵州省内微量元素氟，呈中、高地球化学背景分布，其背景值为 679.20×10^{-6}。地表水系沉积物中氟的高含量背景呈北东向分布于黔西南、黔中和黔北一带，并延伸到重庆、鄂西和滇东南地区，主要是二叠纪火山喷发的峨眉山玄武岩外围陆地边缘和局限盆地沉积地层区。贵州中、上二叠世至下、中三叠世含凝灰质硅质碎屑岩、煤系、局限台地碳酸盐岩风化、热液作用形成的萤石矿区以及海相磷酸盐岩分布区，氟分布异常。在贵州毕节、黔西南、六盘水地区，由于不科学、不合理使用燃煤，氟含量高；在贵阳、安顺、遵义等地，有地氟病发生。

3. 重金属组分含量

省内地表水系沉积物中 Fe_2O_3 含量总体为中等地球化学背景，黔西南兴义、兴仁、普安、六盘水及威宁、赫章、纳雍、织金一带含量分级为较高—高等级。砷（As）在贵州省有较高地球化学背景，其背景值为 14.89×10^{-6}；贵州土壤中的砷含量高于国家三级土壤标准（30 ~ 40）$\times10^{-6}$，主要分布在黔西南兴义、兴仁、晴隆、普安、安龙、册亨、赫章及六盘水。铬（Cr）为中等地球化学背景分布，其背景值为 79.4×10^{-6}，铬的高含量背景值分布于黔西地区，主要是峨眉山玄武岩外露区及其外围，梵净山等地也有异常分布区。镉（Cd）呈较高地球化学背景分布，背景值为 0.31×10^{-6}，贵州省内镉的高含量主要分布于黔南、黔西和黔西南台地边缘生物礁滩相碳酸盐岩区，黔西、黔东铅锌矿区多富集镉，呈大面积镉异常。贵州省境内没有铜（Cu）缺乏区，过量区分布于西部晴隆、盘县、普安、水城、普定、平坝及毕节、大方、织金、纳雍、赫章、威宁等的大片玄武岩分布区。贵州是我国汞矿的主要产地，汞资源储量位居全国第一，也是世界著名的汞地球化学省，汞（Hg）的地球化学背景最高，达 0.10×10^{-6}。贵州地表汞的高背景含量大致从黔东北、黔中、黔西南呈北东向贯穿全省。汞异常分布集中，分布范围大，主要是黔东北和黔北地区的铜仁、万山、务川，黔中地区的开阳、息烽、织金，黔南地区的丹寨，黔西南地区的安龙、册亨、贞丰等地的汞矿及附近。锰（Mn）含量级别为较高—过量，与岩溶区岩石成土时黏土对锰的吸附有关，锰过量区大面积展布于毕节、六盘水、安顺、黔西南和黔南州，黔北地区有零星展布。铅（Pb）具有较高的地球化学背景，其背景值为 29.40×10^{-6}。铅含量高于国家三级土壤标准（$<500 \times 10^{-6}$）的地区有黔西地区的赫章、威宁、六盘水、普安一线的铅锌成矿带和地球化学异常带，在黔中地区和黔西南地区的开阳、息烽、瓮安、黄平、施秉、贵阳、安顺、镇宁、关岭、贞丰、安龙、兴义一线，局部断续有铅高含量背景分布。

（三）人类工程活动对地下水环境的影响

根据贵州省地质环境监测院《贵州省地下水污染现状调查评价报告（2008）》，贵州省第一次全国污染源普查成果统计，全省共调查污染源 139334 个，其中工业源 16090 个，占污染源总数的 11.55%；较大规模生活源 30425 个，占污染源总数的 21.84%；农业源 92786 个，占污染源总数的 66.59%。

全省污染源的分布特点是以农业污染源为主，生活污染源次之，工业污染相对较少。区域分布不均衡，分布最多的区域为遵义市，污染源数量 23185 个，占全省污染源总数的 16.64%；其次为贵阳市，污染源数量 20410 个，占 14.65%；全省污染源数量最少的是安顺市，污染源仅 8031 个，占 5.80%。

工业污染源，即“三废”。由于缺乏完善的防治污染的设施和管理不善，各地大量工业三废相当一部分未处理或经处理但尚未达国家规定的排放标准，废水直接进入河流、沟渠或落水洞、竖井中，废渣常堆放于溪沟旁和岩溶洼地中，大量污染组分通过降水的淋滤溶解，进入地下水系统，造成地下水环境的污染。调查生活污染源 30416 个，其中贵阳市生活污染源共 8664 个，为全省数量最多，占全省生活污染源总数的 29%，其次是遵义市、毕节、六盘水等地区。生活污染主要是人口密集的城镇和村寨产生的生活废弃物、洗涤废水、人类代谢物和废渣，因未采取合理的排放措施，导致周边环境污染，进而波及地下水。农业污染是田间大量使用的尿素、氮肥、钾肥、磷肥及复合肥，因一部分被农作物吸收，而一部分则会随灌溉水的下渗进入含水层，构成地下水“三氮”污染的主要污染源，具有面广、分散的特点。

总的来说，贵州省地下水环境整体较好，仅在少数人口密集城镇、工矿企业集中区，如贵阳、遵义周边地区、盘县煤矿区、德沿印三县煤矿区、开阳-息烽磷矿区及乌江上游三岔河流域、乌江中游偏岩河流域、猫跳河流域、长江上干流区綦江流域的遵义桐梓等地、洞庭湖水系松桃河流域松桃县锰矿区、锦江流域万山贡矿区、清水江流域天柱锦屏金矿区、珠江水系柳江流域荔波县东部煤矿区等受人类工程活动影响较强烈地区，地下水环境状况稍差，其余大部分地区地下水水环境状况良好。

（四）地下水化学特征及水质特征

岩溶地下水呈无色、无味、无嗅、透明状。水温较为恒定，地下水物理性质良好。

地下水 pH 值介于 6.55 ~ 8.45 之间，属中性水。矿化度 126.25 ~ 974.48mg/L，总硬度 122.96 ~ 444.54mg/L，属微硬水。

地下水阳离子为钾（K^+）、钠（Na^+）、钙（Ca^{2+}）、镁（Mg^{2+}）四种，含量分别为 0 ~ 17.02mg/L、0 ~ 100.00mg/L、4.81 ~ 523.12mg/L、1.05 ~ 170.89mg/L。其中 Ca^{2+}、Mg^{2+} 源自碳酸盐岩类的溶解作用，故岩溶地下水中这两种离子含量较高。

以灰岩或白云岩为主的含水层，地下水水化学类型主要为 HCO_3–Ca 型、HCO_3–Ca·Mg 型；以白云质灰岩或泥质灰岩为主的含水层，地下水水化学类型主要为 HCO_3–Ca·Mg、HCO_3·SO_4–Ca、HCO_3·SO_4–Ca·Mg 型。

二、岩溶地下水水质评价

根据《贵州省岩溶地下水系统及水资源研究（2018）》相关内容修编。

（一）评价标准及参评因子选择

按《地下水质量标准》（GB/T14848—2017），采用参与水质质量评价的各项因子对应“标准”中规定的五个类型水赋值范围，以“从优不从劣”原则划分类别（表 1–8）。

表 1–8　地下水质量分类指标

项目序号	项目 \ 标准值 \ 类别	Ⅰ类	Ⅱ类	Ⅲ类	Ⅳ类	Ⅴ类
1	pH	6.5 ~ 8.5			5.5 ~ 6.5，8.5 ~ 9.0	<5.5，>9.0
2	氨氮（NH_4，mg/L）	≤ 0.02	≤ 0.02	≤ 0.20	≤ 0.50	> 0.50
3	硝酸盐（以 N 计，mg/L）	≤ 2.0	≤ 5.0	≤ 20.0	≤ 30.0	> 30.0
4	亚硝酸盐（以 N 计，mg/L）	≤ 0.001	≤ 0.010	≤ 0.020	≤ 0.100	> 0.100
5	总硬度（以 $CaCO_3$ 计，mg/L）	≤ 150	≤ 300	≤ 450	≤ 550	> 550
6	溶解性总固体（mg/L）	≤ 300	≤ 500	≤ 1000	≤ 2000	> 2000
7	高锰酸盐指数（mg/L）	≤ 1.0	≤ 2.0	≤ 3.0	≤ 10.0	> 10.0
8	铁（Fe，mg/L）	≤ 0.1	≤ 0.2	≤ 0.3	≤ 1.5	> 1.5
9	硫酸盐（mg/L）	≤ 50	≤ 150	≤ 250	≤ 350	> 350
10	氯化物（mg/L）	≤ 50	≤ 150	≤ 250	≤ 350	> 350
11	氟化物（mg/L）	≤ 1.0	≤ 1.0	≤ 1.0	≤ 2.0	> 2.0
12	铅（Pb，mg/L）	≤ 0.005	≤ 0.010	≤ 0.050	≤ 0.100	> 0.100
13	镉（Cd，mg/L）	≤ 0.0001	≤ 0.0010	≤ 0.0100	≤ 0.0100	> 0.0100
14	铬（六价）（Cr^{6+}，mg/L）	≤ 0.005	≤ 0.010	≤ 0.050	≤ 0.100	> 0.100
15	砷（As，mg/L）	≤ 0.005	≤ 0.010	≤ 0.050	≤ 0.050	> 0.050
16	汞（Hg，mg/L）	≤ 0.00005	≤ 0.00050	≤ 0.00100	≤ 0.00100	> 0.00100
17	锰（Mn，mg/L）	≤ 0.05	≤ 0.05	≤ 0.10	≤ 1.00	> 1.00
18	氰化物（mg/L）	≤ 1.0	≤ 1.0	≤ 1.0	≤ 2.0	> 2.0
19	挥发性苯酚（以苯酚计，mg/L）	≤ 0.001	≤ 0.001	≤ 0.002	≤ 0.010	> 0.010

通过划分的类别来确定单项组分的评价分值 F_i（表 1–9），然后综合各因子单项评价分值，以综合评价指数反映工作区水环境质量。

表 1–9　水质指标分类评分分值表

类别	Ⅰ类	Ⅱ类	Ⅲ类	Ⅳ类	Ⅴ类
F_i	0	1	3	6	10

参评因子按“标准”中规定取 pH、NH_4^+、NO_3^-、NO_2^-、Fe、SO_4^{2-}、Cl^-、F、Pb、Cd、Cr^{6+}、As、Hg、Mn、CN^-、C_6H_5OH、总硬度、溶解性总固体、高锰酸盐指数（耗氧量）等 19 项指标。

（二）评价方法

根据各单项组分评分值，按下列公式计算出反映水质质量的综合评价指数 F。

$$F=\sqrt{\frac{\bar{F}+F_{\max}^2}{2}} \tag{1-4}$$

其中：$\bar{F}=\frac{1}{n}\sum_{i=1}^{19}F_i$。

式中：$\bar{F}$为参评因子单项分值 F_i 的平均值；$F_{\max}$ 为参评因子单项分值中的最大值；n 为样品组数。

根据式（1–4）计算得出的综合评价分值 F 可以确定地下水质量级别（表 1–10）。

表 1–10　地下水质量分类说明表

级别	优良（Ⅰ类）	良好（Ⅱ类）	较好（Ⅲ类）	较差（Ⅳ类）	极差（Ⅴ类）
F 值	<0.80	0.80 ~ 2.50	2.50 ~ 4.25	4.25 ~ 7.20	>7.20
地下水分类说明	地下水化学组分的含量低于当地背景值，适用于各种用途	地下水化学组分的含量主要接近反映当地背景值，也适用于各种用途	各种评价组分质量指标与 GB5749—2022《生活饮用卫生标准》相符；以人体健康基准为依据，主要适用于集中式生活饮用水水源及工农业用水	以农业和工业用水质量要求为依据，除适用于农业用水和部分工业要求外，经适当处理后，可作为生活饮用水	不能作为生活饮用水源，其他用水可根据使用目的选用

（三）岩溶地下水环境质量评价结果

1. 评价结果

通过 3973 组水样评价分析，贵州省岩溶区地下水质量总体较好，其中Ⅰ类、Ⅱ类水质的数量达到了统计样品数的 84.5%，地下水水质处于良好级别以上，适用于各种用途；Ⅲ类水标准样品数位为 197 件，占统计总数的 5.0%，主要适用于集中式生活饮用水水源及工农业用水；Ⅳ类水质量的水样为 359 件，占样品数的 9.0%，可适用于农业和部分工业用水，适当处理后可作生活饮用水（图 1–14）。

2. 岩溶地下水质量空间分布特征

从行政区域来看，遵义市、安顺市以及铜仁市的地下水质量总体优于其他地区，其中遵义市Ⅰ、Ⅱ类水占到该地区统计数据的 95.65%，安顺市和铜仁市分别占到了统计总数的 92.39% 和 95.48%。水质总体较差的为毕节市，Ⅳ、Ⅴ类水数量占到了统计总数的 17.6%，是所有地区中较差和极差水质比重最大的区域。

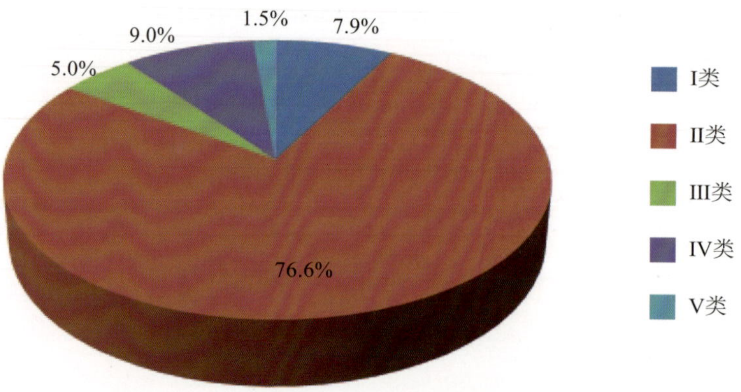

图 1–14　贵州省岩溶区地下水质量分类比例图
（据贵州省地质矿产勘查开发局 111、114 地质大队，2018）

从空间分布上（图 1–15）可知：

I 类地下水集中分布在黔北和黔东北的绥阳、湄潭—凤岗以及松桃一带，涉及的地下水系统有湄潭分散排泄系统、蒲老场分散排泄系统以及松桃地下河系统，此类区域生态环

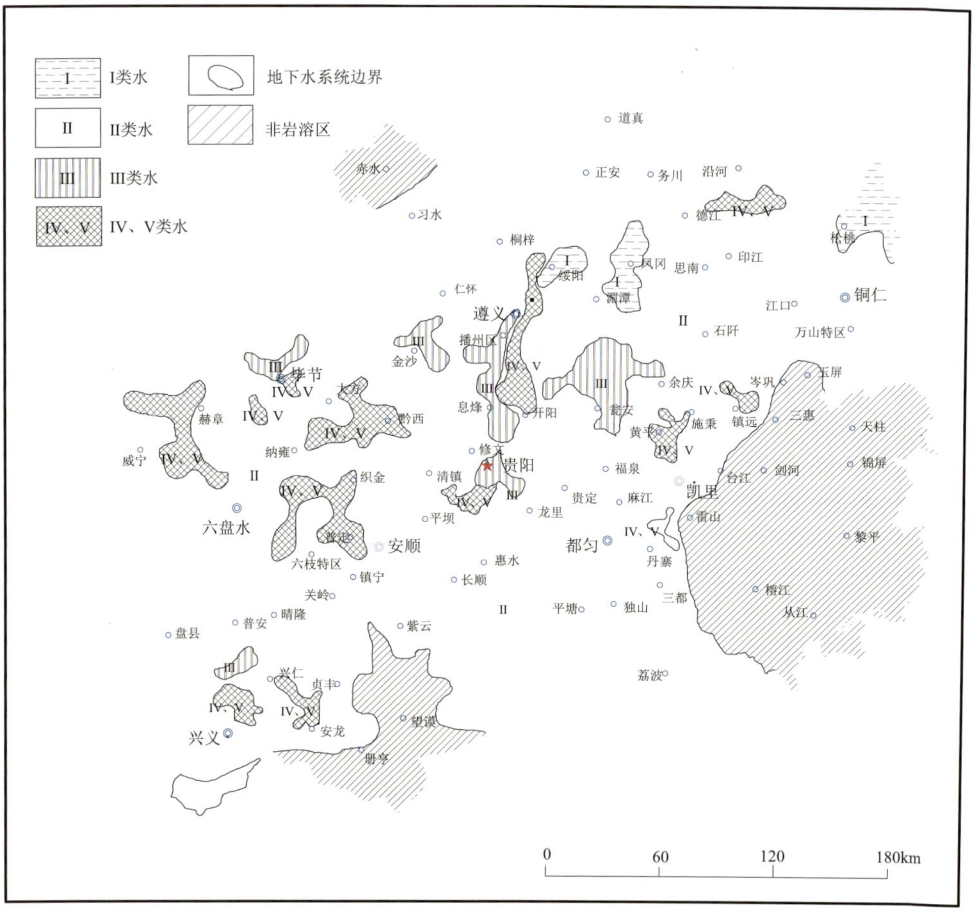

图 1–15　贵州岩溶区地下水质量评价分布图
（据贵州省地质矿产勘查开发局 111、114 地质大队，2018）

境良好，人类工程活动较少，其地下水适用于各种用途。

Ⅱ类水在贵州岩溶区分布最为广泛，占比也最大，适用于各种用途。

Ⅲ类水适用于集中式生活饮用水水源及工农业用水，主要分布于瓮安北部、贵阳、息烽—遵义、金沙、毕节—海子街以及普安楼下镇一带，涉及黄连坝岩溶大泉系统、贵阳-龙岗分散排泄系统、羊昌分散排泄系统、息烽—开阳分散排泄系统、南北地下河系统、中枢南翼地下河系统、岩孔岩溶地下河系统、海子街-长春堡分散排泄系统以及雪甫岩溶大泉系统。此类水的分布与人类工程活动关系密切，其中瓮安北部区域主要受磷矿开采和生产影响；贵阳和息烽—遵义一带主要受城市污染；金沙、毕节—海子街一带以及普安楼下镇区域主要受煤矿开采的影响。

Ⅳ类和Ⅴ类水质较差，在无处理的情况下，不能作为生活饮用水源。该类型水在贵州东部地区零星分布，主要分布于德江东部，黄平、镇远以及丹寨北东部。在贵阳—遵义一线以西的区域，Ⅳ类和Ⅴ类水的分布面积较东部地区大，其中连片分布的有开阳—遵义、黔西—大方、赫章—水城、普定—织金六枝以及兴仁—安龙等区域，在此类区域内，Ⅳ类和Ⅴ类水质的形成与工业和矿业活动关系密切。

第五节 岩溶地下水赋存特征

根据《贵州省勘查找水打井总结报告（2012）》，贵州地下水赋存条件复杂，岩溶地下水类型多样。结合贵州岩溶山区打井工程的钻探、物探等资料，简要探讨白云岩盆地区、石灰岩峰丛山区、深切河谷斜坡区，三个典型岩溶地貌组合形态以及地表严重污染区的岩溶地下水的赋存特征。

一、机井工程揭露岩溶含水层概况

（一）不同岩性成井率

灰岩地层 238 口，成井率约为 76.47%；白云岩地层 626 口，成井率约为 91.05%；碳酸盐岩夹碎屑岩地层 356 口，成井率约为 85.96%；碎屑岩地层 27 口，成井率约为 62.96%。见表 1-11。

表 1-11 不同岩性机井成井率

机井数量 / 口	灰岩	白云岩	碳酸盐岩夹碎屑岩	碎屑岩
实施井	238	626	356	27
成井	182	570	306	17
干井	56	56	50	10
成井率 /%	76.47	91.05	85.96	62.96

（二）不同岩溶含水类型的成井率

裂隙溶洞水：寒武系清虚洞组 24 口、奥陶系桐梓组 + 红花园组 17 口、石炭系马平组 5 口、二叠系栖霞组 + 茅口组 71 口、三叠系茅草铺组 89 口，成井率约为 66.02%；溶洞裂隙水：寒武系高台组 89 口、泥盆系高坡场组 10 口、石炭系摆佐组 11 口、二叠系长兴组 3 口、三叠系永宁镇组 77 口、三叠系安顺组 24 口，成井率约为 79.91%；溶孔溶隙水：寒武系娄山关群 352 口，成井率约为 92.90%。详情见表 1-12。

表 1-12 不同岩溶含水类型成井率

机井数量 / 口	裂隙溶洞水	溶洞裂隙水	溶孔溶隙水
实施井	206	214	352
成井	136	171	327
干孔	70	43	25
成井率 /%	66.02	79.91	92.90

二、不同地貌组合类型的岩溶地下水赋存特征

（一）白云岩盆地区

1. 含水层特征

贵州省内大多数岩溶盆地是由褶皱、断裂及接触带等构造控制形成的盆地，地貌为峰丛、峰林谷地、地形高差 20 ~ 80m，分布震旦系灯影组和寒武系娄山关群、后坝组以及三叠系安顺组等白云岩、白云质灰岩地层。含水介质溶蚀作用为密集的裂隙网络弥散溶蚀，规模较小的溶管、溶孔密集发育，地下水分布较均匀，层流特征明显，背斜核部、沿盆地断裂带往往形成地下水富集带，地下水埋藏深度一般＜ 50m。如遵义市湄潭县兴隆镇和黄家坝镇缓丘谷地的背斜构造富集带，铜仁德江县青龙镇安家渡村及煎茶镇新场村、黔南福泉县白岩和安顺市黄果树大街和龙泉路断裂富集带等，钻孔水位埋深 2 ~ 45m，降深 3.5 ~ 35.0m，涌水量 250 ~ 1200m^3/d。

2. 含水层地球物理特征

通过电阻率法对该类型含水层的勘探，基本电性解译如下。

电性特征：低阻缓变化→低阻变化带→特低电阻率→高阻高变化；

地层结构：红黏土层等→浅层岩溶发育带→强富水层→完整白云岩；

表现出岩性相对均匀，表层红黏土层厚度变化不大，溶孔裂隙含水介质在单一的高阻背景中呈低阻反映，地球物理条件较简单。

3. 成井率

以黔东南州、黔西南州高密度电阻率法 + 普通电测深方法为例，验证孔分别为 30 个和 61 个，出水孔 27 个和 57 个，成井率 90.0% 和 93.4%。可见，表明该方法在白云岩含水介质地下水找水勘查中是有效的勘探手段。

（二）石灰岩峰丛山区

1. 含水层特征

地貌呈峰丛洼地、山地，地形高差 100 ~ 250m，分布石炭系上统马平群及二叠系中统栖霞、茅口组等厚层及块状石灰岩地层，岩溶发育程度强、溶蚀差异性大，地表洼地、落水洞等发育，地下溶洞溶隙空间大。地下水分布极不均匀，非层流特征明显，地下河或地下管道为地下水主径流带（富集带），动态变幅几十倍，地下水埋藏深度＞ 150m。如黔

西县百管委区段的栖霞、茅口组灰岩地层、独山县上司区段的马平群灰岩地层、贵阳龙洞堡区段大冶组灰岩地层等钻孔水位埋深在 130 ~ 160m，变幅 15 ~ 40m，降深 15 ~ 40m，涌水量 350 ~ 1400m^3/d。

2. 含水层地球物理特征

通过电阻率法对该类型含水层的勘探，基本电性解译如下。

电性特征：低阻缓变化→低阻变化带→特低电阻率→高阻高变化；

地层结构：红黏土层等→岩溶发育带→裂隙管道（裂隙溶洞、黏土充填溶洞或含水洞隙）→完整石灰岩；

表现出岩溶强发育、无规律性、低阻异常多，很难判断低阻异常的性质，地球物理条件复杂。

3. 成井率

应用高密度电阻率法 + 普通电测深方法，在纯石灰岩分布区验证孔 86 个，出水孔 52 个，成井率 59.9%；不纯石灰岩分布区验证孔 320 个，出水孔 244 个，成井率 76.2%。可见，该方法是石灰岩分布区找水勘查中起一定参考作用的勘探手段。

（三）深切河谷斜坡区

贵州深切河谷众多，区域上，从深切河谷至斜坡区分水岭，地形高差 250 ~ 450m，岩溶发育，地下水循环交替迅速，区域地下水位埋藏深度 250 ~ 300m。

沿河县的钟南 F1 阻水断裂富水区（图 1–16），含水层为寒武系中统平井组白云岩、白云质灰岩的溶孔溶隙水，4 口机井，孔深 150.14 ~ 152.56m，水位埋深 0.45 ~ 8.15m，降深 20 ~ 50m，涌水量 171.9 ~ 1403.0m^3/d，水质Ⅱ类。

兴义市敬南镇隔水地层富水区，临近河谷斜坡地带，因坡向与岩层倾向相反，分水岭地下水向河谷径流过程中，因遇隔水层阻隔在上游区形成相对富水区（图 1–17）。含水层为三叠系中统个旧组白云岩夹页岩，白云岩为溶洞裂隙水，页岩则为隔水层，KH20111056 机井，孔深 92m，水位埋深 9.5m，降深 13.4m，涌水量 220.5m^3/d，水质Ⅱ类。

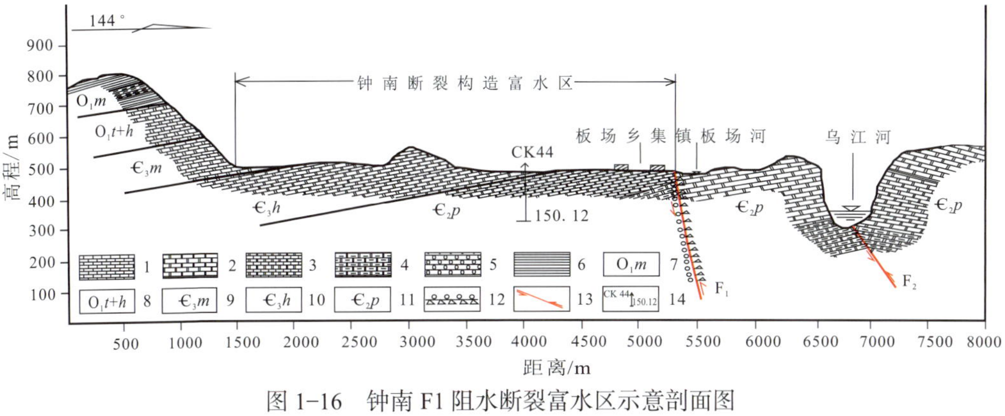

图 1–16　钟南 F1 阻水断裂富水区示意剖面图

（据贵州省地质矿产勘查开发局，2012）

1—灰岩；2—白云岩；3—白云质灰岩；4—灰质白云岩；5—粉砂岩；6—泥页岩；7—奥陶系下统湄潭组；8—奥陶系下统桐梓–红花园组；9—寒武系上统毛田组；10—寒武系上统后坝组；11—寒武系中统平井组；12——侧充水、一侧阻水断层；13—逆断层；14—机井：左为编号右为孔深 (m)

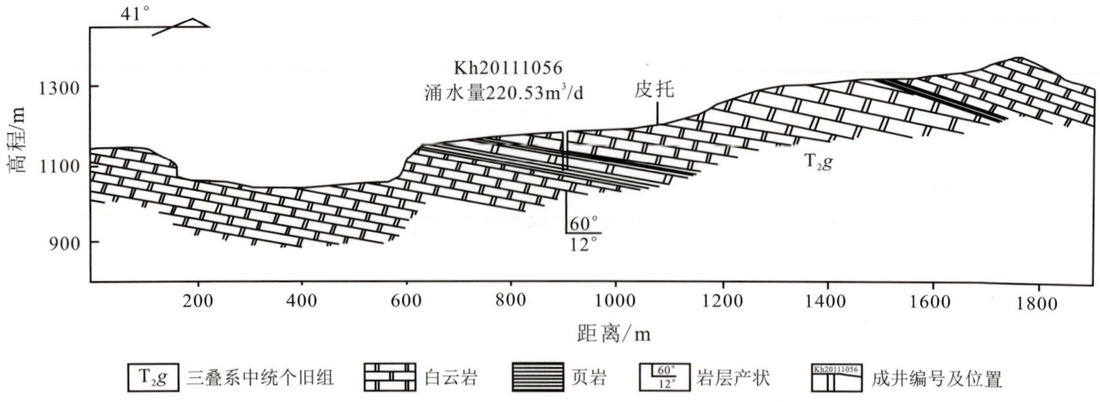

图 1-17 敬南镇海子村皮托组成井示意剖面图

（据贵州省地质矿产勘查开发局，2012）

（四）地表严重污染区

1. 污染区概况

贵州西部乌蒙地区，地处山地斜坡地带，地表水资源匮乏，因矿产资源丰富（特别是煤矿），矿山集中开采，地表水和浅层地下水遭受到不同程度的污染，使城镇及农村居民生活饮水困难。

以赫章妈姑-威宁地区为例，地层由老至新为二叠系中、上统的栖霞、茅口组灰岩含水层、玄武岩和龙潭组煤系层（隔水层），以及三叠系飞仙关组相对隔水层，受地质构造和地貌控制，该含水系统特点为地表出露的灰岩分布区构成了系统地下水补给区，玄武岩和灰岩叠置区则形成地下水径流区，断裂则起到导水和汇集作用（图 1-18）。

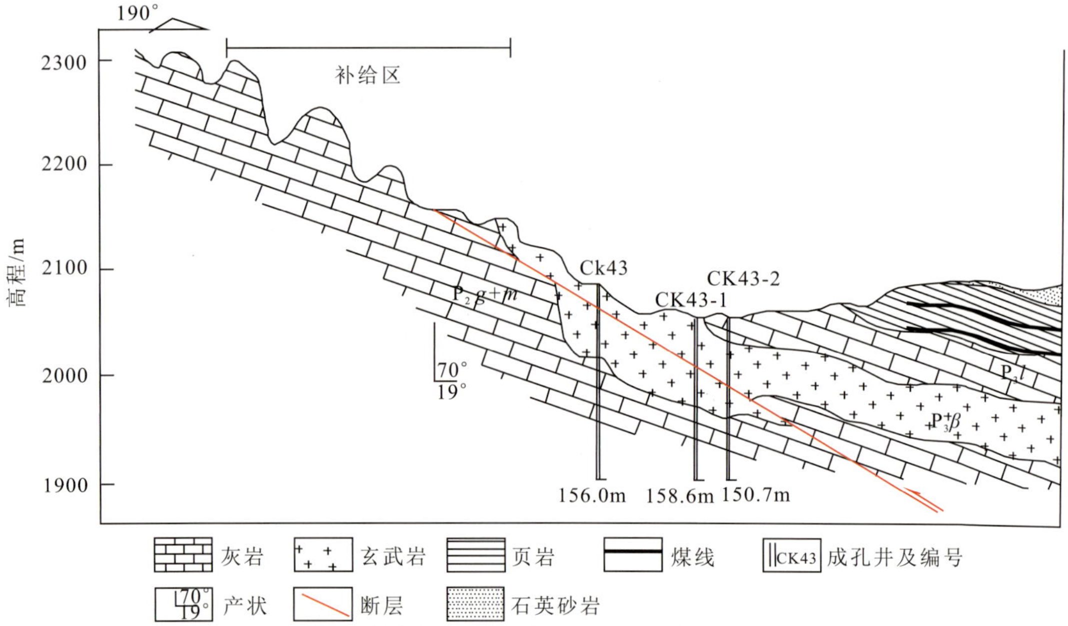

图 1-18 赫章妈姑-威宁底板深埋型地质示意剖面图

（据丁航航，2016）

2. 含水层地球物理特征

采用高密度电阻率法，辅以激发极化法对该类型含水系统的断裂带勘探，基本表现出的低阻异常和激电参数的高值异常反映，可推测为地下水引起的异常（断裂含水带），一般深度为 120 ~ 150m。

3. 验证钻孔

在赫章妈姑镇实施的 CK43-1、CK43-2 号钻孔，孔深分别为 158.6m 和 150.7m，初见水位 138.0m 和 141.2m，降深 13.3m 和 35.7m，涌水量 887.3m^3/d 和 508.6m^3/d，水质达到Ⅱ类，为贵州能源基地建设提供了清洁的地下水源。

三、结语

研究结果不同岩性成井率说明：含水均匀性和赋水性由强到弱为白云岩、碳酸盐岩夹碎屑岩、灰岩、碎屑岩。

研究结果不同岩溶水类型成井率说明：贵州岩溶地区含水介质的非均匀性突出，给打井找水造成了困难，只有查明当地的岩溶水文地质条件，掌握岩溶水赋存规律，才能取得岩溶地区找水的关键技术，服务于地下水开发利用及保护工作。

不同地貌类型地区的地下水赋存特征：

1）白云岩盆地区：主要为密集的裂隙网络扩散溶蚀作用，岩溶差异性较弱，为溶隙溶孔介质，含水性相对均匀，具有层流特征，单孔涌水量 500 ~ 3000m^3/d，地下水埋藏深度小于 50m。背斜核部、断裂带、阻水断层带一侧等为块状、带状富集区。

2）石灰岩峰丛山区：为裂隙管道介质的地下暗河系统、含水性极不均匀，非层流特征，地下水埋藏深度大于 100m。地下水资源极为丰富，但在其暗河主径流带或支管道（岩溶强发育带）均可能为富水地段。

3）深切河谷斜坡区：以地下河出口和岩溶大泉排泄于河谷，枯季流量一般大于 50L/s，形成大的岩溶含水系统；但在局部地段，由于断裂与地层岩性的有机组合，在分水岭至河谷的斜坡地带，由于阻水断裂与相对隔水地层控制，形成地下水富集区。

4）地表严重污染区：该含水系统特点为地表出露的灰岩分布区构成了系统地下水补给区，玄武岩和灰岩叠置区则形成地下水径流区，断裂起导水和汇集作用，构成上覆隔水玄武岩，含水带为栖霞茅口组岩溶层和断层组合封闭的深埋藏岩溶含水系统（具承压性），断裂带为富水地段。

第二章 贵州岩溶地下水资源评价

第一节 岩溶地下水系统循环特征

贵州岩溶地下水主要补给源为大气降水，岩溶含水层中的溶蚀裂隙、溶孔、节理裂隙为岩溶水的储存、运移空间，以地下河出口、泉的形式出露地表。岩溶地下水的补、径、排循环特征见图 2-1。

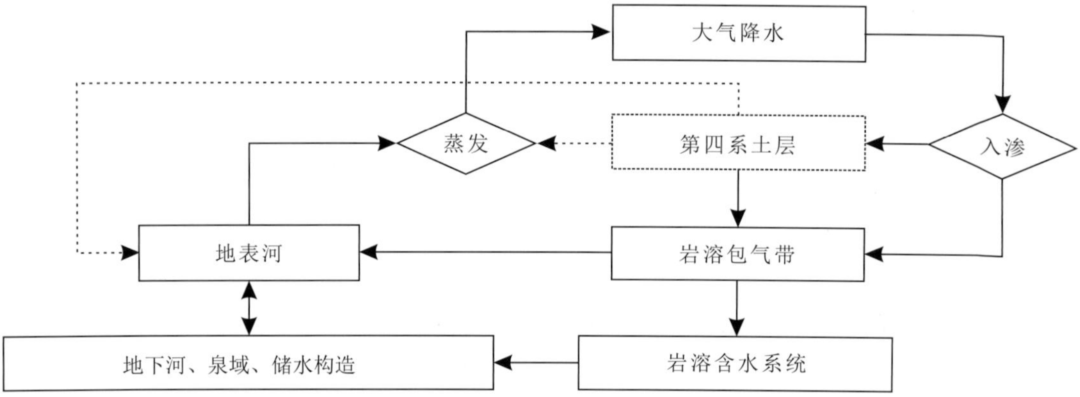

图 2-1 岩溶地下水系统循环过程示意图

第二节 岩溶地下水资源评价方法

根据岩溶水文地质条件、水文地质调查和勘探的程度、对计算成果要求的精度等内容，划分的岩溶地下水资源评价方法主要有：开采试验法、相关分析法、Q–S 曲线外推法、水量均衡法、水文分析法、解析法、数值法（表 2-1）。各种评价方法在定量评价岩溶地下水时，均具有一定的局限性，无法反映岩溶流域水资源形成的完整过程，更不能全面反映岩溶地下水形成的各个要素间的作用。通过表 2-1 的比较可看出，水文分析法是贵州区域性岩溶地下水评价较为常用的方法，解析法（单孔、多孔抽水试验法）、数值法是岩溶地区相对富水地段的常用方法。

1. 开采试验法

在选定的水源地范围内，岩溶水文地质条件复杂（如：含水层极不均匀、边界不清），宜根据岩溶地下水主径流方向，选择合适的布井方案，打探采结合孔。实施应在枯季进行，按开采要求的降深和开采量进行长时间的抽水试验（稳定流和非稳定流），根据抽水试验结果来确定供水量。

表 2-1　地下水资源量评价方法简表

评价方法	计算方法	用途	适用条件	不足
开采试验法	开采抽水法、补偿疏干法等	评价地下水可开采资源量	中小型水源地	长系列抽水资料
相关分析法	Q　S 相关方程	外推地下水开采量	中小型水源地	具有地下水长期监测资料的水源地
Q–S 曲线外推法	Q–S 曲线的函数关系建立 Q–S 曲线方程	外推设计降深时的开采量	水文地质条件不易查清地区	具有地下水长期监测资料的水源地
水量均衡法	$Q_{补}-Q_{排}=\pm\Delta Q_{储}$	宏观上控制地下水资源量的转化关系	任何地下水系统	水文地质参数难以确定
水文分析法	基流分割法、大气降水入渗法、地下水径流模数法等	评价地下水补给资源量	全排型流域；有较长系列测流资料的地下水系统	无法准确评价地下水可开采资源量；评价精度难以控制
解析法	单孔、多孔抽水试验法，井群干扰法，开采强度法等	评价地下水可开采资源量	水文地质条件理想化区域	地下含水系统基本查明，抽水试验确定水文地质参数
数值法	有限差分法、有限单元法、边界元法等	评价地下水补给资源量、开采资源量	各种复杂条件下的地下水系统	水文地质条件清楚、需要大量的各类资源和数据

（据贵州省地质矿产勘查开发局 111、114 地质大队，2018 修订）

2. 相关分析法

根据开采岩溶地下水的历史资料或不同的流量和降深的抽水试验资料，用数理统计方法找出流量与降深之间的相关关系（相关方程），来外推开采量和水位降深。适用供水水源地外推开采量和水位降深以及矿坑涌水量的预测。

3.Q–S 曲线外推法

Q–S 曲线外推法与开采试验法一样，适用于岩溶水文地质条件不易查清而又急于做出评价的地区，该方法广泛应用于开采及矿床疏干涌水量的计算中。

这种方法的基本原理是：根据稳定井流水，抽水井涌水量与水位降深之间，可以用 Q–S 曲线的函数关系表示，依据所建立的 Q–S 曲线方程，外推设计降深时的涌水量。

在实际抽水过程中出现的涌水量与水位降深关系极复杂，必须综合考虑岩溶含水层的非均匀性、是否存在地表水和地下水越流补给、边界特征、岩溶地下水流态及抽水试验条件（包括井孔位置、井孔类型、口径、降深等）等因素对曲线形态特征的影响。特别指出的是，用勘探时抽水孔的口径抽水所得的资料推测矿床疏干竖井的涌水量会有较大误差，更不宜用此资料预测复杂井巷系统的涌水量。

4. 水量均衡法

水量均衡法是根据水量平衡原理，利用均衡方程计算待求水量的一种方法。在一定的时间段内，任一均衡区进出水量大体保持平衡关系。

根据物质质量守恒定律和物质转化原理，在任何地区、任一时间段内，地下水系统中地下水的流入量（或补给量）与流出量（或消耗量）之差，恒等于该系统中水储存量的变化量。水量均衡法是贵州区域岩溶水资源评价、矿坑涌水量预测的宏观控制性分析方法。

5. 解析法

解析法是直接选用地下水动力学中井流公式计算地下水资源的常规方法。该方法在理论上是严密的，只要符合基本基础假定，计算出来的允许开采量是有保证的地下水允许开采量。但是，由于水文地质条件的复杂性，特别是岩溶地区水文地质条件更为复杂，常常难以满足渗流理论的基本假定，因此计算的结果与实际情况往往存在一定的偏差。这就需要水文地质工作者在进行地下水资源计算前较好地掌握计算区的水文地质条件，并能对水文地质条件进行概化，建立水文地质概念模型（见图 1-5）；并在此基础上，选择合理的计算模型及取得有效的水文地质参数。贵州岩溶地区机井供水工程、中小型矿山的水量计算都采用稳定流解析法。

6. 数值法

地质体是一种极不均匀的物理体，在一个含水系统（水文地质单元或计算单元）中，岩层的含水性质不均匀，含水层的水文地质参数是随时空发生变化的。因此，常用的解析法计算出来的水资源量仅能表征含水系统的总体概况，而不能对含水系统的细部进行很好的刻画。

数值法是随着计算机技术的发展而发展起来的一种近似的计算方法，可以近似地刻画含水系统中的局部点上的水文地质特征，求出计算域中有限个计算点的近似解，这些近似解可以满足精度要求。因此，数值法成为近代地下水资源计算、地下水资源评价的常用方法。贵州岩溶盆（谷）地裂隙-孔隙含水系统的遵义高坪、福泉牛场水源地的水资源评价等，就采用了此法。

7. 水文分析法

大气降水入渗系数法和地下水径流模数法是区域岩溶地下水评价的主要方法。

大气降水入渗系数法：地下水的补给源主要是大气降水，地下水流量或水位的动态变化与气象动态具同步关系，具有当年调节的特征，因此可采用大气降水入渗系数法计算地下水天然补给量。不同含水系统因岩性的不同，导致含水介质的组合各具特点，致使其中蕴含的地下水类型亦各不相同，相应的地下水接受补给的能力和排泄就有所差别。

地下水径流模数法：能较好地反映出不同含水岩组内地下水的天然赋存和运动规律，据此地下水的天然补给量亦可采用地下水径流模数法进行计算。

第三节 贵州岩溶地下水资源特点

根据王明章《专门水文地质学（讲稿）》（2008）相关内容修编。

1. “三水”资源关系特征

贵州省内“三水”（大气降水、地表水和地下水）之间转化关系频繁。大气降水一部分在地表汇集成为地表径流，汇入地表河谷中成为地表水；另一部分则转入地下成为地下水。地下水在径流途中受隔水岩层、断层阻隔或地形切割成以地下河、岩溶泉、河床泄流等形式排出地表，汇入地表河谷补给地表水成为河川基流。受岩溶发育控制，部分地表河流亦可在径流过程中经伏流入口（溶洞）、落水洞再次转入地下成为地下水。因此，实际上地下水与地表水都来源于大气降水的补给，在一个流域系统中共同组成统一的水系统，只是根据水体径流所处的空间位置不同而分为地表水和地下水。地下水排出量构成流域系统中河川的基流，是保持河流常年有水的最稳定水量部分，而大气降水在地表汇集的径流仅在雨季形成，构成河流的丰水水量部分。

地形、岩溶以及水资源特点造成地表水多集中在深切割的河谷中，而耕地、城镇和村寨则分散在高悬于河谷或远离河谷的谷地、洼地内，地表水资源、耕地、人口在空间上分布极不协调。相对而言，转入地下的部分则由于受到含水介质及地质构造的控制，在含水层中运移缓慢并在条件有利地带形成富集块段。相对地表水而言，岩溶地下水具有空间上分布相对均匀、水位埋藏深度小、具有可调节储存量的特点。

2. 地下水开发利用优势

多年来，岩溶石山区水资源开发经验表明：除人口集中的城镇和工矿外，对分散分布的耕地和村寨，采用高扬程、远距离的地表水集中供水方式既不经济也不利于管理。相对而言，岩溶地下水的开发具有如下显著的优势：

1）面上分布广，与耕地和村寨高差小，易于分散取水、就地开发和就近利用，供水稳定，水质优良，保障程度高，便于管理。

2）可利用地下岩溶空间蓄集地下水，从而有效地避免了地表水库建设可能造成的农田淹没、库区移民搬迁和安置的问题。这对稳定耕地缺少、经济落后的岩溶石山区社会环境和土地资源的合理利用有着积极的意义。

3）由于埋藏在地下，相对地表水受污染的概率小，岩溶地下水水质普遍较好，饮水安全性高。

4）相对地表水工程，地下水工程具有建设周期短、投资较少的优势。

3. 岩溶水开发利用的主要问题

尽管岩溶区地下赋存着较丰富的地下水，但由于贵州岩溶石山区岩溶发育的不均匀性，岩溶地下水开发也存在如下方面的问题：

1）岩溶地下水在地下隐蔽性强，地下水勘察和开发水文地质专业技术性极强。未经专业队伍勘察和设计，地下水开发成功概率小。

2）相对地表水体而言，地下水源地规模以中小型为主，主要适合作为城市的补充水源及集镇、工矿和农村人畜饮水及农田灌溉的分散供水水源。

3）在石灰岩、白云岩分布的以溶洞和大型溶蚀裂隙发育为主、地下水位埋藏浅的溶蚀盆（谷）地中，水位大降深的岩溶地下水采、排活动容易引发和加剧岩溶地面塌陷、地裂缝地质灾害，对人口、建筑、交通线路及公共设施等造成危险和危害。

因此，岩溶地下水的开发必须经过专业的水文地质勘查，查清岩溶发育规律、地下水的空间赋存分布及开发利用条件，因地制宜地采取合理的开发工程和方案，才能取得兴利除弊的效果。

第四节 贵州岩溶地下水资源量

一、岩溶地下水天然资源量及可开采资源量

根据《贵州省岩溶地下水系统及水资源研究（2018）》：①贵州省岩溶区用大气降水入渗系数法算出多年平均地下水资源补给量为305.56×$10^8 m^3/a$，偏枯年地下水资源补

给量为 257.44 × $10^8m^3/a$，特枯年地下水资源补给量为 171.52 × $10^8m^3/a$；②用地下水径流模数法计算得到地下水资源补给量为 261.17 × $10^8m^3/a$；③用枯季径流模数法计算贵州省岩溶地区地下水可开采资源量为 103.72 × $10^8m^3/a$（其中，长江流域地下水的可开采量为 65.54 × $10^8m^3/a$，占全省总量的 64.19%；珠江岩溶流域为 38.18 × $10^8m^3/a$，占全省总量的 36.81%）；④空间分布上，黔中贵阳–安顺、黔东独山–凯里–玉屏以及黔北正安–道真一带地下水系统的总资源量大于 1.35 × $10^8m^3/a$，主要位于白云岩出露地区，其地下水系统的面积一般均较大；黔西和黔西南地区地下水系统的可开采资源总量多为（0.45 ~ 1.35）× $10^8m^3/a$；而黔北遵义和黔东北梵净山周边地区，受地质构造的作用，岩溶地下水系统多面积较小，由此导致地下水系统可开采资源量总体小于 0.45 × $10^8m^3/a$（图 2–2）。

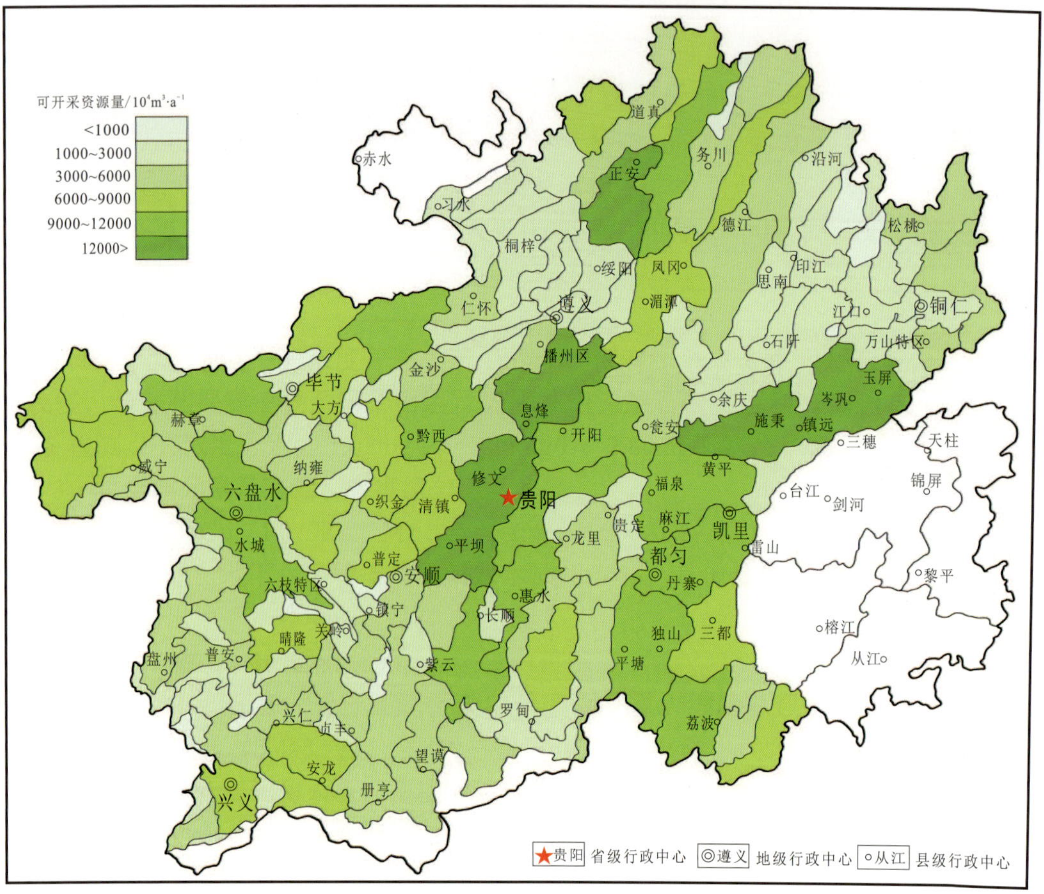

图 2–2　贵州省岩溶地下水可开采资源量分布图
（据贵州省地质矿产勘查开发局 111、114 地质大队，2018）

二、岩溶地下水资源变化特征

1. 年际变化特征

根据 2012 年贵州省地矿局《贵州省岩溶泉及地下河枯季测流总结报告》，对 2000—2011 年 12 年间贵州碳酸盐岩区的年降水总量及地下水年资源量进行对比分析（图 2–3）

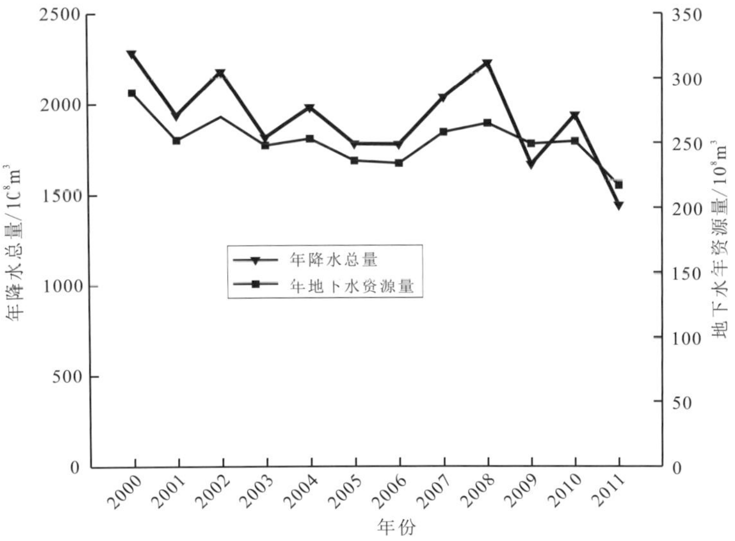

图 2-3　年降水总量与岩溶地下水年资源量关系图

可以看出：

1）年降水总量与岩溶地下水年资源量的变化规律具有一致性。当降水总量增加时，地下水资源量随之相应变化，揭示了岩溶地下水资源量与降水总量的相关关系。

2）2011 年出现的特大干旱气候环境，导致岩溶地下水年资源量达到历史最小值。

3）岩溶地下水年资源量总体呈下降趋势，且干旱年份重现期变短、干旱频率加大。

2. 变化趋势

选取贵州碳酸盐岩地区 3 个不同时期，在 50% 频率地下水补给量的基础上，进行岩溶地下水资源量趋势分析（邹凤钗等，2016），即把 2011 年《岩溶石山 1 : 5 万水文地质环境地质调查》计算成果与 1980 年全省《1 : 20 万区域水文地质普查报告》计算成果、2000 年全省《1 : 25 万岩溶石山地下水勘查》计算成果进行对比，结果显示，地下水补给量比 1980 年减少了 $44.476 \times 10^8 m^3/a$，比 2000 年减少 $21.631 \times 10^8 m^3/a$，全省地下水资源补给量呈减少趋势（图 2-4）。

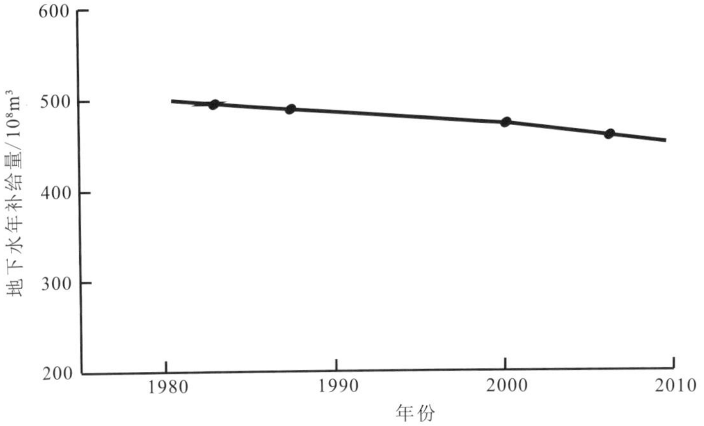

图 2-4　贵州省岩溶地下水年补给量变化曲线图
（据邹凤钗等，2016）

对比20世纪70年代至80年代初的1∶20万区域水文地质普查资料，2012年开展的枯季测流结果反映，收集对比4850个泉点及地下河，其中减少的点数为3911个，占总数的80.64%；干涸及断流的点有519个，占总数的10.70%。受近代持续的气候干旱的影响，省内大部分岩溶大泉、地下河流量比历史同期流量明显减少。

第五节 贵州省岩溶地下水开发利用——机井工程

一、机井工程概况

根据《贵州省地下水打井工程利用情况调查评估报告（2012）》，2007—2012年，由贵州省国土资源厅实施打井工程，先后在全省9个市（州）施工机井2197口。截至2012年9月23日，已完成了2044口（表2-2），为解决小城镇饮用水困难、农村安全饮水、抗旱应急及工业园区用水做出了很大的贡献。

表2-2 各供水类型打井工程情况一览表

供水类型	2007年	2008年	2009年	2010年	2011年	2012年	合计
人饮工程井数量/口	55	126	186	35	100	357	859
抗旱应急井数量/口				322	573		895
城镇应急井数量/口						123	123
农业基地井数量/口						167	167
合计	55	126	186	357	673	647	2044

二、机井工程利用

1.成井率

根据本次收集的机井施工资料及成井报告，截至2012年9月，全省共完成机井2044口，其中成井1709口、干孔335口（2012年以前成井1168口、干孔229口）。见表2-3及图2-5。

表2-3 各年度各市（州）施工机井一览表 单位：口

年份	类别	贵阳市	遵义市	安顺市	六盘水市	毕节市	铜仁市	黔西南州	黔东南州	黔南州	合计	统计井口数占比/%
2007	成井					13	38				51	92.73
	干孔					2	2				4	
2008	成井		10			39	44		3	4	100	79.37
	干孔					22	2		2		26	
2009	成井		39		3	11	43	10	33	18	157	86.26
	干孔		8		2	5	4		5	1	25	
2010	成井	5	28	19	7	9	16	66	20	119	289	80.06
	干孔	3	5	6	8	2		16	5	27	72	

续表

年份	类别	贵阳市	遵义市	安顺市	六盘水市	毕节市	铜仁市	黔西南州	黔东南州	黔南州	合计	统计井口数占比 /%
2011	成井	73	70	54	5	74	79	62	94	60	571	84.84
	干孔	9	12	2		22	19	8	23	7	102	
2012 年以前	成井	78	147	73	15	146	220	138	150	201	1168	83.61
	干孔	12	25	8	10	53	27	24	35	35	229	
	合计	90	172	81	25	199	247	162	185	236	1397	
2012	成井	38	96	65	22	58	51	64	75	72	541	83.62
	干孔	7	13	8	4	27	8	12	7	20	106	
	合计	45	109	73	26	85	59	76	82	92	647	
合计	成井	116	243	138	37	204	271	202	225	273	1709	83.61
	干孔	19	38	16	14	80	35	36	42	55	335	
	总计	135	281	154	51	284	306	238	267	328	2044	
成井率 /%		85.93	86.48	89.61	72.55	71.83	88.56	84.87	84.27	83.23		

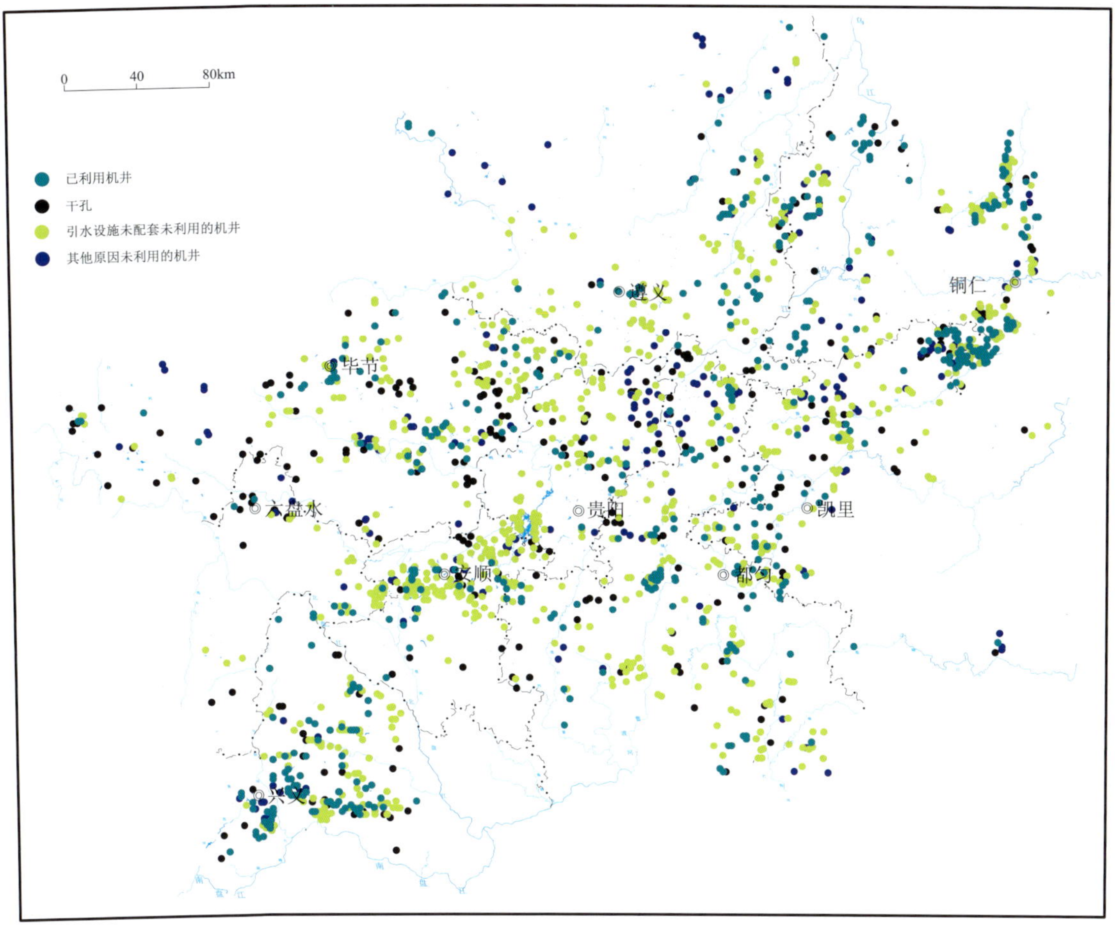

图 2-5　贵州省 2007—2012 年地下水机井工程分布图

（据贵州大学资源环境工程学院，2012）

2. 揭露含水层情况

对施工机井所处地层中大于10口井的进行统计，共统计机井1152口，其中主要分布于寒武系娄山关群（352口）、高台组（87口）、炉山组（42口），二叠系栖霞组—茅口组（62口）、永宁镇组（79口），三叠系关岭组（155口）、茅草铺组（79口）、个旧组（41口）地层中。见表2-4。

表2-4　不同地层施工机井成井情况一览表　　单位：口

类别	高坡场组	松子坎组	摆佐组	狮子山组	黄龙组	桐梓组—红花园组	追屯组	大冶组	平井组	杨柳井组	后坝组	安顺组
成井	10	8	10	12	9	10	12	10	12	15	19	21
干孔		3	1		3	5	1	4	2	1	3	3
成井率/%	100.00	72.73	90.91	100.00	75.00	66.67	92.31	71.43	85.71	93.75	86.36	87.50
类别	清虚洞组	望城坡组	玉龙山段	个旧组	炉山组	栖霞组-茅口组	茅草铺组	永宁镇组	高台组	关岭组	娄山关群	
成井	21	26	26	39	40	41	60	65	72	140	327	
干孔	3	1	4	2	2	21	19	14	15	15	25	
成井率/%	87.50	96.30	86.67	95.12	95.24	66.13	75.95	82.28	82.76	90.32	92.90	

1247口施工机井岩性统计表明，灰岩地层238口，成井182口，成井约占76.47%；白云岩地层626口，成井570口，成井约占91.05%；碳酸盐岩夹碎屑岩地层356口，成井306口，成井约占85.96%；碎屑岩地层27口，成井17口，成井约占62.96%。见表2-5。

表2-5　不同岩性施工机井成井情况一览表

类别	灰岩	白云岩	碳酸盐岩夹碎屑岩	碎屑岩
成井数量/口	182	570	306	17
干孔数量/口	56	56	50	10
成井率/%	76.47	91.05	85.96	62.96

3. 利用率

本次现场调查机井1889口，其中干孔297口（2012年以前干孔215口，2012年干孔82口），见表2-6。

表2-6　实际调查机井利用情况统计表　　单位：口

年份	类别	贵阳市	遵义市	安顺市	六盘水市	毕节市	铜仁市	黔西南州	黔东南州	黔南州	合计	机井利用率/%
2007	利用					7	27				34	64.15
	未利用					8	11				19	
2008	利用		2			24	31		3	2	62	52.10
	未利用		7			36	10		2	2	57	
2009	利用		19		1	9	21	9	25	11	95	56.89
	未利用		24		2	7	13	1	13	12	72	
2010	利用	2	17	12	2	6	10	41	13	48	151	44.54
	未利用	5	14	11	9	5	4	40	12	88	188	
2011	利用	7	10	13	1	22	31	34	15	19	152	24.36
	未利用	68	62	43	2	71	53	34	93	46	472	

续表

年份	类别	贵阳市	遵义市	安顺市	六盘水市	毕节市	铜仁市	黔西南州	黔东南州	黔南州	合计	机井利用率 /%
2012 年前	利用	9	48	25	4	68	120	84	56	80	494	37.94
	未利用	73	107	54	13	127	91	75	120	148	808	
	总计	82	155	79	17	195	211	159	176	228	1302	
2012 年以前机井利用率 /%		10.98	30.97	31.65	23.53	34.87	56.87	52.83	31.82	35.09	37.94	
2012.9	利用	1	20	3	4	5	10	5	1	1	50	8.52
	未利用	30	86	69	22	81	34	67	80	68	537	
合计	利用	10	68	28	8	73	130	89	57	81	544	28.80
	未利用	103	193	123	35	208	125	142	200	216	1345	
	总计	113	261	151	43	281	255	231	257	297	1889	
机井利用率 /%		8.85	26.05	18.54	18.60	25.98	50.98	38.53	22.18	27.27	28.80	

4. 影响利用的主要因素

2012 年以前调查未利用钻孔 808 口，除 215 口干孔外，实际未利用钻孔为 593 口，见图 2–6。

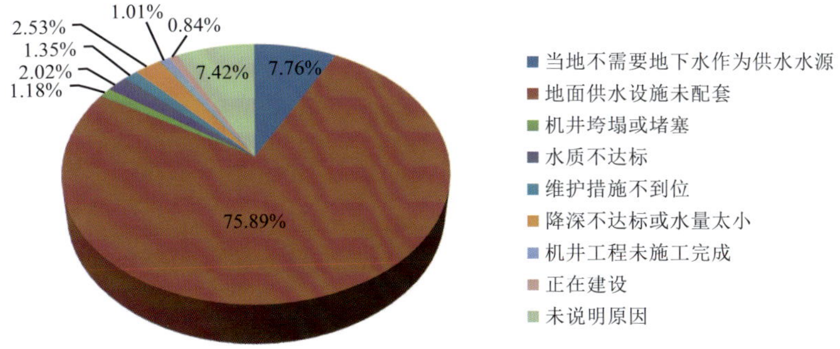

图 2–6　成井未利用因素占比饼图

三、效益分析

2012 年以前，实际调查利用机井 494 口，共解决全省 62 个县（市、区）240 个乡（镇、办事处）455 个村（寨）饮水问题。本次调查 494 口利用机井中有 444 口进行了受益人口统计，受益人数为 704546 人，平均每口机井受益人数为 1587 人。

若 2007 年至 2012 年所有成井 1709 口全部被利用，按平均受益人数计，可解决 271 万余人的饮水问题。

第六节　贵阳市岩溶地下水资源评价

一、概况

贵阳市土地总面积 8034.0km^2，下辖云岩区、南明区、花溪区、白云区、乌当区、观山湖区六个区以及清镇市、开阳县、息烽县、修文县四个县（市），见表 2-7。

表 2-7　贵阳市行政区划土地面积一览表　　单位：km^2

行政区划	南明	云岩	花溪	乌当	白云	观山湖	清镇	修文	息烽	开阳	合计
土地面积	209.3	93.3	958.0	683.0	259.6	309.4	1383.0	1075.7	1036.5	2026.2	8034.0

二、水文地质条件概况

1. 地形、地貌

（1）地形

评价区地处云贵高原，为低中山向丘陵过渡地带，海拔高程多在 1000 ~ 1500m 之间，大部分地区相对高差在 200m 以内。区内最高点位于清镇市北部的云贵山，海拔高程 1762.7m；最低点为开阳县乌江出境口水面，海拔高程 609.2m；最大高差 1153.5m。

（2）地貌

根据岩石建造类型及塑造地貌的地质应力作用，评价区地貌类型可分为溶蚀地貌、溶蚀–侵蚀地貌、溶蚀–构造地貌、剥蚀–侵蚀地貌、剥蚀–构造地貌、侵蚀–堆积地貌。其中，溶蚀地貌类型占主导地位，其组合形态主要有残丘坡地、溶丘洼地、溶丘谷地、峰丛洼地、峰丛谷地、峰丛溶盆、峰丛沟谷、峰丛槽谷等。

2. 气象、水文

（1）气象

贵阳市年平均气温在 12.8 ~ 15.3℃之间，多年平均年降水量为 1095.7mm。

（2）水文

贵阳市的河流水系属于长江和珠江两大流域，分水岭为花溪区的旧盘、掌克至桐木岭、孟关上板一线。分水岭以北及高坡东部属长江流域，面积 7565.0km^2，占全市总面积的 94.2%；以南属珠江流域，面积 468.9km^2，占全市总面积的 5.8%。全市共有河流 98 条，属长江流域的有 90 条，均流入乌江；属珠江流域的有 8 条，均流入涟江。

3. 地层岩性、地质构造

（1）地层、岩性

评价区地层出露齐全，从前震旦系板溪群至第四系均有出露，累计出露最大厚度约 15000m。其中寒武系、二叠系、三叠系发育最全；寒武系、三叠系分布面积最广，约占 80%，多为浅海相碳酸盐岩类地层；三叠系上统至第四系为陆相沉积；二叠系上统为海陆交替相沉积，底部有峨眉山玄武岩喷发；前震旦系板溪群为沉积浅变质岩。

（2）地质构造

评价区主要地处扬子准地台的黔北台隆贵阳复杂变形区，花溪区南部地处扬子准地台的黔北台隆和黔南台陷两个次级构造单元的过渡地带，在经历了漫长的地壳发展历史，经历多次构造运动，形成了一幅比较复杂的构造图像，主要为南北向构造带、北东向构造带、黔西“山”字形西翼及反射弧。

4. 地下水类型、含水岩组及其富水性

根据区内出露地层岩性、含水介质组合特征，区内地下水类型可分为碳酸盐岩岩溶水、基岩裂隙水和第四系松散岩类孔隙水。其中，碳酸盐岩类岩溶水按地下水动力条件，又分

为裂隙–溶洞水、溶洞–裂隙水、溶孔–溶隙水三类。

（1）含水岩组富水性指标

含水岩组的富水性可采用以含水岩组枯季地下水径流模数为主要指标，同时参照泉、地下河出口流量及施工钻孔涌水量进行评价，见表 2–8。

表 2–8　含水岩组富水性等级指标划分

含水岩组	划分指标			富水性等级
	常见泉流量 /（$L \cdot s^{-1}$）	地下河出口流量 /（$L \cdot s^{-1}$）	枯季地下水径流模数 /（$L \cdot s^{-1} \cdot km^{-2}$）	
碳酸盐岩类含水岩组	＞ 10	>100	>6	强
	5 ~ 10	50 ~ 100	3 ~ 6	中
	＜ 5	<50	<3	弱
碎屑岩类含水岩组	＞ 1.0		>3	强
	0.1 ~ 1.0		1 ~ 3	中
	＜ 0.1		<1	弱

（2）含水岩组的划分及其富水性

按评价区岩石地层组合特征，区内含水岩组可划分为碳酸盐岩类岩溶水含水岩组、碎屑岩类基岩裂隙水含水岩组和松散岩类孔隙水含水岩组。松散岩类孔隙水因无实际供水意义，故不对其富水性进行评价。各含水岩组富水性见表 2–9。

表 2–9　含水岩组富水性统计

含水岩组		地层代号	富水性划分指标			富水等级
			天然出露点（泉、地下河出口）流量 /（$L \cdot s^{-1}$）	钻孔涌水量 /（$L \cdot s^{-1} \cdot m^{-1}$）	地下水径流模数 /（$L \cdot s^{-1} \cdot km^{-2}$）	
岩溶水含水岩组	裂隙–溶洞水含水岩组	P_3w	0.80 ~ 138.80		4.0 ~ 6.5	中—强
		P_2q+m	1.00 ~ 1414.90	0.14 ~ 1.19	5.3 ~ 7.2	强
		C_2h+C_3mp	0.30 ~ 35.00		5.8	中—强
		Є$_1q$	0.70 ~ 177.60		6.2 ~ 6.4	强
	溶洞–裂隙水含水岩组	T_2sh	0.05 ~ 20.00		5.0 ~ 6.0	中
		T_2gy	0.10 ~ 287.00		4.3 ~ 7.6	中—强
		T_2s	0.20 ~ 100.00	0.13 ~ 2.40	3.7 ~ 5.8	中—强
		T_2h、T_2q	0.50 ~ 100.40	0.25 ~ 3.40	6.1 ~ 8.5	强
		T_1m、T_1g	0.10 ~ 205.80	0.23 ~ 3.10	4.4 ~ 8.5	强
		T_1y、T_1d	0.10 ~ 1500.00	0.25	6.6 ~ 7.4	强
		P_3c+d	0.10 ~ 4.10	0.01 ~ 1.33	3.4	弱—中
		C_1b	1.40 ~ 42.60		5.8	中
		C_1d	0.01 ~ 3.20		3.6	弱
		D_2d	0.13 ~ 28.00		4.8	中
		O_2h、O_1g、O_1h、O_1t			4.4	中
	溶孔溶隙水含岩水组	T_1a	0.50 ~ 240.00	0.23 ~ 3.40	4.4 ~ 8.5	强
		D_3g	0.10 ~ 70.00	0.10 ~ 0.20	4.8 ~ 6.6	中
		Є$_{2-3}ls$、Є$_2s$、Є$_2g$	0.30 ~ 273.40	0.10 ~ 0.20	5.9 ~ 7.1	中—强
		Z_bdn	2 ~ 49		5.9	强

续表

含水岩组	地层代号	富水性划分指标			富水等级
		天然出露点（泉、地下河出口）流量 /（$L \cdot s^{-1}$）	钻孔涌水量 /（$L \cdot s^{-1} \cdot m^{-1}$）	地下水径流模数 /（$L \cdot s^{-1} \cdot km^{-2}$）	
基岩裂隙水含水岩组	K_2	0.10 ~ 1.00		1.3 ~ 1.8	中
	J_2x、$J_{1-2}zl$	0.04 ~ 3.70		1.1 ~ 1.5	中
	T_3s、T_3e	0.45 ~ 1.20		1.0 ~ 1.4	中
	P_1l	0.10 ~ 1.30		1.2 ~ 1.5	中
	P_3l	0.05 ~ 11.20		2.4 ~ 4.6	强
	S_2gz、S_1h	0.02 ~ 1.52		1.5 ~ 2.7	中
	O_1m	0.01 ~ 0.20		1.0 ~ 1.7	弱
	ϵ_1j、ϵ_1m、ϵ_1n	0.10 ~ 7.40		0.9 ~ 1.2	弱—中

5. 岩溶地下水补给、径流与排泄

（1）补给条件

1）大气降水补给。评价区多年平均年降水量为 1095.7mm，入渗系数法求得多年平均入渗补给量为 $13.7001 \times 10^8 m^3$。降水量空间上分布的不均匀性形成地下水补给量的空间差异。

2）河水补给。地表溪流在流经强岩溶发育区时，常通过落水洞等集中消入地下，补给岩溶地下水，评价区发育的断头河、盲沟就是其表现之一。如马林河一带就有三条溪流直接入渗地下补给岩溶地下水；乌当区大龙井为一上升泉，流量为 406.2 ~ 879.2L/s，其主要受上游三江河通过落水洞等入渗补给。

3）农田水的渗入补给。岩溶谷地、洼地中，甚至一些地势较高的平缓山坡上都有农田分布。每年 5—9 月农田充水，田水下渗给地下水一定量补给。不少间歇小泉点及民用水井主要依靠这种补给，给当地人畜提供了饮用水源。

（2）径流形式

1）背斜分流型。背斜分流型指的是，地下水沿背斜两翼分流，汇于沟谷中，再沿轴部二次纵张裂隙及层间裂隙径流，最后排泄于河谷中。如评价区南西的思京背斜，核部为泥盆系白云岩，通过张裂隙及地下河分布向东、北东及正北三个方向流动，排泄于马林河中。

2）向斜回流型。向斜回流型指的是，地下水由向斜两翼向轴部汇流，由于受构造的控制，地下水沿着向斜向核轴线方向运移、径流，最终在向斜较为宽缓的转折端部位沿着轴线方向以岩溶泉或地下河出口的形式排泄于地表。如贵阳向斜两翼三叠系岩溶水，经横张裂隙或横谷向轴部汇集，排入沿轴向流动的南明河中；北东向展布的永乐堡向斜两翼三叠系岩溶水向轴部汇集，排入由南向北流动的鱼梁河中；黄泥堡和黔陶向斜等都属此类型。

3）断裂汇流型。当断层切割含水层，地下水即排泄出地面形成泉，断裂破碎带成为地下水运移的通道，而逆（压）性断裂则成为阻水边界。黄泥哨断裂、马林断裂、洛湾断裂、花溪南北向断层等都是良好的导水及阻水构造，岩溶大泉成串出露，形成断裂富水带。如洛湾断裂带附近就出露 7 个泉，总流量达 712.3L/s。

4）可溶岩与非可溶岩接触带径流型。可溶岩与非可溶岩接触带径流型指的是，由于非可溶岩的相对隔水作用，迫使地下水沿接触带转向运移、径流，进而受地形地貌条件的控制排泄于地表。如花溪区 26 号泉，含水层为二叠系栖霞组灰岩，地下水受下伏梁山组砂岩的阻隔，于接触带出露地表，流量为 91.8L/s。

（3）排泄形式

1）泉、地下河是地下水的主要排泄形式。评价区内共调查泉 1029 个，地下河 22 条。泉、地下河多集中出现在河谷、盆地及洼地中，成为地表径流的重要来源。评价区内流量大于 10L/s 的地下河出口及大泉共有 100 个，排泄量为 $202.4\times10^4m^3/d$，占排泄总量的 76.8%。

2）开采对地下水的排泄。评价区地下水开发利用中，农业用水以提、引天然水为主，城市及工矿企业以钻井开发为主。全市有小型提灌工程 83 个，提灌水量达 $1.0505\times10^8m^3/a$。贵阳市区原有钻井 100 余口，抽水量为 $2.1097\times10^8m^3/a$（含汪家大井、大龙井等岩溶大泉利用量）。近年来随着城市供水管网的完善，加之贵阳市水利局关停自备水源地工作的推进，原则上自来水管网到达的地区原有钻井已基本停用，但由于其隐蔽性强，具体的开发情况难以掌握。

3）矿坑排水。煤矿、磷矿及铝土矿等地下开采，排水量大，地下水位下降幅度大，改变了水文地质结构（泉干枯、含水层污染等）和环境（地面塌陷、崩塌等），如开阳磷矿地下开采，矿坑正常排水量 $3.2\times10^4m^3/d$（2012 年）；中铝贵州分公司麦坝铝土矿区龙头山矿段 1300m 中段正常总排水量 $7128m^3/d$，最大值可达 $37449m^3/d$。据不完全统计，贵阳市矿山地下开采疏干地下水资源近 $4000\times10^4m^3/a$。

6. 岩溶地下水动态变化

（1）流量变化

上升泉：年平均变幅为 7.2 倍，一般为 5 ~ 10 倍，大者可达 30 ~ 100 倍。下降泉：一般年变幅为 15 ~ 30 倍，大者可达 200 ~ 300 倍。地下河：据七条地下河统计资料，平均变幅为 1.97 倍，最大变幅为 4.60 倍，最小的仅 1.25 倍。

（2）水位变化

水位的升降受降雨量变化规律的控制，一般高水位出现在 5—10 月丰水期，低水位出现在 12 月至次年 4 月。

据观测资料统计，评价区的溶谭、溶井、落水洞等水位变幅一般为 1 ~ 3m，大者 5m 左右。贵阳长观站钻孔资料表明：分水岭及斜坡带水位变幅大于 6m，最大为 19.75m，排泄带水位变幅一般为 3 ~ 4m。

三、地下水资源评价

（一）地下水资源分区

按照《贵阳市水资源综合规划（2007）》的分区方式，将全市划分为九个水资源区，分别为：蒙江区、南明河区、阳长–鸭池河干流区、红枫湖区、猫跳河下游区、百花湖区、鱼梁河区、清水河干流区、鸭池河–构皮滩干流区，见图 2–7。

图 2-7　贵阳市地下水资源分区示意图

（据中国电建集团贵州电力设计研究院有限公司，2014）

（二）地下水资源量计算

1. 地下水资源量计算方法

地下水资源计算采用两种方法：大气降水入渗系数法、地下水径流模数法。

2. 地下水资源量计算参数

（1）计算面积

水资源分区（流域分区）各块段面积在计算机上均采用 MAPGIS 软件于数字地形图上量取计算求得。

（2）大气降水入渗系数（α）

大气降水入渗系数采用典型地下河或泉流量予以确定。在有观测资料的地下水系统中，分别选择典型的泉或地下河，对流量动态资料进行统计分析，求取特征流量并计算系统年总排泄量；并结合当年大气降水和系统补给面积，求取大气降水入渗系数。

$$\alpha=\frac{Q}{P\times F} \tag{2-1}$$

式中：α 为大气降水入渗系数；Q 为地下河或岩溶泉年总排泄量（m^3）；F 为地下河或岩溶泉补给面积（km^2）；P 为有效降水量（mm）。

本次大气降水入渗系数采用资料见表 2-10，采用加权平均的方法确定区内大气降水入渗系数。

表 2-10 各主要含水岩组大气降水入渗系数取值统计表

含水岩组		大气降水入渗系数（α）取值				出露面积 /km^2	加权平均值（α）
		1 : 20 万息烽幅水文地质普查报告	1 : 20 万贵阳幅水文地质普查报告	贵阳市城市供水水文地质勘察报告	清镇市区域水文地质调查报告		
纯碳酸盐岩类	Z_bd	0.15	0.30 ~ 0.50	0.33 ~ 0.35	0.31 ~ 0.46	249	0.20
	ϵ_1q	0.23				202	
	ϵ_{2-3}	0.18				1452	
	C_1b					143	
	P_2q+m	0.17				659	
	T_1a					552	
	T_1m	0.25				334	
	T_2sh	0.17				232	
碳酸盐岩加碎屑岩类	P_3w+c		0.12	0.15	0.18 ~ 0.20	386	0.13
	T_1d		0.12 ~ 0.20			485	
	T_1y	0.15				464	
	T_2s	0.13				302	
	T_2g	0.16				253	
碎屑岩类	ϵ_1m+j	0.03	0.12	0.08	0.05 ~ 0.12	320	0.06
	P_3l+c	0.07				410	
	T_3j	0.05				220	

各水资源分区大气降水入渗系数参见表 2-11。

表 2-11 各水资源分区大气降水入渗系数计算表

水资源分区	各含水层（岩组）面积 /km^2				加权平均大气降水入渗系数（α）
	总面积	纯碳酸盐岩	碳酸盐岩 + 碎屑岩	碎屑岩	计算结果
蒙江区	499.40	234.43	242.26	22.69	0.16
南明河区	1621.30	594.28	858.84	168.25	0.15
阳长 – 鸭池河干流区	281.90	132.81	110.56	38.53	0.15
红枫湖区	218.10	83.89	106.37	27.84	0.15
猫跳河下游区	1315.70	792.49	403.93	119.29	0.17
百花湖区	288.80	119.47	123.91	45.37	0.15
鱼梁河区	1046.80	679.72	150.22	216.85	0.16
清水河干流区	641.80	337.28	155.48	149.03	0.15
鸭池河 – 构皮滩干流区	2120.20	1166.51	615.45	338.24	0.16
合计	8034.00	4140.88	2767.03	1126.09	

（3）不同保证率降水量

根据《贵阳市水资源综合规划（2007）》，贵阳市各水资源规划分区年降水量系列表（1956—2000 年）数据计算（各区平均值）结果见表 2-12。

表 2-12　贵阳市各水资源规划分区年降水量平均值　　单位：mm

年份	阳长–鸭池河干流区	红枫湖区	百花湖区	猫跳河下游区	南明河区	鱼梁河区	清水河干流区	鸭池河–构皮滩干流区	蒙江区	全市
1956—2000	1226.0	1215.2	1185.5	1159.2	1110.0	1107.1	984.6	1021.0	1150.0	1095.7

$$A=\frac{m}{n+1}\times100\%,C_s=\frac{\sum(K_i-1)}{(n-3)C_v^3},\bar{P}=\frac{1}{n}\sum P_i \quad （2-2）$$

$$C_v=\frac{S}{X}\delta=\sqrt{\frac{\sum(P_i-\bar{P})^2}{n-1}} \quad （2-3）$$

式中：A 为降水量保证率；m 为周期内降水量按大小排列的序号；n 为气象资料年限数；$\bar{P}$为多年平均降水量（mm）；P_i 为年降水量（mm）；δ 为标准差；C_v 为变差系数；C_s 为偏态系数；K_i 为年降水量模比系数，$K_i=\frac{P_i}{P}$。

检验结果：年降水量服从偏态分布。通过查询皮尔逊Ⅲ型分布值表，用式（2-4）计算 10%、50%、90% 频率的降水量，见表 2-13。

表 2-13　评价区大气降水保证率计算表

水资源区	多年平均降水量 /mm	C_v 值	不同频率降水量 /mm		
			10%	50%	90%
蒙江区	1150	0.13	1350	1140	963
南明河区	1110	0.10	1250	1110	970
阳长 – 鸭池河干流区	1230	0.16	1490	1220	986
红枫湖区	1220	0.13	1430	1210	1020
猫跳河下游区	1160	0.13	1360	1150	972
百花湖区	1190	0.15	1420	1180	968
鱼梁河区	1110	0.10	1250	1110	920
清水河干流区	985	0.13	1150	979	825
鸭池河 – 构皮滩干流区	1020	0.12	1180	1020	867

注：C_s=2C_v。

$$P_i=P+\delta\Phi \quad （2-4）$$

式中：P_i 为各县不同频率降水量（mm）；Φ 为皮尔逊Ⅲ型曲线均离系数；δ 为均方差；P 为平均降水量（mm）。

（4）地下水径流模数

评价区不同时期地下水径流模数由式（2-5）计算。

$$M_i=\frac{Q_i}{F} \quad （2-5）$$

式中：M_i 为 $M_枯$、$M_平$、$M_丰$，年内枯期、平期、丰期地下水径流模数 [L/（s·km^2）]；Q_i 为

不同时期地下水排泄量（m^3）；F 为地下河系统或泉域面积（km^2）。

本次评价所取用的地下水径流模数引用资料，见表 2-14，然后采用加权平均的方法确定各地下水资源分区地下水径流模数（表 2-15）。

表 2-14　含水岩组地下水径流模数计算表

径流模数（M）	纯碳酸盐岩类	碳酸盐岩 + 碎屑岩类	碎屑岩类	数据来源
枯水（$M_{枯}$）	1.27 ~ 6.60	0.90 ~ 4.43	0.90 ~ 1.53	1∶20 万息烽幅水文地质普查报告
平水（$M_{平}$）				
丰水（$M_{丰}$）				
枯水（$M_{枯}$）	3.25 ~ 16.64	2.46 ~ 6.67	1.13 ~ 2.81	1∶20 万贵阳幅水文地质普查报告
平水（$M_{平}$）				
丰水（$M_{丰}$）				
枯水（$M_{枯}$）	5.10 ~ 6.40		0.95 ~ 1.93	贵阳市城市供水水文地质勘察报告
平水（$M_{平}$）	7.00 ~ 12.30		1.58 ~ 4.20	
丰水（$M_{丰}$）	10.90 ~ 19.40		1.94 ~ 6.66	
枯水（$M_{枯}$）	6.15 ~ 8.24	2.65 ~ 4.67	0.67 ~ 2.23	清镇市区域水文地质调查报告
平水（$M_{平}$）				
丰水（$M_{丰}$）				
枯水（$M_{枯}$）	4.20	1.60	1.20	本次普查取值
平水（$M_{平}$）	6.70	3.90	2.50	
丰水（$M_{丰}$）	9.20	5.80	3.60	

表 2-15　各水资源分区地下水径流模数计算表

水资源区	总面积 /km^2	纯碳酸盐岩分布面积 /km^2	碳酸盐岩夹碎屑岩分布面积 /km^2	碎屑岩分布面积 /km^2	径流模数 /（$L·s^{-1}·km^{-2}$）		
					$M_{枯}$	$M_{平}$	$M_{丰}$
蒙江区	499.40	234.43	242.26	22.69	2.80	5.15	7.30
南明河区	1621.30	594.28	858.84	168.25	2.51	4.78	6.82
阳长 – 鸭池河干流区	281.90	132.81	110.56	38.53	2.77	5.03	7.10
红枫湖区	218.10	83.89	106.37	27.84	2.55	4.80	6.83
猫跳河下游区	1315.70	792.49	403.93	119.29	3.13	5.46	7.65
百花湖区	288.80	119.47	123.91	45.37	2.61	4.84	6.86
鱼梁河区	1046.80	679.72	150.22	216.85	3.21	5.43	7.55
清水河干流区	641.80	337.28	155.48	149.03	2.87	5.05	7.08
鸭池河 – 构皮滩干流区	2120.20	1166.51	615.45	338.24	2.97	5.22	7.32
合计	8034.00	4140.88	2767.03	1126.09			

3. 地下水天然补给量计算

（1）大气降水入渗系数法

$$Q_{补}=10^{-1}\times\alpha\times F\times P \tag{2-6}$$

式中：$Q_{补}$为地下水天然补给量（$10^8m^3/a$）；α 为大气降水入渗系数；F 为计算单元面积（km^2）；P 为不同频率降水量（mm）；10^{-1} 为换算系数。

计算结果，见表 2-16、图 2-8。

表 2-16　贵阳市地下水资源量计算结果表

水资源区	计算面积 /km²	不同频率地下水天然补给量 / ($10^8m^3 \cdot a^{-1}$)			平均值 / ($10^8m^3 \cdot a^{-1}$)
		10%	50%	90%	
蒙江区	499.40	1.0726	0.9057	0.7651	0.9145
南明河区	1621.30	3.0229	2.6439	2.3105	2.6591
阳长–鸭池河干流区	281.90	0.6425	0.5261	0.4252	0.5313
红枫湖区	218.10	0.4610	0.3901	0.3288	0.3933
猫跳河下游区	1315.70	2.9549	2.4987	2.1119	2.5218
百花湖区	288.80	0.6047	0.5025	0.4122	0.5065
鱼梁河区	1046.80	2.0931	1.8587	1.5405	1.8308
清水河干流区	641.80	1.1066	0.9421	0.7939	0.9475
鸭池河–构皮滩干流区	2120.20	3.9190	3.3876	2.8795	3.3954
合计	8034.00	15.8774	13.6552	11.5676	13.7001

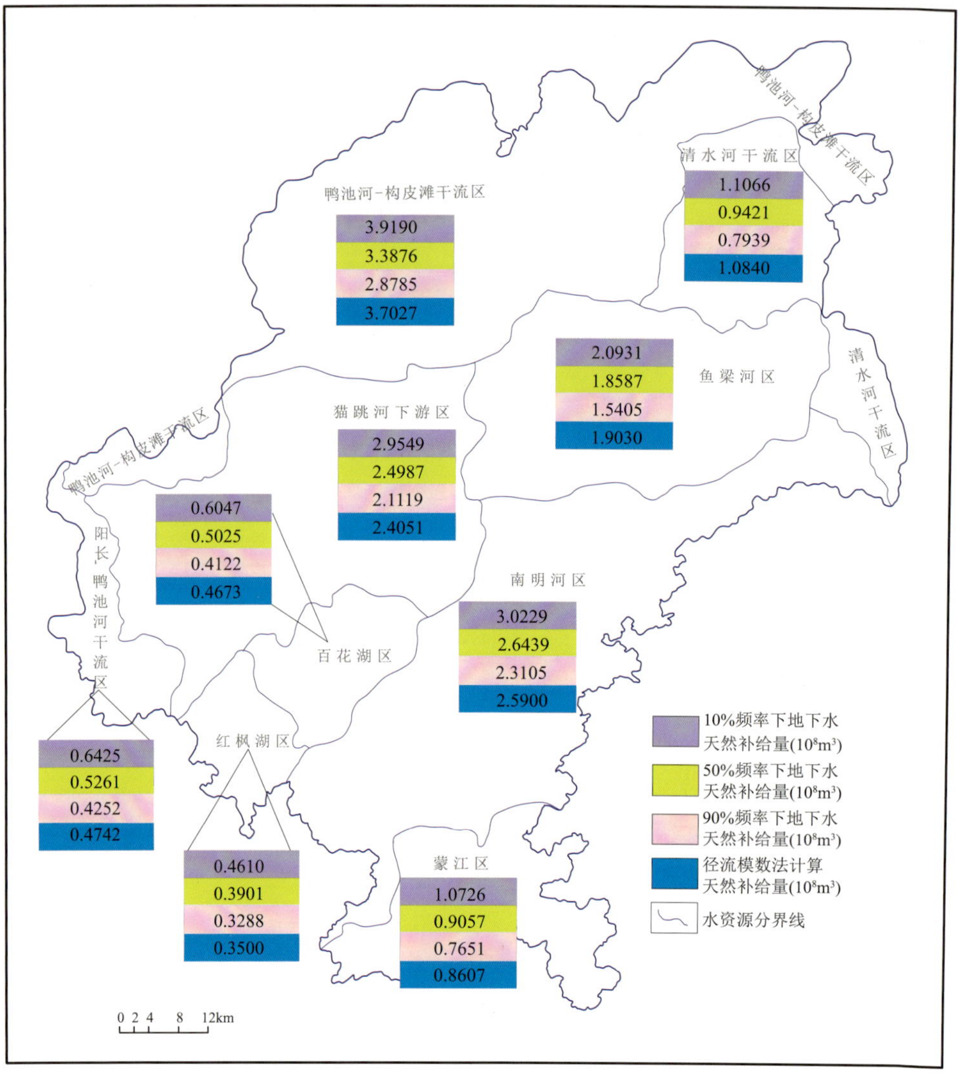

图 2-8　贵阳市地下水资源量分布图

（2）地下水径流模数法

$$Q_{补}=86.4\times F\times 10^{-4}\left(M_{枯}t_{枯}+M_{平}t_{平}+M_{丰}t_{丰}\right) \quad (2-7)$$

式中：$Q_{补}$为地下水天然补给量（$10^8m^3/a$）；F 为评价区流域分区或行政分区面积（km^2）；M 为年枯水期、年平水期、年丰水期地下水径流模数（$L/s\cdot km^2$）；t 为年枯水期（90d）、年平水期（123d）、年丰水期时间（152d）。

计算结果，见表 2-17、图 2-8。

表 2-17　贵阳市地下水天然补给量计算结果表

水资源分区	面积 /km^2	径流模数 /（$L\cdot s^{-1}\cdot km^{-2}$）			地下水天然补给量 /（$10^8m^3\cdot a^{-1}$）
		$M_{枯}$	$M_{平}$	$M_{丰}$	
蒙江区	499.40	2.80	5.15	7.30	0.8607
南明河区	1621.30	2.51	4.78	6.82	2.5922
阳长–鸭池河干流区	281.90	2.77	5.03	7.10	0.4742
红枫湖区	218.10	2.55	4.80	6.83	0.3500
猫跳河下游区	1315.70	3.13	5.46	7.65	2.4051
百花湖区	288.80	2.61	4.84	6.86	0.4673
鱼梁河区	1046.80	3.21	5.43	7.55	1.9030
清水河干流区	641.80	2.87	5.05	7.08	1.0840
鸭池河–构皮滩干流区	2120.20	2.97	5.22	7.32	3.7027
合计	8034.00				13.8393

四、地下水水质评价

（一）地下水物理性质及化学特征

1. 地下水物理性质

（1）水温

地下水水温一般在 12 ~ 18℃之间，受季节性气温变化的影响，天然露头水温年变化幅度一般不超过 4℃；钻孔水温比较稳定，年变幅一般在 1 ~ 2℃之间，年平均水温为 16℃左右。评价区内温泉出露，如乌当新添寨、息烽养龙司温泉、开阳双流镇、开阳白马洞、清镇五里桥等低热温泉，水温一般为 20 ~ 57℃。

（2）颜色、透明度

评价区地下水天然露头和生产井水在一般情况下都是无色透明的。每当暴雨期间，雨水冲刷泥沙进入地下水体，岩溶大泉和地下河水常有短暂的浑浊现象，一般在雨后 1 ~ 5 天内即可恢复清澈透明状态。另外，少数煤系地层深层地下水，由于含有黄铁矿等硫化物水解离子，颜色为淡红色。在人口集中区，由于受人为的有机污染，极少部分地下水的颜色呈深绿色或褐灰黑色。由于矿山开采及矸石、工业固体废弃物堆砌，对周边地下水影响，部分地下水呈现乳白色。如息烽县小寨坝 1149 号泉，受贾家堰磷石膏堆场的渗漏污染，地下水呈乳白色。

（3）嗅（气味）、味（味道）

绝大多数的天然浅层岩溶水和裂隙水都是无嗅无味的，就评价区广大区域而言，地下水的物理感官性状良好。在人口集中区，由于受人为的有机污染，有腥味及恶臭味等。如龙洞堡 334 号泉，受周围生活、生产影响，地下水有刺鼻的气味。

2. 地下水化学特征

地下水 pH 值一般为 7.0 ~ 8.0，pH 值最小为 6.63、最大为 8.24，为中性水-弱碱性水；矿化度一般在 250 ~ 400mg/L 之间，为淡水；总硬度（以 $CaCO_3$ 计）一般为 150 ~ 450mg/L。

按舒卡列夫分类法，区内以石灰岩为主的含水层，地下水化学类型主要为 HCO_3–Ca 型、HCO_3–Ca·Mg 型；以白云质灰岩或泥质灰岩为主的含水层，地下水化学类型主要为 HCO_3–Ca·Mg、$HCO_3 \cdot SO_4$–Ca、$HCO_3 \cdot SO_4$–Ca·Mg 型。

（1）“三氮”指标

从所采集的水样检测结果来看，区内大多数水样均未检出氨离子，氨离子浓度大于 0.2mg/L 的有 11 泉（井），主要分布在乌当、龙洞堡、野鸭塘及阿哈水库附近，最大值 9.6mg/L，监测点为泉 587，位于白云区窝坑；区内监测泉（井）仅有 1 个点未检出 NO_3^-，检出值为 0.18 ~ 65.10mg/L，其中 NO_3^- 浓度大于 20mg/L 的有 32 个泉（井），最大值为 65.10mg/L，位于修文县小箐乡崇恩村余家湾组 J32 检测点。区内监测泉（井）NO_2^- 检出值为 0.00 ~ 5.28mg/L，其中 NO_2^- 浓度大于 0.02mg/L 的有 35 个泉（井），最大值为 5.28mg/L，检测点为泉 398，位于金华农场。

（2）F^-浓度

评价区地下水水质中 F^-浓度普遍小于 1mg/L，仅有 3 个泉（井）大于 1mg/L，F^-浓度超标较多，与钻孔揭露三叠系狮子山组及杨柳井组深层石膏夹层和石膏脉有关。如 J42、J57、J3 检测点 F^-浓度分别为 1.02mg/L、1.26mg/L、2.80mg/L。

（3）重金属元素及有毒、有害组分

它们主要包括 Cu、Pb、Zn、Mn、As、Cd、Hg、Cr^{6+}、氰、酚 10 种。除有 7 件样品检测出 Mn 含量超出地下水环境质量Ⅲ类水水质标准外，其他参测指标虽都有检出、但含量较低，均未超出地下水环境质量Ⅲ类水标准。

（4）细菌总数及大肠菌群总数

区内地下水中细菌和大肠杆菌超标现象普遍而严重。细菌总数量超标率 94.29%，大肠杆菌超标率 100%。如 448 号泉，细菌总数为 9400 个 /mL，大肠杆菌为 21 个 /L。不仅地下水天然露头中有细菌和大肠杆菌超标现象，即使是在机井中也有发现，如 J58 检测点，细菌总数为 35000 个 /mL，大肠杆菌为 1600 个 /L。

细菌总数和大肠杆菌总数呈现以城区或人口密集地区为中心，向郊区和人口稀少地区递减的规律。

（二）地下水水质现状评价

1. 评价标准及参评因子

区内地下水水质质量评价按《地下水质量标准》（GB/T 14848—2017）Ⅲ类水标准执行，参评因子按“标准”中的规定，取 pH 值、NH_3–N、NO_3^-、NO_2^-、总硬度（以 $CaCO_3$ 计）、溶解性总固体、总 Fe、SO_4^{2-}、Cl、F^-、Pb、Cd、Cu、Cr^{6+}、As、Hg、Mn、CN、挥发性酚（以苯酚计）等 19 项因子。

2. 评价方法

参与水质质量评价的各项因子，首先按“标准”规定的五个类型水赋值范围，以“从优不从劣”原则进行单项组分评分，然后按表 1–8、表 1–9 及式（1–4）计算。

3. 地下水质评价结果

贵阳市地下水水质评价结果，见表 2–18、表 2–19。

表 2–18　贵阳市地下水资源普查水质监测结果汇总表

取样件数	样品数	所占比例 /%
总样	178	100
水质良好以上	78	43.82
水质较差	94	52.81
水质极差	6	3.37

表 2–19　贵阳市地下水主要超标因子统计表

超标因子	NH_3–N	NO_3^-	NO_2^-	Mn	总 Fe	SO_4^{2-}	总硬度
样品件数	19	37	38	7	29	7	15
所占比例 /%	10.67	20.79	21.35	3.93	16.29	3.93	8.43

（三）地下水污染现状

1. 地下水污染源

（1）天然污染源

评价区三叠系安顺组、关岭组、松子坎组、狮子山组中石膏及氟化合物富集，是地下水主要污染源，含水岩层中石膏夹层及氟化合物的存在，使地下水中的 SO_4^{2-}离子、F^-离子浓度增高。同时 Ca^{2+}、Mg^{2+} 离子浓度也相应增高，进而导致地下水矿化度、总硬度及永久硬度增高。此外，煤系地层中黄铁矿等硫化物的存在，也使地下水中 SO_4^{2-}离子浓度偏高，对地下水造成污染。例如：境内林东煤矿、金西煤矿以及许多小煤矿（窑），都有多年开采历史，开采的煤及煤矸石均露天堆放，其金属硫化物含量为 2.27% ~ 7.22%，在氧化作用和雨水的淋滤下，产生大量的 H_2S 和酸类污染物，使地表水体受到污染，下渗污染地下水。

（2）人为污染源

它主要是指人类在生产和生活活动中排放的废水、废渣、废气（“三废”）。城镇人口的高度集中和工农业生产的迅速发展，“三废”排放量大量增加，由此引起的环境污染，特别是对地下水体的污染，已达到不能容忍的地步。“三废”排放超标情况严重，特别是废水超标更为突出。一些生产单位对废水不加任何处理，就任意排放，废水注入消水洞或河流中对地下、地表水体造成严重污染。

1）工业污染源。此种污染源是地下水化学污染的主要来源，其污染物质主要来自工业废气、废液和废渣。根据 2012 年贵阳市环境状况公报，贵阳市主要污染物化学需氧量排放量为 4.36×10^4t、氨氮排放量为 0.51×10^4t。而这些废水、固体废弃物中物质成分复杂，含有大量有害组分。这些废水相当一部分未处理或经处理但尚未达国家规定的排放标准，废水直接进入河流、沟渠或岩溶漏斗和落水洞中；而 2012 年全市工业固体废物产生量为 1123.18×10^4t，综合利用量为 664.55×10^4t，处置量为 444.41×10^4t，贮存量为

14.22×10^4t。废渣常堆放于溪沟旁和岩溶洼地或漏斗中，大量污染组分通过降水的淋滤溶解，进入地下水系统，造成地下水环境的污染。

2）生活污染源。生活污染源也是主要集中在城市及其近郊地带。这些区域人口密集，生活废弃物、洗涤废水、人畜粪便和灰渣排放量大。2012 年，仅贵阳市市区产生生活垃圾总量为 89.41×10^4t，而农村生活垃圾大都未经处理就任其排放，垃圾中大量有机物腐败病菌滋生，常造成地下水的有机物污染、氮磷污染和细菌污染。如南明区蔡家关下寨阿哈水库 S2 泉和龙洞堡地区鱼梁河右岸 S1 泉的地下水污染（照片 2–1、照片 2–2）。

照片 2–1　阿哈水库蔡家关下寨 S2 泉污染地下水

照片 2–2　龙洞堡鱼梁河右岸 S1 泉污染地下水

3）农业污染源。随着农业的发展，特别是城市郊区地带，化肥、农药的种类和数量不断增加以及畜禽饲养场的大量发展，粪便堆放，尿池渗漏，造成了地下水总大肠菌群项目的超标，成为地下水污染的来源之一。农业污染源对地下水环境的影响也逐渐增大。

2. 地下水主要污染途径

评价区地下水污染途径主要有以下三种：

1）工业废水和生活污水直接排入地下水系统。废水、污水未经处理直接排入洼地、落水洞、洞穴、塌坑并渗入地下，废水污染地下水系统，造成下游水质恶化，溢出影响地表水水质。

2）受污染地表水及排污渠道渗漏污染地下水。乡镇的工业废水和生活污水未经处理就直接排入河流，污染地表水体。地表污染水流经岩溶地层，经岩溶裂隙、构造裂隙进入地下水系统污染地下水。

3）工业废渣和生活垃圾经淋滤排入地下水系统。堆放在岩溶沟谷、洼地和落水洞等处的工业废渣和生活垃圾，因堆放场地未做防渗处理或处理不到位，在日晒和降雨的淋滤作用下，造成这些废弃物中污染组分的分解、溶解和转移，废液下渗污染地下水。

3. 地下水污染现状

通过对评价区地下水污染现状调查，依据水质分级级别，划为重度污染区、中度污染区和轻度污染区，见图 2–9。

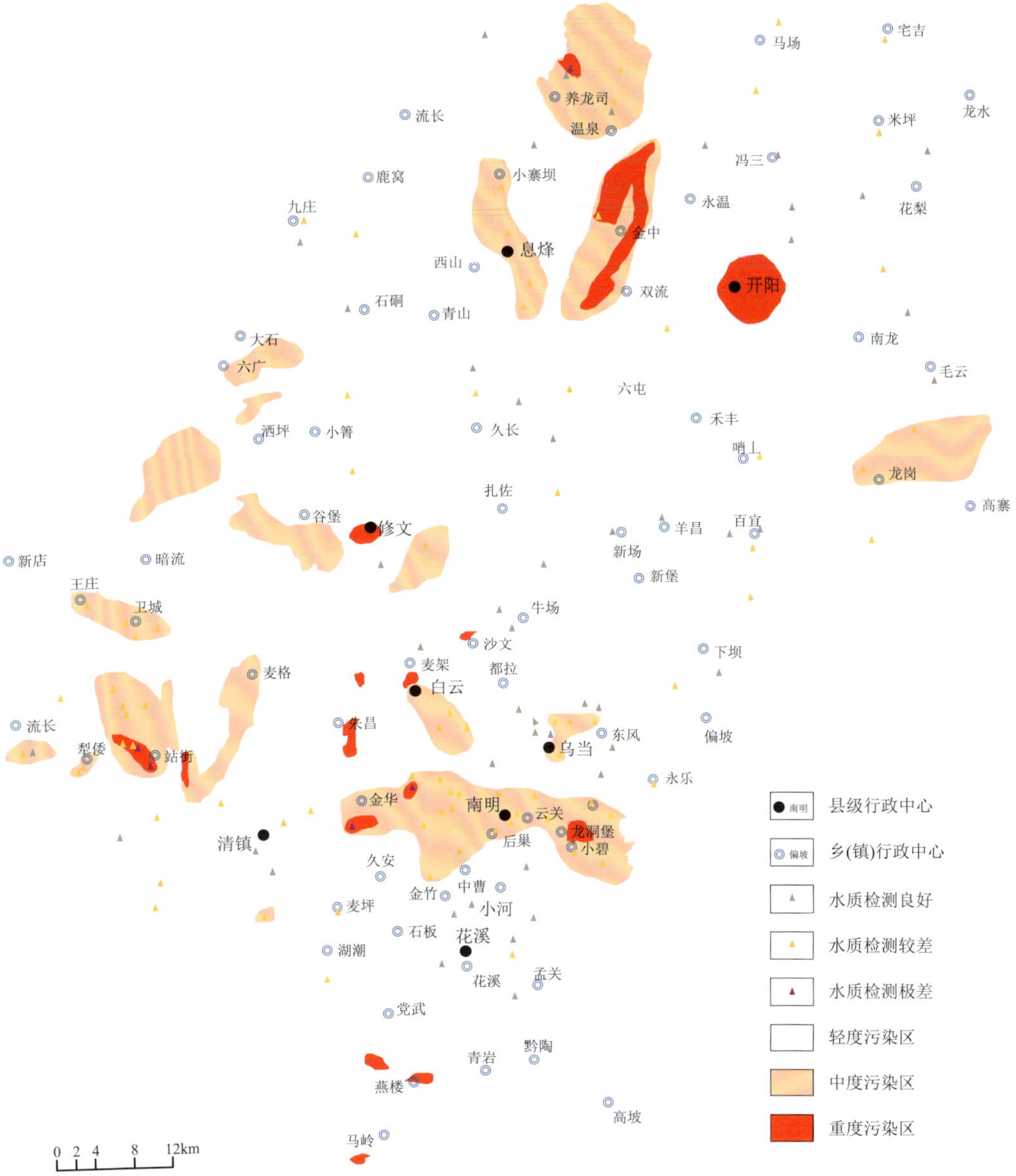

图 2–9　贵阳市地下水污染区域分布图

根据评价结果，贵阳市地下水超标组分为氨、硝酸根、亚硝酸根、硫酸根、锰、挥发性酚、铝、镍、三价铁。其中以硝酸离子浓度和亚硝酸离子浓度超标最为严重和普遍（其超标率分别为 20.79% 和 21.35%），说明贵阳市的地下水污染主要以生活污染和农业污染为主。贵阳市两城区主要的污染组分为氨氮、亚硝酸根离子，部分地区挥发性酚和锰超标；氨氮含量最大超标 48 倍，亚硝酸根离子浓度最大超标 264 倍。氨氮含量和亚硝酸根离子浓度超标主要由生活污染引起。锰超标的地区都存在亚硝酸根离子浓度超标的现象，推测与地下水所在的还原环境有关，周围岩土中的锰被还原为锰离子而导致其浓度增大。挥发性酚含量超标主要由工业污染造成。

乌当高雁垃圾填埋场、比例坝垃圾填埋场、花溪区浪风关垃圾填埋场等渗滤液下渗对地下水造成污染。

（四）地下水资源保护

通过对评价区地下水水质评价、地下水污染现状分析并结合水文地质条件，地下水资源保护应注意和采取以下几个方面。

1. 深刻认识到岩溶水的脆弱性

由于岩溶含水系统为开放系统，直接与地面相通，地表水与地下水交替迅速，含水介质裸露及含水系统上覆红黏土层不连续分布，抗污染功能差，污染物质通过岩溶漏斗、地下水天窗等极易进入含水系统。应充分认识到岩溶地下水资源保护的重要性，完善地下水保护的相关法律法规，加强地下水水源地保护。

2. 地下水开采水源地的保护

尽快制定《贵阳市地下水资源保护条例》。根据环境水文地质条件划定出不同级别的水源地保护区，分级进行妥善保护。汪家大井水源地保护区的建立就是一个很好的实例。

3. 加强对矿山开采区的地下水资源保护

建议制定《贵阳市关于加强矿山（煤矿、铝土矿、磷矿等）开采地下水资源保护与监督管理的意见（试行）》。贵阳市矿产资源丰富，矿山开采（特别是地下开采）改变地下水含水系统的水文地质结构，致使矿山开采区及周边的水环境发生改变，地下水天然出漏点水量减少、甚至干枯，引发地质灾害。另外，大量的矿渣堆砌、矿坑废水排放，造成地下水不同程度的污染。建议加强对矿山开采、废渣堆存、矿坑废水排放的污染防治工作，对废矿山及时进行土地复垦。例如，清镇、白云、修文等地的铝土矿区，开阳息烽等地的磷矿区，花溪燕楼、观山湖区朱昌、金华煤矿区等。

4. 地下水开采制度的深化改革

如何合理利用地下水资源，是资源开采与经济发展、政策法规紧密相关的问题。通过对供水水井（开采井）及泉的开发利用现状调查可知，合理开采地下水，会促进社会经济的发展，改善居民的生活质量。不合理开采地下水，会导致水环境恶化使生活水平受到影响。例如，贵阳市白云区大坝地区过度抽取地下水以及废渣堆场的渗漏等造成地下水氟污染。建议开展对地下水开发利用规划的研究工作。

5. 加强市政交通建设对地下水资源的保护

较典型的工程有观山湖区地铁、高铁地下车站等开挖，造成地下水涌水量 $3\times10^4 m^3/d$ 流失；乌当区的未来方舟建筑场地开挖，造成打鱼寨泉流量减少等。大型工程建设必须提交地下水影响评价专项报告。

流量大于 50L/s 的泉，一方面是利用地下水的直接方式，另一方面是当地的泉文化的人文景观，评价区因建筑、道路及污染等对泉及附近景观的破坏和污染较严重，其泉文化保护条例应进入行政管理议事日程。

6. 加强对地下水环境的监测

随着贵阳市社会经济的发展，给地下水环境带来了较重的压力。而地下水环境监测数据是实现地下水环境保护的基础数据，建议建立和完善地下水环境监测网点，建成贵阳市地下水环境自动测报系统。

第七节 大龙井泉动态分析

一、地质环境条件

1. 概况

大龙井属乌当区东风镇大普村所辖。大龙井出露于北东向云锦庄断层破碎带上，沿断层走向 40m 范围内有 4 ~ 5 个泉涌水，伴有冒沙、冒气泡现象，为上升泉。经一个水文年的动态观测，雨季流量最大达 879.34L/s，枯季最小为 406.49L/s，平水期流量 500 ~ 600L/s，年变幅仅 1 倍左右。经开发利用建成云锦水厂，日供水能力约为 3.8×10^4t。

2. 气象、水文

据贵阳市乌当区气象局资料统计，多年平均气温 14.6℃，多年平均降水量 1154.2mm，年最大降水量为 1436.1mm，年最小降水量为 721.7mm，月最大降水量 551.3mm，日最大降水量 125.8mm。降雨主要集中在 4—10 月（表 2–20）。

表 2–20 调查区多年平均降水量分配表

月	1	2	3	4	5	6	7	8	9	10	11	12	年
降水量 /mm	22.3	23.9	35.9	79.5	153.7	241.4	217.5	137.5	74.1	104.7	44.9	18.9	1154.3

地表水系为南明河支流的沙老河（三江河上游）是泉域最大的河流，发源于白云区簸箩戈，往南西方向经牛场至下水，转向东流，经三江至泡塘流出，全长 30.5km，流域面积 71km^2，泡塘断面流量 619.28L/s。该河流在下水附近有部分水量通过溶洞和溶蚀裂隙流入地下，成为大龙井泉的重要补给来源。

3. 地形、地貌

大龙井泉出露标高 1043.76m，地势北高南低，北面的云雾山海拔 1618.4m，周围山峰海拔 1500m 左右，比高 300 ~ 400m，为岩溶峰丛洼地。大龙井的东、西两面为溶丘洼地，山顶一般海拔 1150 ~ 1300m，洼地海拔 1100 ~ 1180m，比高 50 ~ 200m。其南面为洛湾盆地，面积 2 ~ 3km^2，海拔为 1000m。

4. 地层、岩性

泉域出露地层有：上寒武统娄山关群白云岩，分布在三江河以北，水田坝以西地区，面积 20km^2；下石炭统摆佐组白云岩，紧靠娄山关群地层呈条带状分布，厚度 10m，面积 5km^2；二叠系石灰岩、燧石灰岩，厚 700m，分布在西北部地区，面积 20km^2；下三叠统大冶组灰岩及安顺组白云岩，厚度 1000m 左右，分布在泉西部及西北部，面积 80km^2，是大龙井泉域的主要含水层。

5. 地质构造

羊昌复背斜西翼和都拉营向斜北端构成了区内主要褶皱构造体系。区内断裂发育，东西向断层同北东向断层相互穿插，沟通了各含水层地下水并产生水力联系。调查区主要地质构造见表 2–21、图 2–10。

6. 水文地质条件

大龙井泉域地质地貌条件复杂，岩溶发育特殊，导致水文地质结构极为复杂。泉域地

表 2-21　调查区构造特征表

构造	编号	类型	特征	地层、岩性、产状及水文地质特征
褶皱		羊昌复背斜	轴向北东-南西向，轴线长约 16km，两翼对称宽约 15km	二叠系、三叠系地层，西翼岩层产状：240° ∠ 18°，东翼：135° ∠ 15°
		都拉营向斜	轴向近南北向，轴线长约 20km，东西宽约 9km	侏罗系、三叠系、二叠系地层，西翼岩层产状：125° ∠ 15°-30°，东翼：235° ∠ 20°
断层	F_1	云锦庄断层	长约 11km，走向为北东-南西，具压扭性特征，断层面倾向为 115° 左右，倾角为 70° 左右，断层破碎带宽 20～30m，断层角砾胶结较好	二叠系、三叠系地层，白云岩、石灰岩为主；上盘产状：285° ∠ 30°，下盘：245° ∠ 18°，上盘起隔水作用，下盘具富水性，在洛湾大龙井出露，大龙井上升泉即出露在此断层上
	F_2	大河边断层	具压性特性，走向总体呈北北东，长约 12km，断层面倾向 140°，倾角 37°，断层破碎带宽 10～20m，断层角砾胶结较好	上盘为三叠系龙潭组页岩、砂岩夹碎石灰岩及煤层；下盘为寒武系娄山关群白云岩，产状 270° ∠ 27°，上盘阻水
	F_3	养猪寨断层	具压扭性特性，走向东西，长约 5.3km，断层面倾向为 205°，倾角为 80° 左右，断层破碎带 10～20m，角砾胶结较好	上盘为二叠系的灰岩、黏土岩，三叠系的白云岩、灰岩等，产状为 215° ∠ 18°；下盘地层岩性同上盘，产状为 250° ∠ 17°，导水断层
	F_4	三江-团坡断层	长约 6km，走向近东西，具张扭性特征，断层面倾向为 250°，倾角 70°～80°，断层面清晰，有擦痕，断层破碎带 30～50m，断层角砾呈基底式胶结，裂隙充填泥质	寒武系、石炭系、二叠系、三叠系地层中，岩性以白云岩、石灰岩为主；两盘产状基本一致，为 285° ∠ 20°，导水断层
	F_5	水田坝断层	长约 11.5km，走向北东东，具张扭性特征，断层面倾向为 185° 左右，倾角为 75° 左右，断层破碎带宽 30m 左右	寒武系、石炭系、二叠系、三叠系地层，白云岩、灰岩为主，产状受断层和褶皱影响，变化很大、紊乱，导水断层
	F_6	新场-大寨断层	长约 15km，走向北北东，具压性特征，断层面倾向 215°，倾角 70°～80°，断层破碎带宽 2～10m，断层角砾呈基底式接触，并见压溶现象	寒武系中厚层白云岩为主，上盘地层产状：35° ∠ 16°，下盘：235° ∠ 14°，导水断层
	F_7	云雾山断层	具压性特征，走向近东西，长约 6.2km，断层面倾向为 170°，倾角 75°，断层破碎带宽 10～20m，断层角砾胶结较好	上盘为寒武系的白云岩，石炭系黏土岩、钙质页岩，二叠系灰岩、黏土岩等，产状 265° ∠ 19°；下盘和上盘相同，产状 215° ∠ 14°，导水断层
	F_8	牛肝寨断层	长约 11km，走向北东，具张扭性特征，断层面倾向为 325° 左右，倾角为 70°～80°，断层破碎带宽 10～30m，断层角砾胶结较好，略见断层擦痕	寒武系、石炭系、二叠系地层，白云岩、石灰岩为主，上盘产状：285° ∠ 16°；下盘：235° ∠ 14°，导水断层
	F_9	火烧寨断层	具有压性特征，走向近东西，长约 8.5km，断层面倾向为 165°，倾角为 70°～80°，断层破碎带宽 20～30m，角砾胶结较好	上盘为寒武系白云岩，奥陶系生物灰岩，石炭系黏土岩、钙质页岩，二叠系灰岩、黏土岩，三叠系白云岩、灰岩等，产状 205° ∠ 16°；下盘和上盘相同，产状略有变化，为 245° ∠ 18°
	F_{10}	簸萝戈断层	具平移特征，走向东西，长约 11km，断层破碎带宽 20～30m，角砾胶结较好	北盘向西推移，地层岩性为寒武系白云岩，奥陶系生物灰岩，石炭系黏土岩、钙质页岩，二叠系下统灰岩、黏土岩等，产状为 325° ∠ 32°；南盘向东推移，地层岩性与北盘相同，产状有变化，为 255° ∠ 16°；断层两侧导水

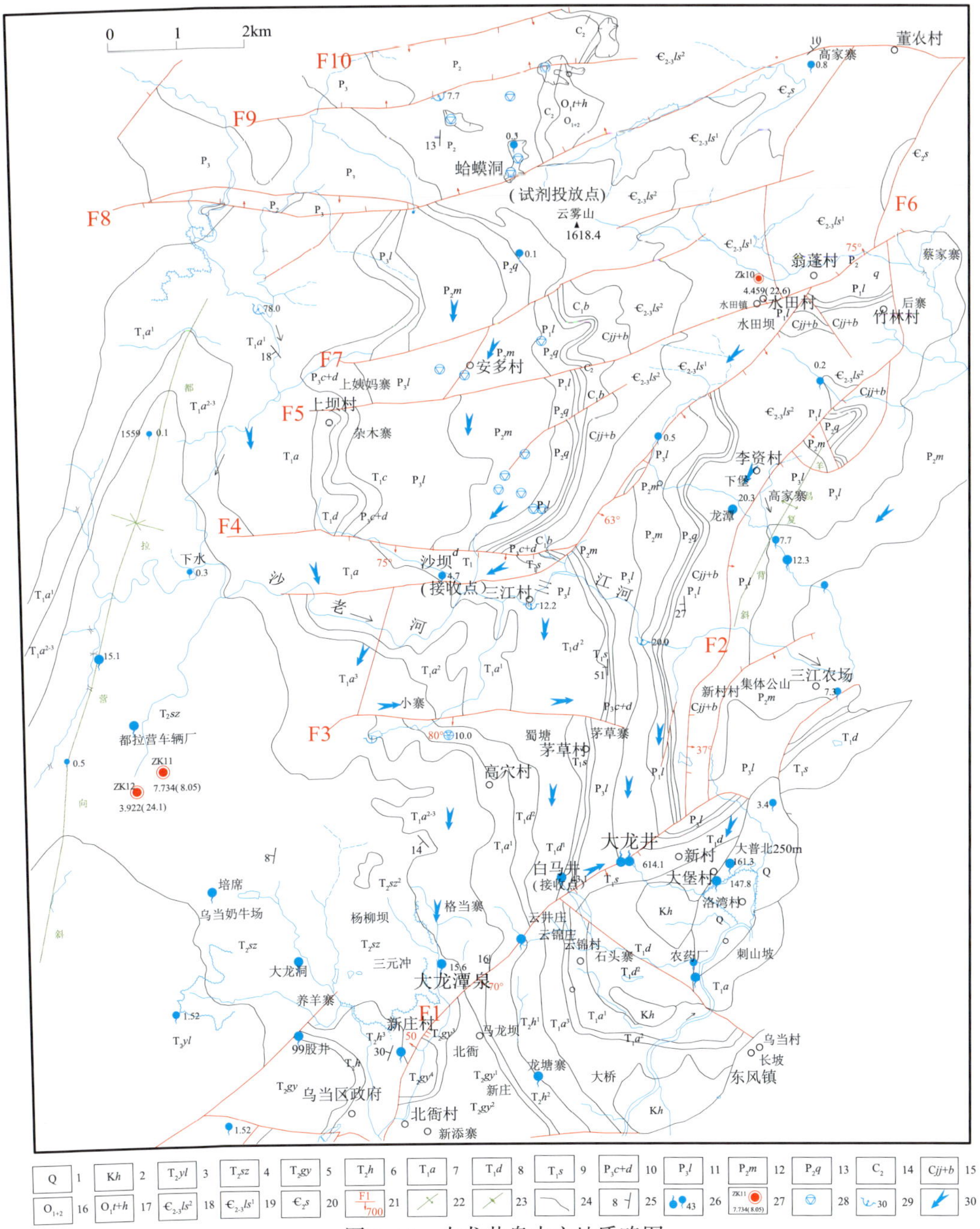

图 2-10　大龙井泉水文地质略图

（据蒲文斌，2014）

1—第四系；2—白垩系惠水组；3—三叠系中统杨柳组；4—三叠系中统松子坎组；5—三叠系中统贵阳组；6—三叠系中统花溪组；7—三叠系下统安顺组；8—三叠系下统大冶组；9—三叠系下统松子坎组；10—二叠系上统长兴、大隆组；11—二叠系上统龙潭组；12—二叠系中统茅口组；13—二叠系中统栖霞组；14—石炭系中统；15—石炭系下统九架炉组＋摆佐组；16—奥陶系中上统；17—奥陶系下统红花园组、桐梓组；18—寒武系上统娄山关群上段；19—寒武系上统娄山关群下段；20—寒武系中统石冷水组；21—断层编号及倾角；22—背斜；23—向斜；24—地质界线；25—岩层产状；26—上升泉、下降泉及流量（L/s）；27—钻孔（上为编号，下为涌水量（L/s）及降深（m））；28—岩溶漏斗；29—暗河及流量（L/s）；30—地下水流向

下水以岩溶水为主，基岩裂隙水次之，孔隙水极少。

（1）地下水类型

地下水类型为碳酸盐岩岩溶水、基岩裂隙水和松散岩层孔隙水三大类型（表 2–22）。

表 2–22　泉域地下水类型及其特征

类型	亚类	主要地层	流量变化特征 /（$L\cdot s^{-1}$）	枯季地下水径流模数 /（$L\cdot s^{-1}\cdot km^{-2}$）	钻孔单位涌水量 /（$L\cdot s^{-1}\cdot m^{-1}$）
碳酸盐岩岩溶水	白云岩溶洞裂隙水	T_2y、T_1a、$\text{Є}_{2-3}ls$	一般 0.10 ~ 55.29，最大 115.54	4.42 ~ 9.48	0.1 ~ 3.3
	石灰岩裂隙溶洞水	T_1d^2、P_2m、P_2q	一般 0.10 ~ 125.13，最大 879.00	4.40 ~ 8.97	0.10 ~ 1.19
	碳酸盐岩夹碎屑岩岩溶水	$T_2sz^{1\ 2}$、T_1d^1、P_3w+d	一般 0.10 ~ 1.5，最大 43.3	2.68 ~ 6.60	0.01 ~ 2.04
基岩裂隙水		T_1s、P_3l	0.01 ~ 1.50	1.27 ~ 4.62	0.04 ~ 0.49
松散岩层孔隙水		Q	0.08		

（2）地下水补、径、排条件

泉域是一个包括补给区、径流区和排泄区完整的水文地质单元。域内地下水主要受大气降雨补给，其径流方向受区内地形地貌、地层、构造及排泄基准面控制，地下水径流方向总体自北向南。具分散补给、集中排泄特征，泉和暗河出口是该区岩溶地下水的主要排泄形式。

在北部岩溶较发育地区，大气降雨通过岩溶裂隙、洼地、落水洞、竖井、溶潭、天窗等渠道渗入地下，是岩溶地下水的主要来源。另外，还有河水补给，地表水通过较长的地表径流后，在都拉营乡下水村南部约 200m 的沙老河河段上，逐渐渗入地下，枯季渗漏量约 30L/s，补给大龙井泉群。

贵州省地质工程勘察院曾于 1994 年经过连通试验探明了泉域地下水径流过程，同年 11 月 21 日 12 时 20 分在云雾山西部斜坡分水岭边缘蛤蟆洞（海拔 1411.1m）投入荧光绿 5kg（用 30%NaOH 溶液充分稀释）；11 月 28 日首先在沙坝泉接收到荧光绿，泉和整条溪流一片绿色，持续一天左右消失；12 月 2 日白马井有显示，持续时间很短，几个小时后完全消失；12 月 6 日大龙井 2 号、3 号出口有显示，持续时间达 48 小时，连续观测到 12 月 13 日。见表 2–23。

综上，三江河上游及泉西、北部的广大岩溶区为地下水的补给区，特别是北部云雾山及其四周的广大岩溶峰丛洼地区，洼地、漏斗、落水洞十分发育，大气降雨入渗量大，地下水补给丰富。具有导水性质的 F4 断层横穿三江河谷，由北面径流而来的地下水即沿该断层形成“穿跨”流从三江河床底穿过，河床底岩层破碎也同河水渗透、漏失有关。地下水沿断层继续向南运动，遇到东西向养猪寨断层（F3）再折向东流。在茅草寨以东 T_1s 和 P_3l 两个隔水层，因受 F3 断层错断，已不起隔水作用，地下水沿 F3 断层继续向东运移，遇 P_3l、C_1j 碎屑岩及近南北向的大河边压性断层（F2）阻挡，即由北转向南流，顺 P_2m、P_2q 含水层直达云锦庄断层（F1），沿断层运动，于低洼处出露形成大龙井泉群。地下水以管道流为主，在地表形成数处落水洞和竖井状溶洞（贵州地质工程勘察院，1994）。

表 2-23　连通试验表

编号	检测时间	投放、接收地点	高程 /m	直线距离 /km	水力坡度 / （m·km^{-1}）	历时 /h	平均流速 / （m·h^{-1}）
1	11 月 21 日 12：20	蛤蟆洞	1411.1				
2	11 月 28 日	沙坝泉	1215.0	3.75	52.29	168	22.32
3	12 月 2 日	白马井	1068.0	8.50	40.36	246	32.19
4	12 月 6 日	大龙井 2 号、3 号出口	1040.0	8.25	44.98	360	22.91

7. 泉流量变化

大龙井泉群 1987 年长观资料表明：7—10 月流量最大，7 月平均流量 746.74L/s，降水量为 195.4mm，10 月平均流量 793.34L/s，而降水量为 210.8mm；1—3 月流量最小，1 月平均流量 588.25L/s，3 月降水量 5.3mm（表 2-24）。不同年份测流表明，流量比较稳定（表 2-25）。

表 2-24　大龙井泉各月平均流量、降雨量对照表（1987.5—1988.4）

月份	1	2	3	4	5	6	7	8	9	10	11	12
平均流量 / （L·s^{-1}）	588	523	525	495	477	522	747	746	718	793	683	658
平均水温 /℃	16	16	16	17	16	16	17	17	18	17	17	16
降雨量 /mm	16	23	5	103	123	109	195	98	92	211	40	3

注：引自《贵州省贵阳市城市供水水文地质勘察报告 1∶50000》，1991。

表 2-25　大龙井不同年份偶测流量

流量 / （L·s^{-1}）	调查时间	调查单位	备注
614.10	1978 年 3 月 24 日	解放军 00932 部队	偶测
700（枯）850（平）1000（丰）	1985 年	乌当区水利电力局	综合测流
657.75	1985 年 8 月 19 日	贵州环境地质大队贵阳长观战	偶测
406.15 ~ 879.34	1987 年 5 月—1988 年 4 月	贵州第一水文地质大队贵阳分队	长观
746	1993 年 1 月 12 日	乌当区水利电力局	偶测
762.20	1994 年 7 月 15 日	贵州地质工程勘察院环调队	偶测

二、流量衰减曲线分析

（一）衰减方程

布西涅斯克（1904）和梅勒（1905）提出用指数函数表达流量衰减过程的方程，即：

$$Q_t = Q_0 e^{-a(t-t_0)} \tag{2-8}$$

式中：t_0 为衰减初期时刻；t 为衰减内任意时刻；Q_0 为对应于衰减初期时刻的流量；Q_t 为 t 时刻的流量；α 为衰减系数。

衰减系数（α）是流量衰减的一个特征量，其表征流量衰减的变化率，并与岩溶含水介质有关。最大衰减系数一般代表管道快速补给的流量，最小衰减系数则反映低渗透率的裂隙向管道补给的隙流。

Q_0 及 α：本案例采用岩溶大泉一个水文年中枯季流量动态监测资料，绘制泉流量与时间的关系曲线。根据该地区多年降水量和流量曲线将泉枯季流量衰减过程划分为几个衰减亚期，并在半对数坐标系（$\ln Q$，t）作图，将各亚期线段的延长线与 $\ln Q$ 轴相交，求出 Q_{0i}（i=1，2…），再过折线的各转折点分别向 $\ln Q_t$ 轴及 t 轴作垂线得 $\ln Q_{ti}$（i=1，2…）及 t_i（i=1，2…）（图 2-11）。按式（2-9）计算出各亚期的衰减系数 α_i（i=1，2…）。

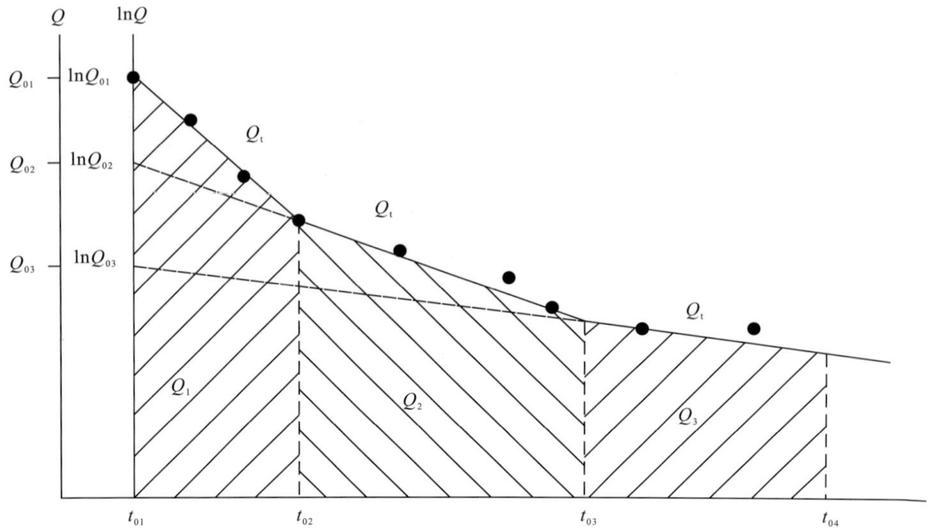

图 2-11　衰减曲线图

（据蒲文斌，2014）

$$\alpha_i = \frac{\ln Q_i - \ln Q_{i+1}}{0.4343(t_{i+1} - t_i)} \qquad (2\text{-}9)$$

式中：Q_i 为 t_i 时刻的流量（L/s）；Q_{i+1} 为 t_{i+1} 时刻的流量（L/s）。

建立衰减方程：

$$Q_t = \begin{cases} Q_{01}\mathrm{e}^{-a_1 t}(t_0, t_1) \\ Q_{02}\mathrm{e}^{-a_2 t}(t_1, t_2) \\ Q_{03}\mathrm{e}^{-a_3 t}(t_2, t_3) \\ \cdots \end{cases} \qquad (2\text{-}10)$$

则各亚期水资源量 Q_i 为：

$$Q_i = \int_{t_i}^{t_{i+1}} Q_{01}\mathrm{e}^{-a_1 t}\mathrm{d}t \qquad (2\text{-}11)$$

岩溶泉的枯季总水资源量 Q（m^3）等于衰减排泄总量，即：

$$Q_{总枯} = \sum_{i=1}^{n} Q_i \qquad (2\text{-}12)$$

各亚动态水资源量（Q_i）对枯季总水资源量 Q 总枯的百分比：

$$\beta_i = \frac{Q_i}{Q_{总枯}} \times 100\% \qquad (2\text{-}13)$$

方程的检验：偏离数值检验是检验测点偏离关系线的平均偏离值（即平均相对误差）是否在合理范围以内，借以用数据论证关系曲线是否合理。

检验方法：

设测点与关系曲线的相对偏离值：

$$x_i = \frac{Q_i - Q_{ci}}{Q_{ci}} \quad (2\text{-}14)$$

式中：Q_i 为 t_i 时刻实测流量（L/s）；Q_{ci} 为 t_i 时刻理论流量（L/s）；$\Delta Q_i - Q_{ci} - Q$ 为偏离值。

平均相对偏离值（即平均相对系统误差）：

$$X = \frac{1}{n}\sum_{i=1}^{n} x_i \quad (2\text{-}15)$$

X 的标准差：

$$S_X = \sqrt{\frac{\sum_{i=1}^{n}(x_i - x)^2}{n(n-1)}} \quad (2\text{-}16)$$

将$|X|$与 S_x 进行比较，若$|X|<S_x$，则认为定线合理（刘力阳，2008）。

根据何宇彬《中国喀斯特水研究（1997）》，$\alpha_1=n\times10^{-1}\sim n\times10^{-2}$（溶洞、管道介质）、$\alpha_2=n\times10^{-2}\sim n\times10^{-3}$（大溶隙、溶穴介质）、$\alpha_3=n\times10^{-4}\sim n\times10^{-6}$（溶隙、裂隙、溶孔介质）。泉或暗河枯季流量衰减曲线可根据亚动态变化划分为三种不同的类型：①单一型，衰减曲线只包括一个折线段，表明含水介质是单一而较均匀的，或是大面积较均匀的岩溶水，或是大型网状管道中的暗河水；②双段型，表明泉的含水介质是双层模型，浅部为管流水，深部是隙流水；③多段型，衰减曲线由三或四段组成，表明含水岩体是一个具不同贮水空间的多层次结构，自上而下分别是管道或溶洞、大溶隙、溶隙或裂隙、微裂隙或溶孔，裂隙化灰岩或白云岩中的泉多属此类型。

对大龙井建立流量衰减曲线方程，分析岩溶水的含水介质，并对其枯季地下水资源量进行计算。

（二）大龙井泉衰减曲线分析

大龙井泉长观资料见表 2-24，变化情况见图 2-12。

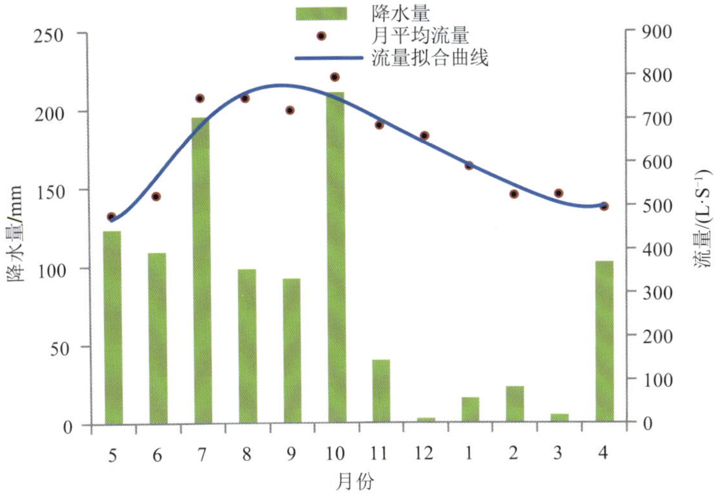

图 2-12　1987 年 5 月—1988 年 4 月大龙井泉月平均流量与降水量对比图

（据蒲文斌，2014）

1. 衰减曲线及方程

由该泉降雨量和流量曲线可知，枯季衰减期为头年的 11 月初到次年的 4 月初。根据泉流量衰减分析法，结合图 2-13、图 2-14 曲线拐点的分布，将泉枯季流量衰减过程划分为三个衰减亚期（11—12 月、12—2 月、2—4 月）。

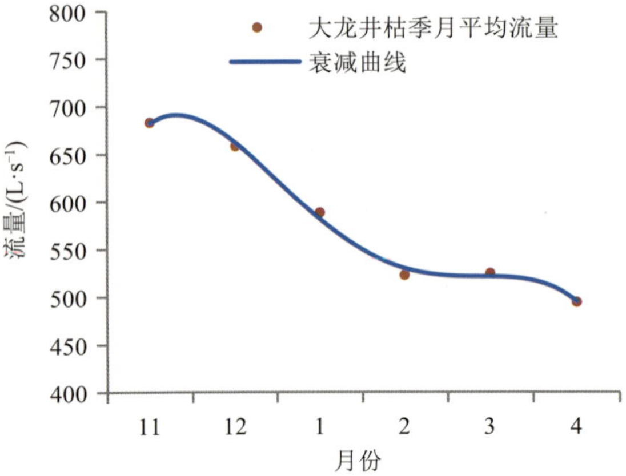

图 2-13　大龙井泉枯季 Q–t 关系曲线
（据蒲文斌，2014）

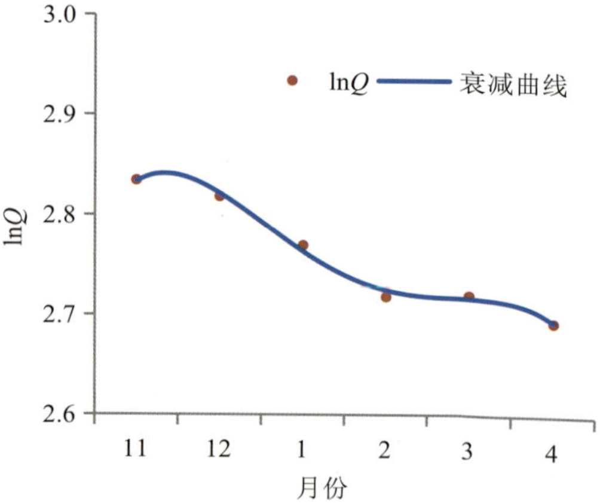

图 2-14　大龙井泉枯季 ln$Q$–t 关系曲线
（据蒲文斌，2014）

根据 ln$Q$–t 关系曲线（图 2-14）确定 Q_{01}、Q_{02}、Q_{03} 分别为 706.32、826.04、592.93。按式（2-9）求出衰减系数 α_1、α_2、α_3 分别为 0.0372、0.1151、0.0278（Q_{0i} 单位：L/s；α_i 单位：L/ 月，下同）。

则衰减方程为：$Q_t=\begin{cases}706.32\mathrm{e}^{-0.0372t} & t\in[11,12]\\ 826.04\mathrm{e}^{-0.1151t} & t\in[12,2]\\ 592.93\mathrm{e}^{-0.0278t} & t\in[2,4]\end{cases}$

$|X|<S_x$，故大龙井泉衰减 Q–t 关系曲线定线合理（表 2-26）。

根据式（2-10）、式（2-11）计算可得，大龙井泉枯季各亚期的水资源量 Q_1、Q_2、Q_3 分别为 1053904.94m^3、6061588.57m^3、2672048.90m^3，$Q_{总枯}$ 为 9787542.41m^3，即 64391.73m^3/d；β_1=10.77%，β_2=61.93%，β_3=27.30%。

表 2-26　大龙井泉衰减曲线偏离值检验表

观测月份	11	12	1	2	3	4
月平均流量 Q_i /（L/s）	683.16	658.23	588.25	522.87	524.80	494.59
计算流量 Q_{ci} /（L/s）	680.54	655.71	584.83	521.24	515.98	501.83
偏离值 /（L/s）	2.62	2.52	3.42	1.63	8.82	－7.24
相对偏离值 X_i	0.0038	0.0038	0.0059	0.0031	0.0171	－0.0144
平均相对偏离值 X	0.0032					
标准差 S_x	0.0041					

2. 衰减曲线特征及分析

由图 2-15 可以看出，11—12 月为第一亚动态，衰减系数为 0.0372，表明该阶段降水的补给起一定作用，衰减较慢，持续时间较短；12 月至次年 2 月连续快速衰减，为第二

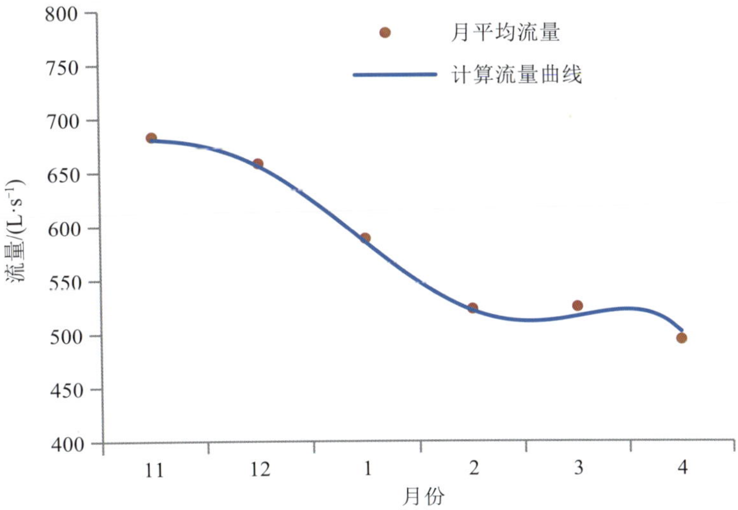

图 2-15　大龙井泉枯季月平均流量与计算流量对比
（据蒲文斌，2014）

亚动态，衰减系数为 0.1151，表明蓄积的岩溶水通过大的管道排出地表，该系统水体排空，水量较大；随后为第三亚动态慢速衰减，衰减系数为 0.0278，表明细小裂隙系统的岩溶水排出，衰减系数小于第一阶段，此后经雨水补给，泉流量回升。

综上可知，大龙井泉流量衰减曲线为三段型，具有慢速、快速衰减、再慢速衰减的特点，且溶洞、大溶隙的衰减水量占 61.93%（$\alpha>0.1$），含水介质主要为裂隙（孔隙）-溶洞。大龙井泉枯季水资源量为 64391.73m^3/d，能够满足日供水能力 3.8 × 10^4t；现地下水开发利用量加大，约 4 × 10^4t/d，可满足用水要求，开发利用的可靠性高，建议其开发利用量不超过 5.8 × 10^4t/d。

第三章 贵州矿山岩溶地下水

第一节 岩溶充水矿床概况

一、贵州矿山地质环境概况

贵州省共有矿山 6556 个，其中煤矿山 1848 个、非煤非砂石矿山 687 个、砂石矿山 4021 个；采矿区域内查明的矿山地质灾害共有 1165 处，其中滑坡 345 处、崩塌 281 处、泥石流 24 处、地裂缝 216 条、地面塌陷 299 个。

贵州矿山开采对地形地貌景观的损毁作用强烈，矿山占用及破坏土地总面积为 498.39km^2，其中工业广场面积 238.22km^2、固体废弃物面积 85.33km^2、地质灾害面积 140.96km^2，其他面积 33.88km^2。被破坏的土地类型以耕地、林地为主，草地、荒地及其他类型次之。

贵州省矿山开采矿坑水年产出量为 54795.98 × 10^{4}t、年排放量为 42768.55 × 10^{4}t。全省因采矿影响和地下含水层破坏，区域地下水位下降，造成地下水位下降面积 710.20km^2。

矿山生产过程中产生的矿坑废水以及尾矿库堆积的煤矸石和固体废弃物渗滤液未经处理直接外排（下渗），排放去向主要为附近的河流、溪沟、水库、湖泊或岩溶洼地，有的通过岩溶管道、裂隙、落水洞和地下暗河排泄（下渗），水环境遭受严重污染。

二、岩溶充水矿床概况

贵州岩溶充水矿床，水文地质条件复杂，主要体现在：①岩溶含水介质的非均匀性，边界构成的不确定性，矿床充水条件复杂，矿坑涌水量预测精度低。②矿床的开采必然改变矿区含水层原有的补、径、排系统（地下水渗流场），增加大气降水、地表水和老空水对地下水补给量，特别是断裂（裂隙）带和隔水层的破坏，极易产生透（突）水事故。③持续的强行排水，导致开采区的地下水位下降，地表水枯竭，造成水资源开发利用、保护和水污染防治工作困难。因此，查清岩溶地区矿床充水条件和矿坑涌水量预测是评审、验收矿区水文地质工作成果的技术要求及矿山排水设计、矿山安全和环境保护的初步依据。

分布在贵州岩溶山区的矿山，大都属于岩溶充水矿床，以磷矿、煤矿、铝土矿为例进行简要分析。

1. 磷矿岩溶充水矿床的特点

以开阳磷矿为例，根据地质勘探资料：①充水含水岩组为灯影组的白云岩，厚度 233 ~ 262m，是磷矿层的直接顶板，该充水层上部为牛蹄塘组、明心寺组的隔水层，底板为南沱组隔水层，因隔水层厚度大，在采矿过程中，没有破坏，隔水性良好矿区（图 3–1）。

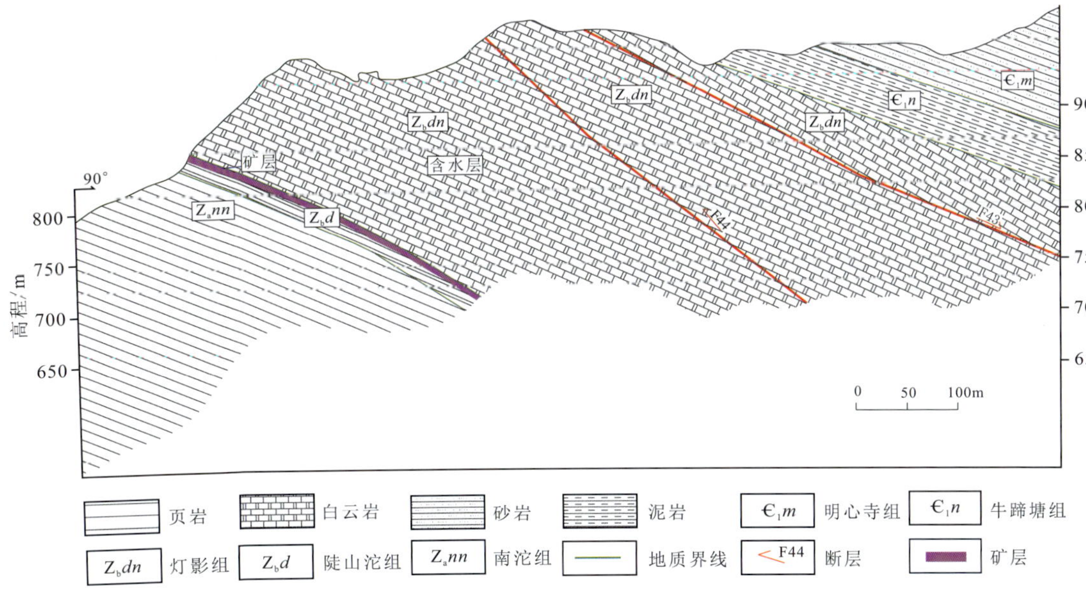

图 3-1 开阳磷矿充水层剖面图

（据屈伟，2010）

②该含水层较均匀，呈承压水状态，地下水枯季径流模数 5.1L/s·km^2，泉流量 0.25 ~ 18.00L/s，含水层富水性中—强，随开采深度的增加，地下水位（压力水头）下降了 250 ~ 300m，矿坑涌水量增大。

2. 煤矿岩溶充水矿床的特点

贵州毕节市、六盘水市、遵义市等分布二叠系龙潭组煤系地层，可供开采的煤层3 ~ 5层，厚度 1.5 ~ 3.5m；黔南、黔东南地区分布二叠系梁山组煤系地层。二叠系龙潭组煤层底板为二叠系栖霞组 + 茅口组和石炭系摆佐组灰岩含水层；顶板为二叠系长兴 + 大隆组、三叠系夜郎组玉龙山段、永宁镇组、飞仙关组、关岭组等灰岩、白云岩含水层，地下水枯季径流模数一般为 3.1 ~ 5.2L/(s·km^2)，泉流量 0.5 ~ 25.0L/s，富水性中—强。以上地层中的粉砂岩、泥岩和黏土岩地层为隔水层。

以金沙县新化乡龙凤煤矿为例，该煤矿有 3 层灰岩含水层（图 3–2），呈承压水状态，地下水枯季径流模数 4.6L/(s·km^2)，富水性强。顶板第一层夜郎组玉龙山段含水层，其下一层是夜郎组沙堡湾段的泥岩隔水层，第二层长兴组含水层；底板为茅口组含水层。当对矿层进行开采时，一旦揭露导水断裂带或破坏隔水顶板薄弱带，会造成顶底板透水，发生突水事故。

3. 铝土矿岩溶充水矿床的特点

以林歹铝土矿魏家寨矿区为例，该矿山位于龙头山背斜西翼，地层发生倒转（图 3–3）。矿区自西向东栖霞组、茅口组和摆佐组含水层为裂隙–溶洞水类型，娄山关群白云岩含水层为裂隙–孔隙水类型，地下水枯季径流模数一般为 3.5 ~ 6.2L/(s·km^2)，地下水富水性中—强，呈“带状”展布，分别被梁山组和矿层隔水层所隔，为 3 个相对独立的含水系统。受大气降水及地表水补给，地下水埋深和径流条件复杂，总体向北排泄。

受采矿巷道掘进和采矿等影响，断层（裂隙）带、岩溶强发育带和隔水层一旦揭穿和

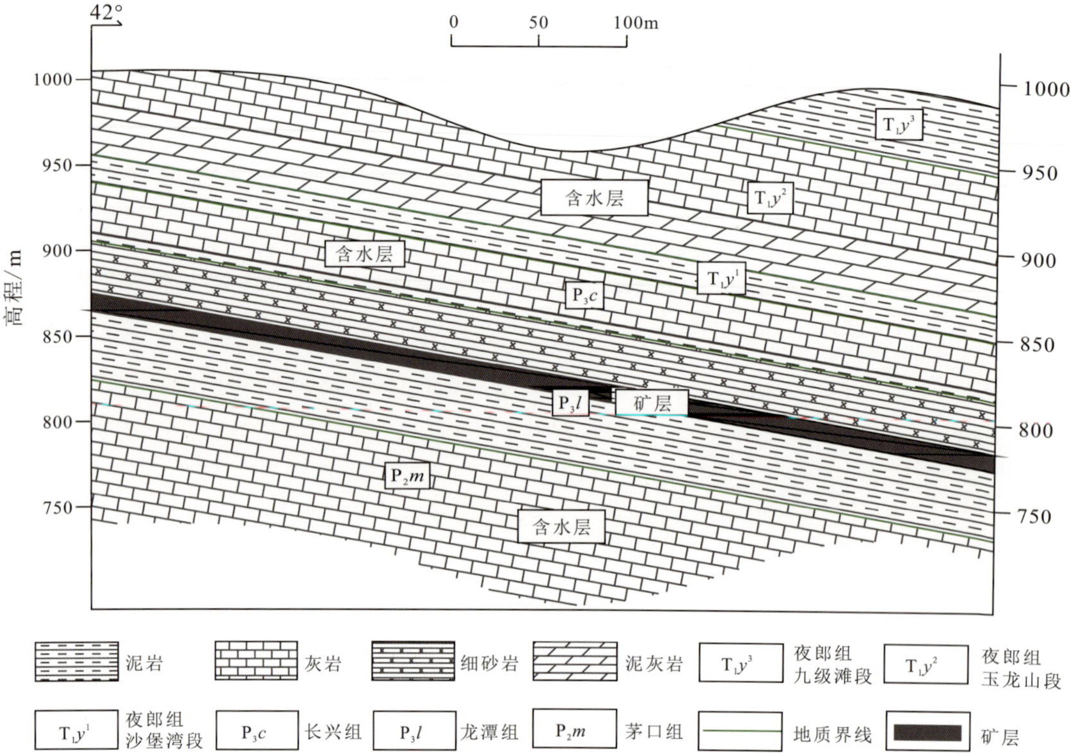

图 3-2　金沙县新化乡龙凤煤矿充水层剖面图

（据屈伟，2010）

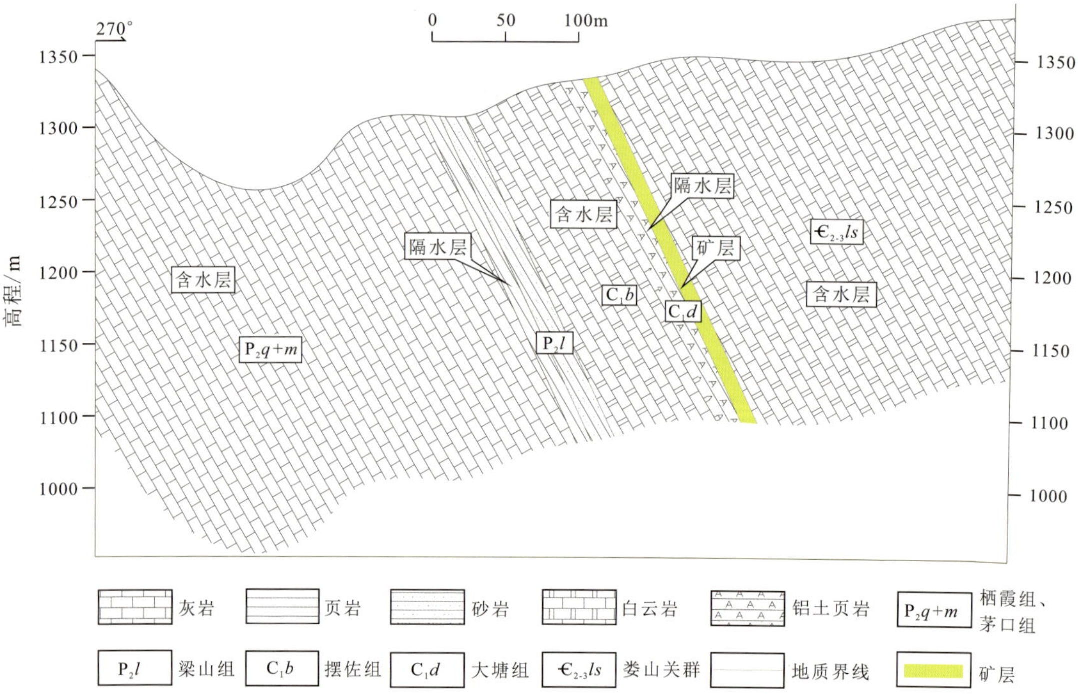

图 3-3　林歹铝土矿魏家寨矿区充水层剖面图

（据屈伟，2010）

破坏，易造成底板透（突）水；矿床顶板为娄山关群和底板摆佐组含水层，可直接产生越流补给，对矿山资源的地下开采造成严重的威胁。

第二节 矿坑涌水量预测方法

一、概述

矿坑涌水量预测与地下水供水水资源量评价在方法原理上类同，但二者又有差别，矿坑涌水量的预测比地下水供水水资源量评价复杂，其主要原因是二者在水文地质条件的改变、要求与预测（评价）的精度上存在差别。

1）由于矿山密集的井巷和大面积采空区的存在，必然大面积的破坏含水层的结构，从而改变矿区水文地质条件；地下水供水的取水建筑物简单，对含水层的破坏小，相比而言，矿坑涌水量预测就变得更复杂了。

2）磷矿、铝土矿、煤矿等大多分布于岩溶地区，属于岩溶充水矿床，含水层的参数代表性不易选择；边界条件构成复杂、影响因素多，水文地质概念模型的概化难度大。

3）预测（评价）目标方面，矿坑涌水量预测以疏干丰水期的最大涌水量为目标，而地下水供水水资源评价则以确保枯水期安全开采的最低水量为目标。

4）地下供水水资源量评价是在地下含水层小降深，能够得到持续补给，并保持一定降深的情况下进行评价的；而矿坑涌水量预测，则是大降深的疏干含水层，对矿区水文地质条件造成破坏，改变地下水运动状态的情况下预测所获得，这样必然存在矿坑涌水量预测的不确定性因素。

5）矿山的水文地质勘探与供水水文地质勘探相比，前者勘探程度低，能提供的信息量相对较少，而后者勘探较详细且准确。

二、矿坑涌水量预测的影响因素

矿坑涌水量预测的影响因素主要体现在3个方面。

1）水文地质条件分析不清楚。在进行矿坑涌水量预测时，需对矿区含水岩组的岩性、产状及含水岩组之间的水力联系、地下水的补给来源，地下水的边界条件等进行分析。如果没有查清水文地质条件，或做出错误的判断，都将导致矿坑涌水量预测结果失真，甚至得出与实际情况完全不符的结果。

2）选用的水文地质参数不符合事实。水文地质参数是建立矿坑涌水量计算模型的基本数据。在对矿区进行勘察时，获取的水文地质参数缺乏代表性或与实际情况不符，这都将直接影响矿坑涌水量的预测精度。

3）没有选择合理的数学模型。数学模型的作用是对水文地质模型进行数学描述，是水文地质模型的一种数学表达方式。因此，数学模型的选择必须以水文地质模型为基础，水文地质模型正确与否取决于对水文地质的勘探方法、勘探工程的精度以及提供的勘探成果。

总之，要想提高矿坑涌水量预测精度必须遵循 3 个基本原则，即：①查明水文地质条件；②选择能反映实际情况的水文地质概化模型、计算参数；③采用正确的数学模型。

三、矿坑涌水量预测方法

1. 水文地质比拟法

水文地质比拟法是指利用地层岩性、地质构造和水文地质条件相似、开采方法及规模基本相同的生产矿井的排水或涌水量资料，来预测拟建矿井的涌水量的方法。该方法的运用条件是老矿井和拟建矿井的采区水文地质条件和开采方法应基本相似，并且老矿井应有长期的矿坑涌水量观测资料和分析数据。只有这样才能保证矿坑涌水量与各影响因素之间的数学表达式的可靠程度。比拟法（降深–面积）计算公式如下。

$$Q=Q_1\sqrt[n]{\frac{F}{F_1}}\sqrt[m]{\frac{S}{S_1}} \tag{3-1}$$

式中：Q 为新矿井预计涌水量（m^3/a）；F 为新矿井设计开采面积（m^2）；S 为新矿井设计水位降深（m）；Q_1 为生产矿井总涌水量（m^3/a）；F_1 为生产矿井开采面积（m^2）；S_1 为生产矿井水位降低（m）；m、n 为地下水流态系数，根据两年以上生产矿井涌水量采用最小二乘法或图解法求得。

贵州小型、中型煤矿、磷矿、铝土矿及金属（铅锌）矿，岩溶充水矿床（中等复杂、复杂）矿井涌水量预测大都采用$Q=Q_1\left[S\left(F/F_1\right)^{0.5}/S_1\right]^{0.5}$，具有普遍性（代表性），对南方岩溶充水矿床有指导性。

2. 涌水量曲线方程法

涌水量曲线方程法又叫涌水量–降深曲线外推法。涌水量曲线方程法就是根据稳定井流抽水试验的涌水量（Q）与水位降深（S）的资料，建立涌水量（Q）与水位降深（S）的关系方程，然后根据建立的 Q–S 曲线方程，外推未来开采矿井设计水位时的涌水量。

涌水量曲线方程法的优点是计算简单，避开了一系列的水文地质参数。其缺点是：进行涌水量预测时，没有一定的理论依据，预测值不允许超出抽水试验的取值范围；对于水文地质条件发生变化，深埋矿体坑道涌水量的预测，采用涌水量曲线方程法得出的结果往往不可靠。

3. 水均衡法

水均衡法是根据矿山开采条件下，矿区所在均衡区地下水的收入、支出、储存之间的平衡关系来估算开采矿区总的可能涌水量的方法（宏观上控制）。该方法适用于矿区水文地质单元比较独立，矿区的地下分水岭、地表分水岭分界线清晰，封闭程度较好，地下水补给量和排泄量数据统计完整的矿区。

4. 解析法

解析法是预测矿坑涌水量方法中的常见方法，使用也比较普遍。它是根据地下水动力学原理，对一定边界条件和初始条件下的地下水运动建立相关定解公式，然后根据建立的定解公式来预测矿坑涌水量的方法。它不仅可以用来预测矿区井、巷道系统和开采工作面的涌水量，而且可以预测疏干水位、疏干范围和疏干时间。基本公式分为稳定流和非稳定流两大类。

5. 数值法

数值法分为有限单元法、有限差分法、边界元法等。它能处理含水层的非均质各向异性、复杂的内外边界条件，能较好地反映实际的水文地质条件。首先，数值法能够将一个反映实际地下水渗流场的光滑连续面，用无数个彼此衔接的多边形或三角形的不光滑折面代替，这样就使复杂的非线性问题转化为线性问题，从而避免了解析法在求解微分方程时对各种限制条件理想化的要求，使数值法更适用于各种复杂水文地质条件下矿坑涌水量预测。其次，由于采用了与空间状态、时间序列有关的分布参数的模拟模块，从而使数值法的模拟结果，更能够真实地反映水文地质模型的各种特征，可以通过二维或三维的模拟图形反映出水流的方向，从而可以提醒开采时什么地方是预防和治理的重点。

第三节 老鹰山煤矿矿井涌水量动态特征分析及预测

一、矿区概况

（一）矿区地理概况

1. 位置

老鹰山煤矿地处贵州省六盘水市水城县老鹰山镇，西起石板河断层，东至小河边向斜，走向长 6.2km，倾斜长 0.85 ~ 2.1km，总面积 7.5km^2。

2. 地形、地貌

该矿区位于贵州高原西部，属于高中山沟谷地貌。区内地形起伏，山势陡峭，平坦地较少。最高海拔标高为 2085.08m，最低海拔标高为 1760.00m，最大相对高差 325.08m。

3. 水文、气象

（1）水文

矿区地表河流属乌江水系，区内主要河流共有 3 条：西为石板河（Q_{max}=178.0m^3/min，Q_{min}=1.2m^3/min），东中部为吊水岩河（Q_{max}=494.0m^3/min，Q_{min}=1.2m^3/min），北为小河（Q_{max}=449.0m^3/min，Q_{min}=17.0m^3/min）。

（2）气象

根据 1993—2016 年气象资料，区内多年平均降水量 1276.65mm。区内降水多集中在每年的 5—9 月，最大月均降水量为 242.00mm（6 月份），最低月均降水量为 14.27mm（12 月份），见图 3-4。最大降水日为 2014 年 7 月 16 日，达 144.50mm。

（二）矿区地质概况

1. 地层

矿区内出露地层分别为二叠系、三叠系、第四系。出露地层岩性，见表 3-1。

2. 煤层

矿区内含煤地层为二叠系上统龙潭组。煤系厚度为 268 ~ 342m，煤层总厚度为 25 ~ 36m，含煤 23 ~ 40 层，可采及局部可采煤层 14 层，主要分布在煤系地层的第一、二段内，

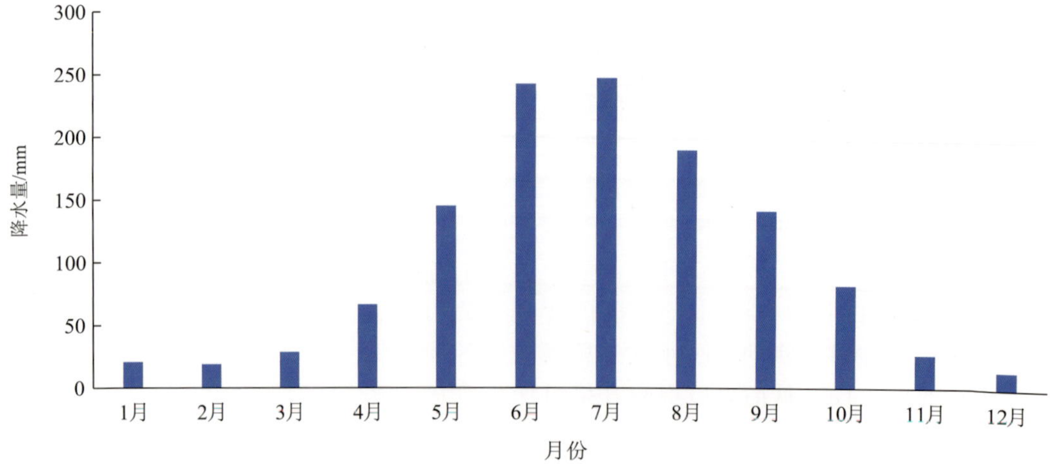

图 3-4　老鹰山煤矿 1993—2016 年月均降水量

（据吕子明，2019）

可采煤层总厚度 20 ~ 31m。

煤系地层在研究区共分 3 段，含煤情况由上至下概述如下。

（1）龙潭煤组第三段上煤组

自煤系顶界 K7 标志层至 08 号煤层顶板 K6 标志层之间的地层为煤系第三段，厚度一般为 50 ~ 83m。岩性以灰绿色、浅灰粉砂岩及细砂岩为主，夹薄层状泥质灰岩及深灰色泥岩。本段由西北向东南，厚度渐减，砂质含量渐增。本段仅发育有 3 ~ 5 条劣质煤线，厚度 0.05 ~ 0.20m。本段普遍含双壳类、腕足类海相动物化石，无完整植物化石。

（2）龙潭煤组第二段中煤组

自 08 号煤层顶板 K6 标志层到 19 号煤层顶板 K8 标志层的地层为煤系第二段，厚度为 70 ~ 139m。含煤 7 ~ 11 层，可采及局部可采煤层 5 层，可采煤层厚度 12 ~ 19m。

（3）龙潭煤组第一段下煤组

自 19 号煤层到煤系底界的地层为煤系第一段，厚度为 102 ~ 154m。岩性以灰绿色粉砂岩、粉砂质泥岩、泥岩、黏土岩及煤层为主，夹灰色薄层透镜状泥灰岩。所含煤层多数为薄煤层，煤层的稳定性较差。全段含煤 16 ~ 25 层，可采及局部可采煤层 9 层，可采煤层厚度 8 ~ 13m。

表 3-1　矿区地层岩性简表

系	统	组	段	代号	厚度 /m	岩性简述
第四系				Q	0 ~ 20	残坡积物，黏土、砂土
三叠系	下统	永宁镇组	第三段	T_1yn^3	60 ~ 150	白云质石灰岩
			第二段	T_1yn^2	70 ~ 180	泥岩
			第一段	T_1yn^1	92 ~ 220	薄层至中厚层状灰岩，夹薄层泥质灰岩
		飞仙关组	第二段	T_1f^2	155 ~ 252	粉砂岩、细砂岩及中粒砂岩
			第一段	T_1f^1	156 ~ 294	粉砂质泥岩，细砂岩夹泥岩
二叠系	上统	龙潭组		P_3l	288 ~ 321	细砂岩、粉砂岩为主，夹有煤层及黏土岩
		峨眉山玄武岩		$P_3\beta$	120 ~ 200	隐晶质玄武岩
	中统	茅口组		P_2m	>150	燧石灰岩

3. 地质构造

矿区的小河边向斜位于黔西“山”字形构造前弧西翼中段，是黔西“山”字形构造前弧的组成部分。井田内共揭露落差大于或等于 5m 的各类主要断层 150 条（图 3–5）。其中，地表调查发现的有 33 条，其余都是由矿井开拓过程中揭露。断层特征：①断裂构造落差在 10m 及以下的小型断裂最为发育，为 73 条。断裂落差大于或等于 10m 而小于 20m 的有 51 条。落差大于或等于 20m 的有 26 条。断裂构造中有正断层 94 条，逆断层 56 条。②断层延伸长度超过 600m 的仅有 11 条。落差大于或等于 20m 的断层的延伸长度为 300～500m，落差大于或等于 5m 而小于 10m 的断层延伸长度仅为 10～100m。

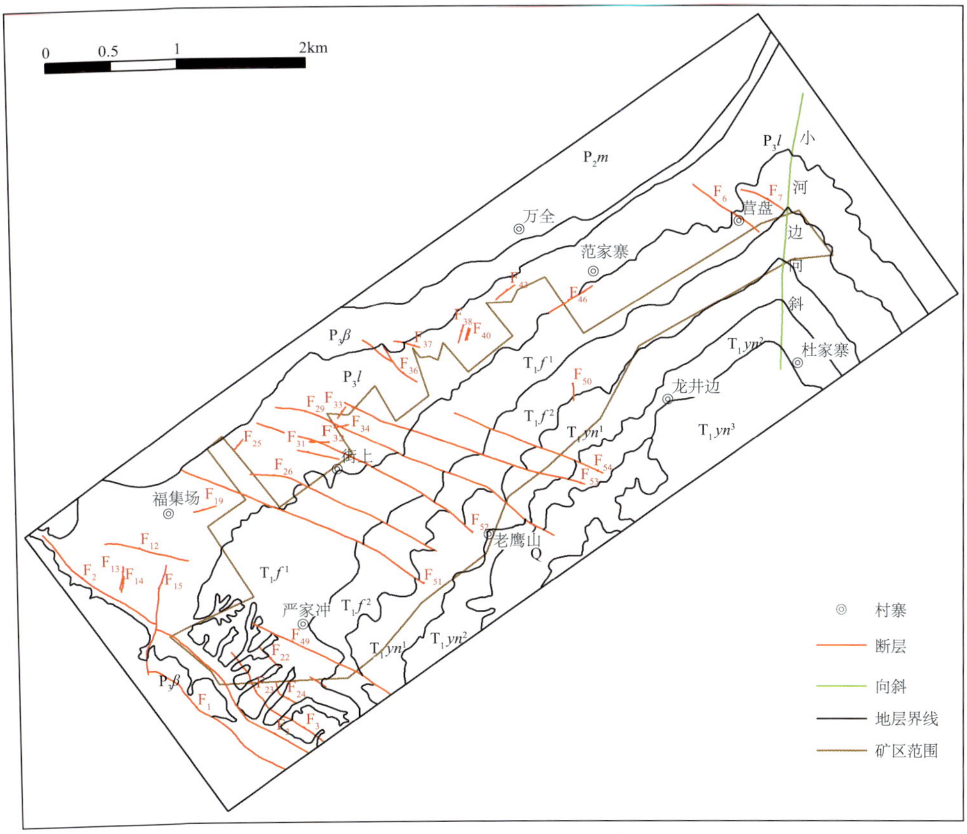

图 3–5 老鹰山煤矿构造示意图

（据吕子明，2019）

（三）矿井概况

老鹰山煤矿矿井于 1969 年 2 月简易投产，矿井设计生产能力为 90×10^4t/a，服务年限 77a，2010 年核定能力为 60×10^4t/a。2010 年，井田走向长约 6km，倾向宽约 0.9km，矿区面积 5.4471km^2。深部境界按勘探深度暂划到 +1250m 标高。井田划分为 3 个水平，第一水平开采标高为 +1750～+1550m，第二水平开采标高为 +1550～+1350m，第三水平开采标高为 +1350～+1250m。含煤地层属二叠系上统龙潭煤组，含煤 23～40 层，可采煤层和局部可采煤层 14 层，分上、中、下 3 个煤组（图 3–6）。其主采煤层为 08 号、11 号、13 号及 25 号。

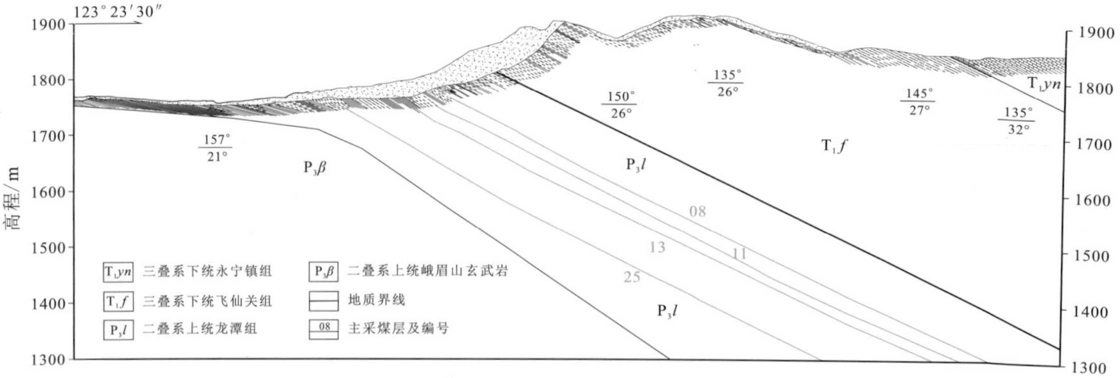

图 3-6　老鹰山煤矿矿井地质剖面简图

（据吕子明，2019）

二、矿区水文地质条件

（一）矿区水文地质

1. 大气降水

大气降水是矿区地下水最主要的补给来源，也是影响岩层或矿床充水的主要因素。

2. 地表水体

井田为河流环绕，西为石板河，东中部为吊水崖小河，北为小河。河流源头均为泉，两旁对称发育溪谷，沿途受大气降雨补给，其水位、流量受季节交替而发生变化。

3. 矿区主要含、隔水层

根据地层岩性特征，矿区的含水岩组划分为基岩裂隙水含水岩组、第四系松散岩层孔隙水含水岩组及碳酸盐岩类裂隙-溶洞水含水岩组（图 3-7）。

（1）矿井主要含水层

1）二叠系中统茅口组裂隙-溶洞含水层出露于矿区的东北部，为煤矿煤层基底峨眉山玄武岩下伏地层，钻孔揭露厚度为 150 ~ 300m。岩性以厚层状灰岩为主，岩溶发育。根据钻孔抽水试验结果，钻孔抽水流量为 0.782L/s，单位涌水量为 0.175L/(s·m)，为富水性含水层。

2）二叠系上统龙潭组基岩裂隙含水层出露于矿区的中部，为区内煤系地层，钻孔揭露厚度为 268 ~ 342m，岩性以粉砂岩、黏土岩、泥岩及煤层为主。多数矿床埋藏低于当地排泄基准面，根据钻孔抽水资料，该层为井田主要含水层，由较多的局部含水层与局部隔水层相间组成，具有一定的承压水特征。但由于矿井开采的影响，上覆岩层常塌落形成塌陷裂隙，使原独立的含水层相互贯通，形成混合性承压含水带，并沿着裂隙发育地带排泄。该含水层含水不均匀，主要为基岩裂隙水。根据钻孔抽水试验结果，钻孔单位涌水量为 0.000146 ~ 0.021700L/(s·m)，渗透系数为 0.00619m/d，为弱富水性含水层。

3）三叠系下统飞仙关组基岩裂隙含水层出露于矿区的中部和偏南部，为区内煤层顶板岩层。钻孔揭露厚度为 310 ~ 540m，岩性以粉砂岩、泥岩为主，夹薄层泥灰岩。根据钻孔抽水试验结果，钻孔单位涌水量为 0.0133 ~ 0.0188L/(s·m)，渗透系数为 0.00540 ~ 0.00555m/d，为弱富水性含水层。

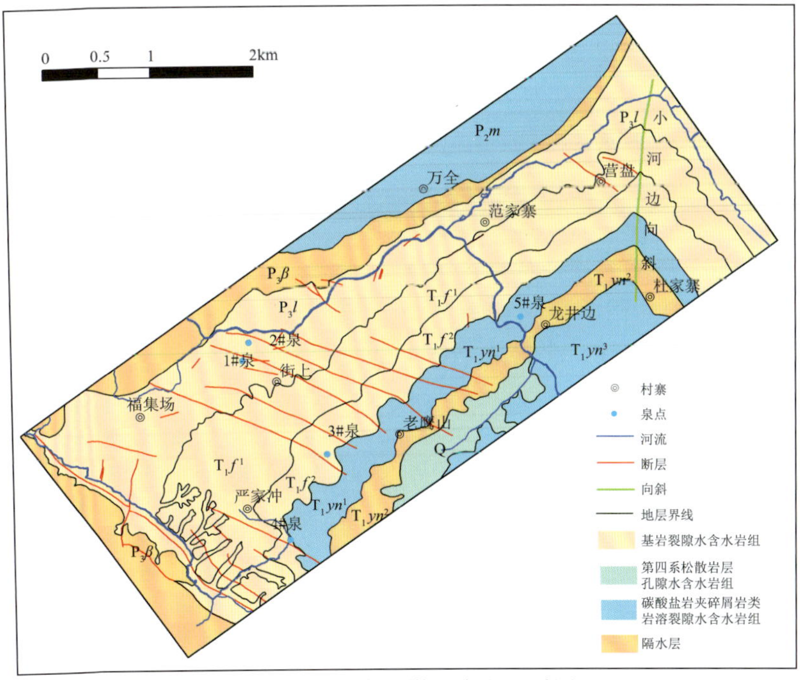

图 3-7 老鹰山煤矿水文地质图

（据吕子明，2019）

4）三叠系下统永宁镇组第一、三段灰岩、白云质灰岩裂隙–溶洞含水层出露于矿区南部，钻孔揭露厚度为 92 ~ 220m，为灰岩及白云质灰岩。根据钻孔抽水试验资料，水位埋藏深度 2.08m，水位标高 +1841.58m，钻孔抽水涌出量 0.00605L/s，单位涌水量为 0.00024L/(s·m)，渗透系数为 0.00533m/d，为富水性含水层。

5）第四系砂砾层孔隙含水层由残积层、冲积层、亚黏土及岩石碎块等组成，分布于低山缓坡地带及河床两旁阶地，厚 0 ~ 20m。土层厚度约 3m，底部为 2m 左右的砂砾岩层。根据钻孔抽水试验结果，地下水位埋藏深度 1.5 ~ 2.0m，渗透系数为 10.36m/d，为弱富水性含水层。

（2）矿井主要隔水层

1）二叠系中统峨眉山玄武岩隔水层出露于矿区西部及北部，为煤矿煤层基底地层，岩性为峨眉山玄武岩，钻孔揭露厚度为 120 ~ 200m。构成煤层底板最主要的隔水层，整体上隔水效果良好，阻止下伏地层茅口组灰岩含水层和煤系地层之间的水力联系。

2）三叠系下统永宁镇第二段泥岩隔水层出露于矿区南部，为矿区煤层顶板岩性飞仙关组上覆岩层，钻孔揭露厚度为 70 ~ 180m，岩性主要以泥岩为主。根据钻孔抽水试验结果，钻孔涌水量 <0.160L/s。与永宁镇组第三段岩溶裂隙含水层呈整合接触，隔水效果良好，阻止了永宁镇组第一段和第三段之间的水力联系。

（二）矿区地下水补给、径流与排泄

1. 地下水补给条件

（1）矿区地下水补给

1）大气降水是矿区地下水主要的补给来源。降水通过节理裂隙、岩溶洼地、落水洞、地下河天窗等补给地下水。区内年降水量达1276.65mm，入渗系数为0.1～0.3。矿区地表出露的地层岩性在空间上分布的不均匀性，形成了地下水补给量的空间差异。

2）地表河流补给。矿区北边的小河、西边的石板河、中部的吊水岩河，河流沿着节理裂隙或岩层空隙补给地下水。

（2）矿井充水水源

1）大气降水和地表水。井田地势崎岖，利于雨水及地表水补给地下水；降雨为地下水最主要的来源，也是影响岩层或矿床主要充水水源。

2）老窖水。老鹰山井田北界老窑较多，开采历史悠久。由于小煤窑乱采滥挖，严重破坏矿井地表及河床保护煤柱，小窑塌陷区与矿井采空区连成一体，为地表水渗入增加了通道，增加了矿井涌水量，而且对采掘生产通过老窑积水段造成渗透水威胁。

2. 地下水径流

由于断层裂隙的控制作用，以及岩层的差异性，区内地下水主要赋存于孔隙及基岩裂隙中，地下水径流主要沿含水层走向，从分水岭高地向排泄基准面运动。

3. 地下水排泄

区内共调查泉5个，泉多集中出现在河谷、洼地中，成为地表径流排泄的重要来源。矿区内共有6口公用井，分别为技改副斜井、龙潭水源井、木桥1#井、木桥2#井、白腻水源井、陆家坝水源井。主要用于生活用水，总抽水量达5040m^3/d。

三、矿井涌水量动态特征

根据矿区的收集资料，以1993—2016年老鹰山煤矿矿井涌水量及降水量数据，与矿区历史采掘图提取的面积资料为基础数据，分析老鹰山煤矿矿井涌水量动态变化与降水量动态变化及煤矿动态开采面积之间的关系。使用Matlab软件对数据进行相关性分析及残差分析，并进一步使用SPSS软件对数据进行显著性检验。

（一）数据来源

1. 降水量和矿井涌水量

老鹰山煤矿区矿井涌水量与降水量关系，见图3-8。

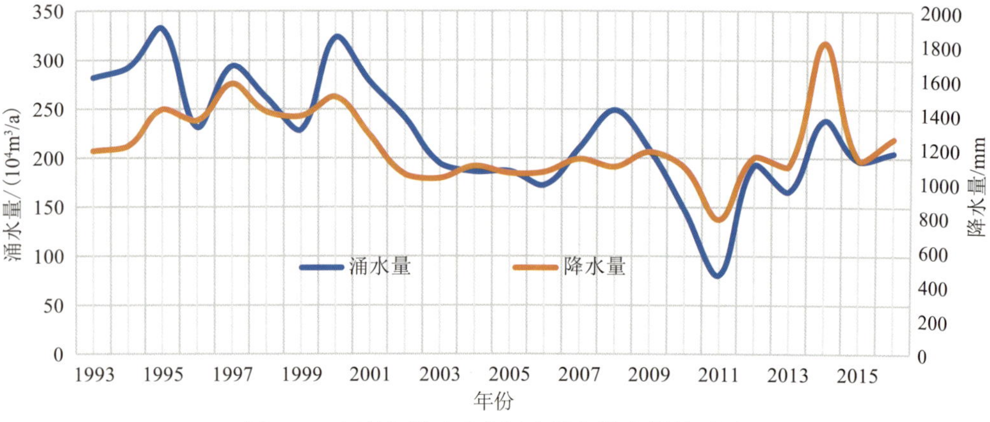

图3-8　老鹰山煤矿矿井涌水量与降水量关系图

（据吕子明，2019）

2. 开采面积

根据老鹰山煤矿采掘工程平面图，利用 CAD、ArcGIS 软件对图形进行处理分析，得出老鹰山煤矿 08 号、11 号、13 号及 25 号煤层的多年历史采掘图，并从中提取相应开采面积数据。

（二）降水量与涌水量关系分析

1.Matlab 相关性分析

矿井涌水的形成是多种因素影响的复杂过程，大气降水是老鹰山煤矿矿区地下水主要的补给来源。从图 3-9 可以看出，矿井涌水量动态的变化趋势与降水量变化趋势相关，矿井涌水量随着降水量增减而增减。此外，降雨补给地下水一般都具有明显的滞后效应。每年涌水量的最大峰值相对于降水量的峰值往往较为滞后。可见，煤矿矿井涌水量不仅受相对应时段降水量的影响，还会受到前一时段乃至前些时段降水量的影响。

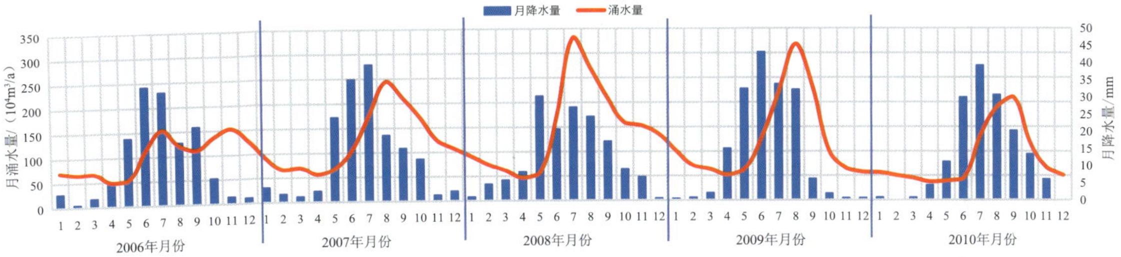

图 3-9　2006—2010 年每月涌水量与降水量关系图

（据吕子明，2019）

基于以上分析，利用 Matlab 软件对矿井涌水量与当年降雨量及前一年降水量进行多元线性回归分析。将矿井涌水量作为因变量，将当年及前一年降雨量作为自变量，进行回归分析。

Matlab 软件中执行多元线性回归分析的语句为“[b, bint, r, rint, stats]=regress(Y, X)”，其中，Y 为 1995—2016 年的矿井涌水量数据矩阵；X 为系数及降水量数据矩阵（首列），即系数列为常数 1，第二列为 1995—2016 年降水量数据，第三列为 1994—2015 年降水量数据。结果可知：① r^2=0.6，说明有一定的相关性；② F=12.1，$F_{0.05}$（2，21−2−1）=3.55，$F_{实际值}$（12.1）>$F_{查表值}$（3.55），说明存在相关性，且 p=0.0000，p 值小于 0.05。

通过以上分析，可见涌水量和降水量之间存在一定的相关性。由于 r^2 值表示的相关性不是很强，需要进一步判断数据中是否存在使得整体相关性变弱的个别异常点的存在。基于以上分析，在 Matlab 中进行残差分析，并绘制残差图。

Matlab 中残差分析的语言代码为“rcoplot（r，rint）”，运行后，生成残差分析图（图 3-10）。可以看出，除第 1 个和第 20 个数据外，其余各数据的残差离零点均较近，且其余各个残差的置信区间均包含零点，说明除却这两组数据的相关回归性较好，这两组数据可视为异常点。

为了进一步说明涌水量与降水量之间相关，且存在统计学上的关系，使用 SPSS 软件对数据进行显著性分析。

2.SPSS 显著性检验

通过前面的分析，在去除两组异常数据后，使用 SPSS 软件对降水量与矿井涌水量进

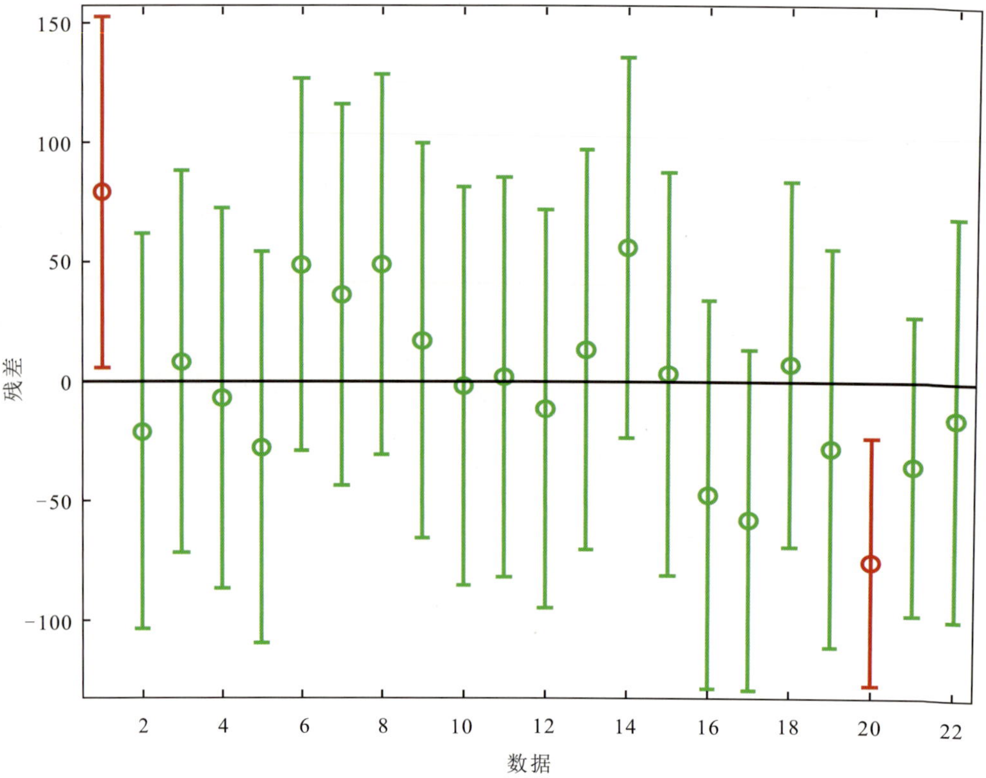

图 3-10 残差分析图
（据吕子明，2019）

行相关性分析，对矿井年均涌水量与当年降雨量及前一年降水量进行显著性检验，分析结果见表 3-2。

表 3-2 矿井涌水量与降雨量显著性分析

年均涌水量 /10^4m^3	相关因素	
	当年降水量 /mm	前一年降水量 /mm
Pearson 相关性	0.834**	0.466*
显著性（双侧）	0.000	0.038
N	20	20

注：** 表示在 0.01 水平（双侧）上显著相关；* 表示在 0.05 水平（双侧）上显著相关。

解读上表数据，分析如下：

1）Pearson 相关系数值，表示相关系数的大小，相关系数值右上标的星号反映显著性。可知，矿井涌水量与当年降水量的相关系数值为 0.834，且在 0.01 水平显著相关；与前一年的降水量的相关系数值为 0.466，且在 0.05 水平显著相关。

2）显著性（双侧），即 *sig* 值，通常 $sig<0.05$ 即认为显著相关，两者间具有统计学意义。显著性分析是十分必要的，因为如果不显著，即便相关系数很大，也不能说明该相关有意义，相关性有可能是抽样误差所致。*sig* 值分别为 0.000 和 0.038 均小于 0.050，说明涌水量与降水量之间具有统计学意义。

通过上述分析可知，矿井涌水量与降水量具有统计学意义，且两者相关性显著。即矿井涌水量与当年及前一年降水量均有相关关系，且知矿井涌水量与当年降水量的相关性要强于与前一年降水量的相关性。

（三）开采面积与涌水量关系分析

首先，绘制的矿井开采面积与涌水量的关系图（图 3-11），分析发现开采面积与涌水量之间并无明显的相关关系。

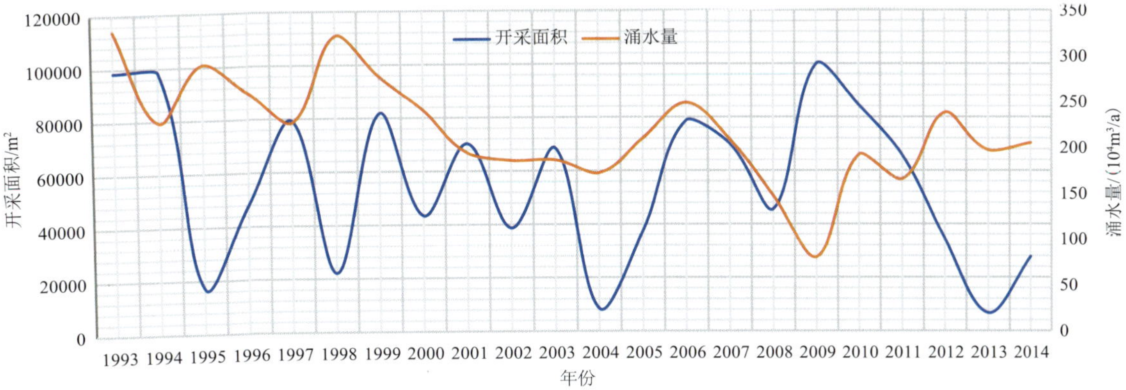

图 3-11　开采面积与涌水量关系图

（据吕子明，2019）

为了进一步分析两者之间是否有无相关性关系，使用 Matlab 和 SPSS 软件进行分析。使用 Matlab 对矿井开采面积与矿井涌水量进行相关分析可知，r^2 接近于 0，可知两者之间几乎没有相关性。使用 SPSS 软件进行显著性分析，结果见表 3-3。

表 3-3　矿井涌水量与降雨量显著性分析

年均涌水量 /10^4m^3	相关因素
	开采面积 /m^2
Pearson 相关性	－0.78
显著性（双侧）	0.73
N	22

从表 3-3，可知两者之间无相关性，而且 $sig=0.73>0.05$，无统计学意义，说明开采面积数值与涌水量之间无相关关系，可见开采面积对涌水量的影响小。

（四）矿井涌水量动态特征

分析可知，矿井涌水量动态变化受矿区开采动态变化的影响小，主要随降水量动态变化而变化。此外，矿井涌水量不仅与当年降水量有关，还与前一年的降雨量相关，且涌水量与当年降水量的相关性要强于同前一年降水量的相关性。由此可知，降雨作为研究区的主要补给来源，老鹰山煤矿矿井涌水量宏观上仍主要受降雨补给的影响，而煤矿矿井开采由于开采段为龙潭煤组含水带，其渗透性较弱，开采对构造影响小，因此矿井开采造成的矿井涌水量的变化并不显著。

四、矿井涌水量预测

GM 模型是灰色系统理论的基础，它是以灰色模块为基础，运用微分拟合法建立的模型。而煤矿矿井涌水量往往受多种因素影响，而且井下复杂的水文地质条件及特殊的工作环境使矿井涌水量具有明显的随机性和灰色特征，符合灰色建模的特点。此外，通过上述分析，降水量是影响老鹰山煤矿矿井涌水量的最主要因素，于是建立老鹰山煤矿矿井涌水量灰色 GM（1，2）预测模型。利用灰色系统理论知识，将煤矿涌水量序列作为主行为序列，将降水量序列作为影响因子序列，建立 GM（1，2）模型，对矿井涌水量进行预测。

（一）数据预处理与提取

首先需要对老鹰山煤矿矿区 1993—2016 年矿井涌水量及降水量数据进行分析。因为在 GM（1，2）模型中，序列中每一个值均会对整个序列造成很大的影响，为避免个别异常值对模型的预测造成影响，需提前找出异常数据，将其去除后，再进行预测。

通过使用 Matlab 软件查找异常值，使用 Matlab 软件进行涌水量及降雨量两组数据的相关性及残差分析，残差图检查有无异常值。使用 Matlab 软件处理残差分析结果（图 3-12），除第 22 点的数据外，其余各个点的残差离零点均较近，且残差的置信区间均包含零点，因此可将第 22 点对应的 2014 年的这组数据视为异常点，将其去除。

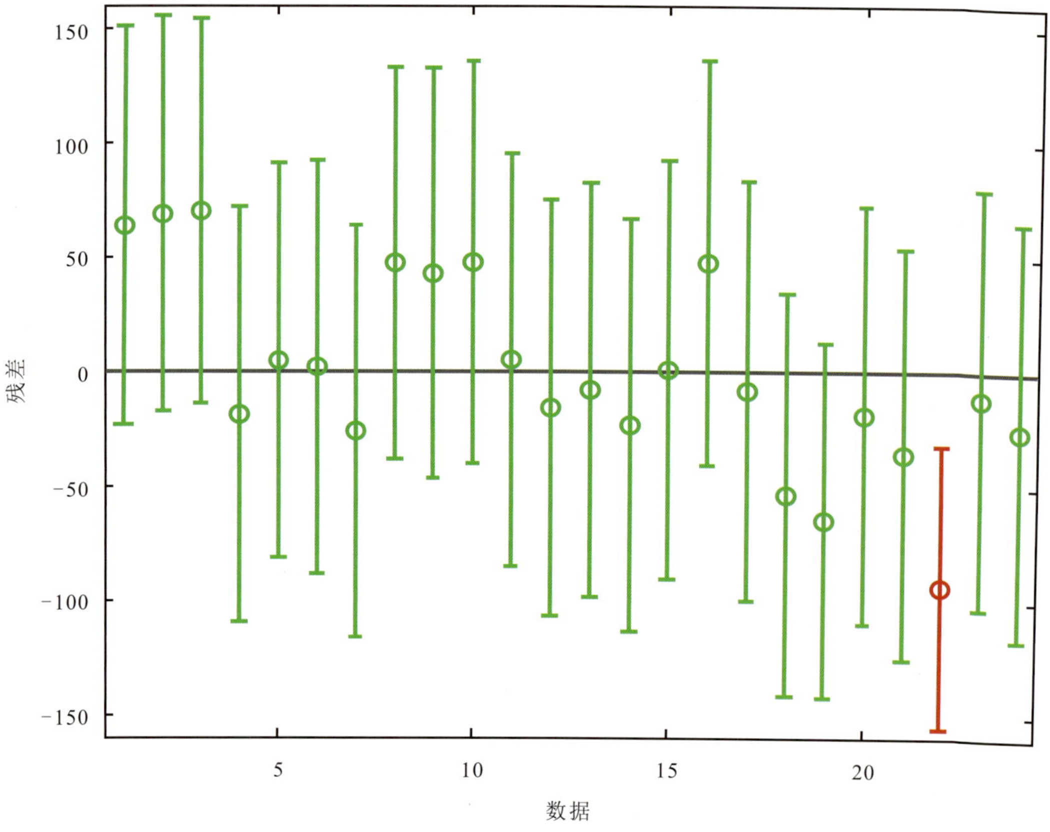

图 3-12 残差分析图

（据吕子明，2019）

通过分析，使用1993—2012年的数据进行GM（1，2）的模型建立，验证模型精度，并利用此模型对2013、2015、2016年涌水量进行预测。

（二）GM（1，2）预测模型原理

1. 数据检验与处理

为了使GM（1，2）预测模型更具精度，需对参与建模的数据进行检验及预处理。设主行为序列为 $x_1^{(0)}=(x_1^{(0)}(1), x_1^{(0)}(2), \cdots, x_1^{(0)}(n))$，影响因子数据序列为 $x_2^{(0)}=(x_2^{(0)}(1), x_2^{(0)}(2), \cdots, x_2^{(0)}(n))$。

计算数列的级比：

$$\lambda(k)=x^{(0)}(k-1)/x^{(0)}(k) \quad k\in(2, 3, \cdots, n) \tag{3-2}$$

检验计算的级比是否都在可容覆盖区间（$e^{-2/(n+1)}$，$e^{2/(n+1)}$）内，若所有数据均在该区间内，则可以建立GM（1，2）模型并进行预测。如果有数据未在该区间内，则需要进行平移变换，使变换后的新生数据列 $x_3^{(0)}$ 或 $x_4^{(0)}$ 的级比均在该区间内，相应的 $x_3^{(0)}=x_1^{(0)}+c_1$ 或 $x_4^{(0)}=x_2^{(0)}+c_2$。

平移变换中，只要 c 值足够大，就一定会使级比落入可容覆盖区间内；若 c 值太大，可能会使模型预测精度降低。求取合适的 c 值，对于模型的建立相当重要。c 的取值可按以下方法求取。

如果计算的级比不在可容覆盖区间内，则需对原始数据进行平移变换。区间外的级比可以分为两部分：一部分为 $\lambda'=\left\{\lambda(k)\middle|\lambda(k)<e^{-2/(n+1)}\right\}$，令其对应的原始数据列为 $y_1^{(0)}(k)$，平移量为 c'；另一部分为 $\lambda''=\left\{\lambda(k)\middle|\lambda(k)>e^{-2/(n+1)}\right\}$，令其对应的原始数据列为 $y_2^{(0)}(k)$，平移量为 c''。

满足可容覆盖区间的级比应为：

$$\lambda(k)=\frac{x^{(0)}(k-1)+c}{x^{(0)}(k)+c} \tag{3-3}$$

通过计算得：

$$c=\frac{x^{(0)}(k-1)-x^{(0)}(k)\lambda(k)}{\lambda(k)-1} \tag{3-4}$$

对于 $y_1^{(0)}(k)$，应使其平移后的级比不小于 $e^{-2/(n+1)}$，则应有：

$$c'(k)=\frac{x^{(0)}(k-1)-x^{(0)}(k)e^{-2/(n+1)}}{e^{-2/(n+1)}-1} \tag{3-5}$$

对于 $y_2^{(0)}(k)$，应使其平移后的级比不大于 $e^{-2/(n+1)}$，则应有：

$$c''(k)=\frac{x^{(0)}(k-1)-x^{(0)}(k)e^{2/(n+1)}}{e^{2/(n+1)}-1} \tag{3-6}$$

对于原始数列 $x^{(0)}$，只能有一个平移量，平移量 c 应满足略大于 c''，$c'''=\max\left\{\max\left(c'(k)\right),\max\left(c''(k)\right)\right\}$。

2.GM（1，2）模型的建立

对满足条件的 $x^{(0)}$，进行累加序列处理，所得累加序列（AGO序列）$x^{(1)}=(x^{(1)}(1)$，

$x^{(1)}(2)$，⋯，$x^{(1)}(n)$)，AGO 的计算方程式为：

$$x^{(0)}(k)+x^{(1)}(k-1)=x^{(1)}(k) \tag{3-7}$$

GM（1，2）模型表示对 2 个变量用 1 阶微分方程建立的模型，其相应的微分模型为：

$$\frac{\mathrm{d}x_1^{(1)}}{\mathrm{d}t}+ax_1^{(1)}=bx_2^{(1)} \tag{3-8}$$

式中，a 为系统发展系数；b 为驱动系数。

设$\hat{a}$为待估参数向量，$\hat{a}=[a,b]^T$，使用最小二乘法求解得：

$$\hat{a}=(B^TB)^{-1}B^TY_n \tag{3-9}$$

其中，$B=\begin{bmatrix} -0.5(x_1^{(1)}(1)+x_1^{(1)}(2)) & x_2^{(1)}(2) \\ -0.5(x_1^{(1)}(2)+x_1^{(1)}(3)) & x_2^{(1)}(3) \\ \cdots & \cdots \\ -0.5(x_1^{(1)}(n-1)+x_1^{(1)}(n)) & x_2^{(1)}(n) \end{bmatrix}$

通过微分模型的解得到预测值为：

$$\hat{x}_1^{(1)}(k+1)=[x_1^{(1)}(0)-\frac{b}{a}x_2^{(1)}(k+1)]\mathrm{e}^{-ak}+\frac{b}{a}x_2^{(1)}(k+1) \quad k=1,2,\ldots,n-1 \tag{3-10}$$

进而可求得相应的原始数据预测值：

$$\hat{x}_1^{(0)}(k+1)=\hat{x}_1^{(1)}(k+1)-\hat{x}_1^{(1)}(k) \tag{3-11}$$

3. 残差检验

对实测值和预测值之间的误差进行一种逐点检验方法，通过各点的相对残差值，可以计算出预测模型的精度值 P。

其中，绝对误差序列为：

$$\Delta(k)=\left|x_1^{(0)}(k)-\hat{x}_1^{(0)}(k)\right| \quad k=1,2,\ldots,n \tag{3-12}$$

相对误差序列为：

$$\Delta(k)'=\frac{\left|\Delta(k)\right|}{x_1^{(0)}(k)}\times 100\% \tag{3-13}$$

平均相对误差为：

$$\bar{\delta}=\frac{1}{n}\sum_{k=1}^{n}\Delta(k)' \tag{3-14}$$

模型精度为：

$$P=1-\bar{\delta} \tag{3-15}$$

$P \geqslant 0.8$，模型通过残差检验；$P < 0.8$，需要进行模型修正使之满足对精度的要求，才可以进行预测，精度越高，模型拟合得越好。

（三）建立涌水量 GM（1，2）预测模型

参与此次模型建立的数据，见表 3-4。

表 3-4　矿井涌水量与降水量数据

序号	年份	年均涌水量 /10^4m^3	降水量 /mm	序号	年份	年均涌水量 /10^4m^3	降水量 /mm
1	1993	281.74	1183.00	13	2005	186.70	1055.80
2	1994	292.15	1212.00	14	2006	172.46	1061.80
3	1995	332.04	1426.00	15	2007	210.42	1138.10
4	1996	231.45	1362.00	16	2008	248.97	1092.70
5	1997	294.01	1577.00	17	2009	208.74	1179.00
6	1998	261.78	1415.00	18	2010	146.95	1088.50
7	1999	228.93	1389.00	19	2011	80.48	784.80
8	2000	323.10	1501.00	20	2012	192.54	1147.60
9	2001	278.20	1279.00	21	2013		1094.50
10	2002	241.37	1050.00	22	2015		1133.30
11	2003	194.62	1026.30	23	2016		1255.00
12	2004	186.22	1097.00				

1. 数据检验与处理

取序号 1—20 号进行 GM（1，2）模型建立，设涌水量数据列和降水量数据列分别为：

$x_1^{(0)}$=（281.74，292.15，332.04，231.45，294.01，261.78，228.93，323.10，278.20，241.37，194.62，186.22，186.70，172.46，210.42，248.97，208.74，146.95，80.48，192.54）

$x_2^{(0)}$=（1183.00，1212.00，1426.00，1362.00，1577.00，1415.00，1389.00，1501.00，1279.00，1050.00，1026.30，1097.00，1055.80，1061.80，1138.10，1092.70，1179.00，1088.50，784.80，1147.60，1094.50，1133.30，1255.00）

计算级比，并使用可容覆盖区间进行检验。经检验，两列数据均不满足要求，需要对两列数据进行平移变换，按照公式（3-7）、（3-8）计算，取 c_1=1050，c_2=2850，即可使数列级比落在可容覆盖区间内。记平移后的数列分别为 $x_3^{(0)}$，$x_4^{(0)}$，并按照公式（3-10）对两列数列分别进行累加序列处理，得到 $x_3^{(1)}$、$x_4^{(1)}$ 各个序列数据。

由公式（3-9），计算得 a=2.1484，b=0.6781。按照公式（3-8），得估计模型为：

$$\frac{\mathrm{d}x_3^{(1)}}{\mathrm{d}t}+2.1484x_3^{(1)}=0.6781x_4^{(1)}$$

近似响应时间式为：

$$\begin{aligned}\hat{x}_3^{(1)}(k+1)&=[x_3^{(1)}(0)-\frac{b}{a}x_4^{(1)}(k+1)]\mathrm{e}^{-ak}+\frac{b}{a}x_4^{(1)}(k+1)\\&=[1331.7435-0.3156x_4^{(1)}(k+1)]\mathrm{e}^{-2.1484k}+0.3156x_4^{(1)}(k+1)\end{aligned}$$

根据公式（3-11），计算得模拟值：

$\hat{x}_3^{(0)}$ =（1080.4706，1457.2545，1358.1927，1402.4451，1346.9394，1338.0188，1373.2617，1303.1800，1230.9019，1223.4216，1245.7356，1232.7322，1234.6259，1258.7074，1244.3784，1271.6160，1243.0528，1147.2003，1261.7057）

2. 残差检验

根据公式（3-12）、（3-13）得到绝对误差和相对误差，见表 3-5。

表 3-5 误差检验表

序号	平均涌水量 /10^4m^3		绝对误差 /10^4m^3	相对误差 /%
	实际值	模拟值		
1	1331.7435	–	–	–
2	1342.1460	1080.4706	261.6754	19.49
3	1382.0405	1457.2545	75.2140	5.44
4	1281.4465	1358.1927	76.7462	5.99
5	1344.0075	1402.4451	58.4376	4.35
6	1311.7780	1346.9394	35.1614	2.68
7	1278.9280	1338.0188	59.0908	4.62
8	1373.0980	1373.2617	0.1637	0.01
9	1328.2030	1303.1800	25.0230	1.88
10	1291.3745	1230.9019	60.4726	4.68
11	1244.6180	1223.4216	21.1964	1.70
12	1236.2230	1245.7356	9.5126	0.77
13	1236.6975	1232.7322	3.9653	0.32
14	1222.4625	1234.6259	12.1634	0.99
15	1260.4225	1258.7074	1.7151	0.14
16	1298.9665	1244.3784	54.5881	4.20
17	1258.7435	1271.6160	12.8725	1.02
18	1196.9490	1243.0528	46.1038	3.85
19	1130.4825	1147.2003	16.7178	1.48
20	1242.5375	1261.7057	19.1682	1.54

经计算，模型平均相对误差为$\bar{\delta}$ =0.0387，模型精度为 P=0.9613。模型拟合程度好，精度可靠。

基于以上分析，2013 年、2015 年及 2016 年相应的涌水量预测值分别为：$\hat{x}_3^{(0)}(21)$=1244.9465，$\hat{x}_3^{(0)}(22)$=1257.1924，$\hat{x}_3^{(0)}(23)$=1295.6028。减去平移量 c_1，可得这三年相应预测涌水量分别为 194.9465 × 10^4m^3、207.1924 × 10^4m^3、245.6028 × 10^4m^3。

选取后十年模拟涌水量数值、三年预测量涌水量实际数值与矿井实际涌水量进行比较分析，见图 3-13。

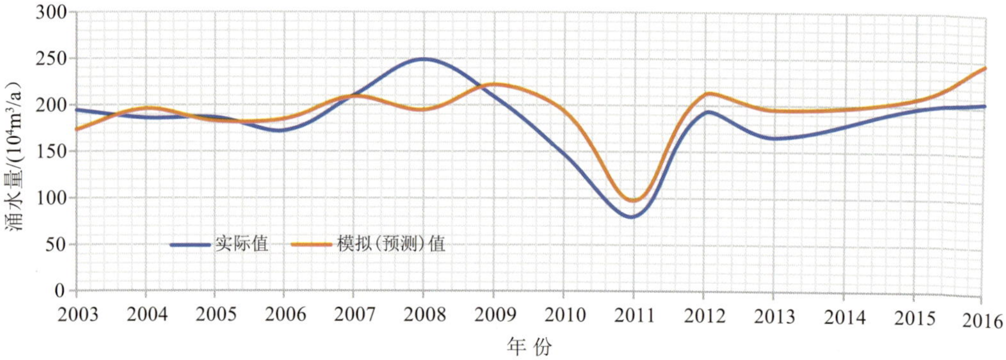

图 3-13 矿井涌水量实际值与模拟（预测）值关系图

（据吕子明，2019）

从图 3-13 分析可知，涌水量模拟值与实际值曲线趋势几乎一致，大多数点数值几乎接近，可见本次预测的精度好。只有 2008 年模拟（预测）值与实际值有一定差异，相对误差为 21%，属于 B 级矿井涌水量的允许误差，接近 A 级验证过的矿井涌水量的允许误差（10% ~ 20%）。

第四节 牛棚煤矿突水事故分析

2011 年 7 月 2 日 9 时 30 分，平塘县牛棚煤矿发生重大突水事故，突水量约为 $53800m^3$。

一、矿井基本情况

1. 矿井概况

平塘县牛棚煤矿隶属平塘县克度镇管辖，位于克度镇西南面约 3km。矿井可采储量为 275.41×10^4t，设计斜井开拓，设计年生产能力为 15×10^4t。

2. 地质概况

矿区出露的地层由新至老有：第四系，三叠系中统新苑组、下统紫云组、下统罗楼组，二叠系上统长兴组、吴家坪组、中统茅口组在矿界外出露。

矿区位于董架向斜南盘、沫阳断层北盘的弧形构造带里。总体呈单一构造，地层走向近东南—西北，倾向西南，地层倾角为 13° ~ 21°，局部地层沿走向出现波状起伏，在矿区范围内断层发育，矿区内地质构造为中等类型。

含煤地层为二叠系上统吴家坪组，岩性主要为灰、浅灰色厚层灰岩、燧石灰岩及结核，夹少量生物碎屑。含煤层及煤线 1 ~ 4 层，含煤总厚为 4.58m，单层煤厚 0.30 ~ 2.85m，多以煤线及透镜体产出，含可采煤层一层（即 M2 煤层），煤层较稳定，厚度为 1.87 ~ 2.28m，平均厚度为 2.10m，平均倾角为 17°，局部地段有夹矸（主要为灰岩）。顶板岩性以灰、浅灰色厚层灰岩为主，底板岩性以白云质灰岩、灰质页岩为主。批准开采煤层为 M2 煤层。

3. 矿井水文地质

（1）地表水

矿区水系属于珠江流域红水河系，矿区属航龙河水文单元。航龙河由北流入，呈弧形环绕，并横穿矿井北部和南部，经龙井湾向西流出矿区，流量大小受季节控制。矿区内除了航龙河以外，部分低谷地段有季节性冲沟，地表水系较发育。

年均降水量 1259mm，最高达 1524.5mm、最低仅 841.5mm；5—9 月为丰水期，占年均降水量的 87% 以上。

（2）含水层和隔水层

煤系地层及上覆、下伏地层均为含水层，见图 3-14。

1）煤系上覆地层二叠系上统长兴组岩性主要以灰色、深灰色中厚层灰岩为主，岩溶发育中等。上部为灰、浅灰色厚层灰岩夹紫色灰岩及紫红、绿色页岩，下部为浅灰、深灰色白云质灰岩夹粉砂岩、碳质页岩及 1 ~ 3 条煤线。泉流量均一般为 0.5 ~ 3.0L/s，富水性

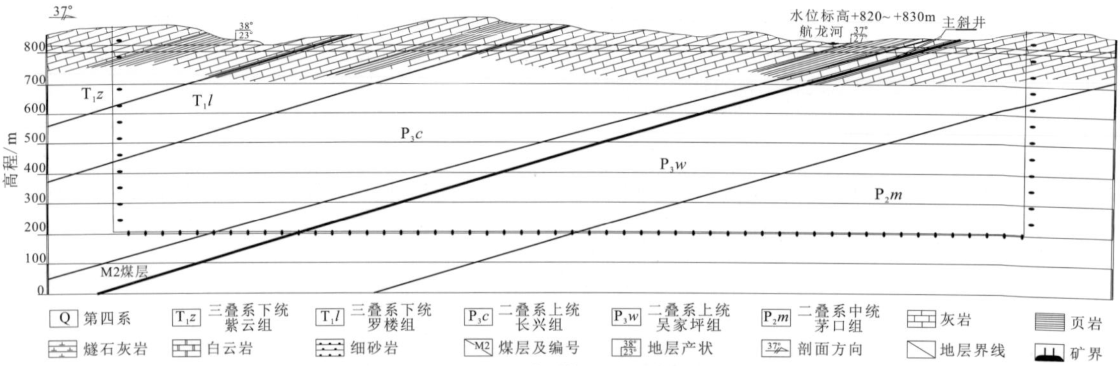

图 3-14　平塘县牛棚煤矿地层剖面示意图

中等，该地层厚 289 ~ 376m。

2）含煤地层二叠系上统吴家坪组岩性主要以灰、浅灰色厚层灰岩、燧石灰岩及结核，夹少量生物碎屑，含煤层及煤线 1 ~ 4 层，岩溶发育中等、局部强发育。泉流量一般为 0.140 ~ 4.562L/s，地下径流模数为 2.495L/s·km^2，富水性中等~强，且分布极不均匀，该地层厚 251 ~ 317m。

3）煤系下伏地层二叠系上统茅口组岩性为灰、深灰色中至厚层状致密灰岩及结晶灰岩，下部夹硅质灰岩、页岩、灰质页岩；顶部为中厚层灰岩，局部为燧石结核。岩溶发育，局部强发育，为中等—强含水层，该地层厚度 >250m。

（3）地下水补给、径流、排泄条件

矿区内地下水的补给主要来源于大气降水，降水量及降雨强度对地下水资源的补给起主要作用，含隔水层岩性的厚度和分布及地形地貌、岩层的节理裂隙发育程度、风化溶蚀强度、植被等影响着大气降水对地下水的补给；地表水（航龙河穿过整个矿区的灌溉渠）也是本矿区内地下水的补给来源之一。由于岩性的差异及岩层裂隙的控制作用，区域内地下水的径流也有差异性；非可溶岩地段，地下水主要赋存于基岩裂隙及孔隙中，并沿地形的自然斜坡作用渗流运动于侵蚀沟谷排出地表，可溶岩中的地下水在运移过程中受非可溶岩的阻隔以泉形式排入冲沟；在岩溶发育强烈地段，多以暗河的形式排出区外。

在矿区东部放牛坪有一条溶槽破碎带形成的暗河，埋深较浅，深部有无暗河有待进一步查清。

（4）老窑水

矿区范围内没有什么小窑，附近的小窑均离矿区较远。但矿井整合前的牛棚煤矿和祥龙煤矿均已开采一部分资源，形成了一部分采空区，这部分采空区的积水又通过巷道、岩层或煤层裂隙进入矿井，对井下生产构成一定的威胁。

（5）涌水量及矿井水文地质类型

据《贵州省平塘县牛棚煤矿水文地质调查报告（2008）》，选用水均衡法，年平均涌水量 57.54m^3/h、雨季平均涌水量 92.23m^3/h、雨季月最大平均涌水量 136.32m^3/h 作为矿井的排水依据。矿井水文地质条件属中等复杂类型。

4. 现场调查综合水文地质情况

（1）矿区航龙河特征

航龙河于矿区北部以“S”形河道两次穿越矿区，标高 830.0 ~ 822.2m。航龙河流经茅口组、吴家坪组、长兴组灰岩地段出露段，为漏水河段，河水补给地下水。此外，在白纸厂公路桥右岸阶地 M2 煤层出露段，见有 9 个小煤洞，雨季航龙河水位上涨，小煤洞为矿井渗水通道。

（2）岩层含水性

主采 M2 煤层的顶、底板为长兴组和茅口组灰岩含水层，岩溶发育，为溶洞（管道）－裂隙水，富水性中—强，为煤矿主要充水水源。

（3）地下水补给条件

M2 煤层顶底板灰岩含水层，受大气降水和航龙河河水补给，由北西向南东径流排泄，地下水具有承压性，承压水头高度 80 ~ 100m。

（4）矿井涌水量

根据贵州省地质矿产局 2011 年 7 月 5 日编制的《贵州省平塘县牛棚煤矿透水事故水文地质应急调查报告》，在不考虑矿坑与航龙河直接贯通的条件下，采用大井法估算矿井水位降低至 690m 标高时，涌水量为 3131m^3/h。

（5）水文地质类型

矿区可采煤层位于航龙河河床以下（垂高 0 ~ 100m），煤系地层吴家坪组及上覆长兴组和下伏茅口组灰岩为中—强岩溶含水层，断层、裂隙、岩溶管道、老硐等导水通道导通地表河流，航龙河成为地下水直接充水和补给水源，补给强度大，补给途径复杂，且矿区存在大面积采空区，矿井涌水量较大，水文地质条件属“极复杂”类型。

5. 矿井生产系统情况

矿井整合新系统采用斜井开拓，新建有主斜井和副斜井。主斜井井口标高 +856m，自 M2 煤层顶板以 24° 坡度穿层于 +765m 标高落底与原有 110m 标高、13° 的 M2 煤层轨道斜巷相连；副斜井井口标高 +855m，井口与主斜井口相距约 40m，自 M2 煤层顶板以 24° 倾角掘进了 216m 还未与井下其他巷道贯通；老系统主斜井口标高 +853m，自 M2 煤层顶板以 27° 坡度穿层于 +790m 标高落平布置 +790m 东平巷，+790m 东平巷下方平行布置 +785m 平巷；老系统风井自顶板穿层 110m 后与 +785m 平巷相连并布置一级水仓；新主井与老系统之间通过 M2 煤层轨道斜巷贯通；+790m 西平巷自老主井底向西约 120m 后向下布置了 4 级西下山巷道，并于 +750m、+725m 和 690m 分别设置了二、三、四级排水系统；老系统井底布置有一级水仓和相应的排水系统；新主井底未布置永久排水系统，设置水泵临时排水。

根据贵州省煤矿设计研究院 2008 年 10 月编制的《平塘县牛棚煤矿安全专篇说明》提供的开拓系统平面图可看出，该矿 2008 年整合前矿井已形成了较多的老巷和采空区，范围约 0.4km^2，新建井筒穿过此采空区，事故区域位置在此范围内。

6. 矿井防治水情况

该矿防治水主要采取排、堵的方式。①排水：事故前老主井水仓安排水泵 24 台。②堵水：据调查了解和井下现场勘查，矿井井下主要采取堵水方式，共设 8 道挡（堵）水墙；其他巷道没有密闭，局部只用矸石干砌，外面用水泥砂浆勾缝。③防治水机构：未设计专门的防治水机构，无探放水专业队伍，无防治水工程技术人员，只配备了 1 个堵水队和 1 个水泵组。④防治水措施：未见防治水措施。

二、事故区域情况

因停止抢险时水位标高为 +745.2m，未将井下水排干，事故区域巷道无法再次入井调查，根据矿长张某描述整理如下：

1）事故区域为二平台以下区域。

2）二平台下约 11m（斜长，下同）见有断层 F_1（落差 3.5m 左右，平错 6m 左右），三平台以下约 16m 见断层 F_2。

3）自三平台往上约 23m 开口向东沿走向施工有三平台上平巷长 400m，该巷位于 F_1 断层下方，在距迎头 5 ~ 6m 处施工了 5 ~ 6m 上斜探巷，再用煤电钻探 2m 见 F_1 断层上盘。三平台平巷向东 40m 后以 6° ~ 7° 的坡度施工了 360m 的三平台一斜巷后，与三平台上平巷贯通，三平台上平巷与三平台一斜巷之间有 10 条联络巷，自三平台平巷 10m 开口与三平台平巷成 43° 夹角向东施工三平台二斜巷 190m。

4）东巷下山与主井贯通处往下 80m 转向西沿走向施工了 70m 平巷，该巷道位于 F_1 断层上方，自该平巷 40m 处开口掘有下探斜巷 5m 后，煤电钻探 2m 见 F_1 断层下盘，迎头向下打 3 个钻孔、8m 左右见 F_1 断层下盘。

5）主井 195m 处 2011 年 6 月 22 日底板孔洞出水，水量 200m^3/h，6 月 25 日至 7 月 2 日持续降雨，水量加大，涌入东部采空区。

6）上述区域形成于 2006 年以前。

三、事故发生及抢救经过

2011 年 7 月 2 日 7 时 20 分，生产矿长覃某和机电副矿长甘某带领 29 人从老主井入井进行堵水和砌墙工作，约 8 时 40 分，机修班班组长邹某及机修工甘某 2 人接井下电话通知带工具从主井入井帮忙；事故当班入井 31 人，井下三个地方作业，二平台水仓往上堵水，三平台水仓 10 人左右换水泵，四平台往上 50m 左右有 5 ~ 6m 煤层松软，计划两帮砌 10m 的加固墙。约 9 时 30 分，井下发生突水，事故后二平台水仓往上堵水的 8 名工人逃生其余 23 人全部被困井下；煤矿及时向有关部门报告。

事故发生后，事故抢险指挥部第一时间召集救护队等专业抢险队伍及县武警、消防、公安、民兵应急分队参加抢险救援工作；先后调集排水泵、发电车、变压器、大型救援设备、应急车辆、救护车及应急药器械、棉被、帐篷、雨衣、长筒靴、手电筒及其他抢险应急救援设备及物资，有条不紊地进行抢险救援工作。

四、现场勘查情况

2011 年 7 月 11 日上午对牛棚煤矿矿区范围及周边地面进行实地踏勘，重点对航龙河两岸地层岩性、水文及水文地质、小窑老硐分布情况等进行了调查。

1. 地面现场勘查

对分布在牛棚煤矿北西、南地段的航龙河河床两岸出露的地层岩性进行调查，调查发现牛棚煤矿北西段航龙河主要出露二叠系茅口组、吴家坪组和长兴组灰岩地层，岩溶发育，岩层倾向西南，倾角 13°～21°（平均 16°），河流顺流左岸找到了 M2 煤层露头，沿煤层露头和顶板见老窑硐口有 9 处之多。牛棚煤矿南段的航龙河河床为长兴组灰岩，岩溶发育。

2. 井下现场勘查情况

对牛棚煤矿井下现场进行了实地勘查。勘查线路为：主斜井→ M2 煤层轨道斜巷→+785m 平巷→+790m 东平巷挡水墙→一级水仓→+790m 西平巷→西下山抢险排水点（返回）→+790m 西平巷→老主井→地面。

在距主斜井口约 175m 处发现底板孔洞但已无出水，孔洞下见采空区，主井 195m 处见揭穿煤层的底板的管道（暗河）水，径流坡降大，流量估计大于 500m^3/h。M2 煤层轨道斜巷见开采煤层厚约 2.10m，其上下分层厚度分别为 1.0m 和 0.8m，夹矸为 0.3～0.5m，顶板为深灰色燧石石灰岩，岩性较为坚硬，+790m 平巷顶板多处裂缝有水逸出，+790m 东平巷挡水墙管径 12 吋放水闸只有少量出水，一级水仓安设有多台水泵排水，西下山铺设有多趟抢险排水管排水，在西下山巷道左侧为 8 名矿工逃生二级排水管子道出口。

五、事故类型认定

（一）事故类型

本次水害事故为矿区 53800m^3 矿坑水突然涌出，为突水事故。

（二）突水水源、突水量及波及范围

1. 突水水源

（1）航龙河为地下水直接充水和补给水源

1）航龙河从矿区范围北界呈“S”形贯穿整个矿区，河床距煤层垂高 0～100m。

2）根据井下排水点及河水水样水化学对比分析，矿井水阴、阳离子等指标与河水水质非常接近，属同一水源。

3）抢险排水中含有大量河床泥沙，水的清澈浑浊程度与河水的同步。

（2）断层、裂隙、岩溶管道、老硐等为导水通道

1）断层、裂隙、岩溶管道、老硐等导水通道导通地表河流，补给强度大，补给途径复杂，补给量达 1700～2200m^3/h。

2）开采煤层 M2 赋存的二叠系吴家坪组、上覆长兴组、下伏茅口组灰岩均为岩溶管道（暗河）含水层。

（3）采空区存在大量积水

根据抢险指挥部专家组报告，本矿采空区面积约为 48×10^{4}m^2，M2 厚度为 1.87～2.28m（平均厚度为 2.10m）。按平均厚度计算采空区体积为 48×10^{4}m^2×2.10m=100.8×10^{4}m^3，一般采空区积水系数为 0.3～0.5，取 0.4 计算采空区积水体积为 100.8×10^{4}m^3×0.4=40.32×10^{4}m^3。

经上述分析，判定此次事故突水水源为航龙河补给为主的东部采空区积水。

2. 突水量

根据井下积水水位、巷道及采空区积水体积，采用容积法估算本次事故时突水量约为 53800m^3（不计补给量）。

3. 波及范围

事故后抢险救援过程中估测，井下最高水位为 +780.5m 标高，波及范围 +780.5m 标高以下的所有巷道。

六、事故直接原因分析

（1）事故前持续降雨

据气象资料，事故前持续降雨，从 2011 年 6 月 25 日至 7 月 2 日降水量为 148.3mm，尤其 7 月 1 日降水量达 59.4mm，连续降雨使得航龙河水位陡涨，地下水位上升。

（2）航龙河为直接充水和补给水源

航龙河从矿区范围北界呈“S”形贯穿整个矿区，且切割煤层顶底板灰岩强岩溶含水层，通过断层、裂隙、岩溶管道、老硐等导水通道，使航龙河水导入井下，造成矿井废弃巷道、采空区大量积水。

（3）F_1 断层为突水主要通道

F_1 断层落差约 3.5m、破碎带宽约 6m，与东部采空区导通，成为导水通道，F_1 断层与三平台上平巷间的隔水煤柱宽度最小仅 7～8m，东平巷上山探巷迎头距 F_1 断层仅 2m 隔水煤柱。

（4）采空区积水为突水的直接水源

根据前述分析，该矿东部存在大量采空区，经雨季航龙河等地表水补给，形成大量积水，水位升高、水压增大。

（5）防治水措施不到位

1）新建主、副斜井穿河流保护煤柱及采空区。

2）该矿采用掘进巷道两侧进行采煤的非正规采煤方法，以掘代采，在巷道两侧形成较大面积采空区。经入井勘查，井下巷道多为在采空区中用矸石砌墙形成巷道。

3）本矿防治水措施以排、堵为主，井下无正规的排水系统，挡（堵）水墙未经设计、承压试验和验收；未严格采取“防、堵、疏、排、截”相结合的综合防治水措施。

4）无探、放水设计，未严格探、放水，未保持足够超前探水距离、帮距不满足要求。

5）未按规定留设防隔水煤（岩）柱，隔水煤柱宽度严重不足，在留设的防隔水煤柱中进行采掘活动。

6）采空区积水量和水压增大是导致本次事故的主要原因

根据前述分析，该矿存在大量采空区，经雨季航龙河等地表水补给，形成大量积水，水位升高、水压增大，断层破碎带及隔水煤柱抵抗能力不足而被压坏而突水。

经以上分析论证认为，平塘县牛棚煤矿“7.2”重大突水事故的直接原因是：事故前持续降雨使航龙河水位陡涨，地表水通过断层、裂隙、岩溶管道、老硐等导水通道导入井下，使东部采空区积水量、水位上升、水压增大，采空区大量积水突破 F_1 断层并压坏隔水煤柱自三平台上平巷上探斜巷附近突出而造成事故。

七、事故教训及建议

1）煤矿企业必须提高防、治水安全意识。重视矿井水文地质调查工作，特别是加强地表水、老空水、岩溶水的调查及观测。未进行水文地质调查或者水文地质工作程度较低的，应当补充水文地质调查。现有水文地质资料不能满足生产建设需要的，必须针对存在的问题进行专项水文地质补充调查。应当采用钻探、物探和化探等方法查清矿井水文地质情况。

2）矿井必须准确界定矿井水文地质复杂类型，并采取相应的防、治水措施。

3）矿井在雨季前，应全面检查防范暴雨洪水引发事故灾难防范措施的落实情况。对检查出的事故隐患，应当落实责任，并限定在汛期前完成整改。

4）配备满足工作需要的防、治水专业技术人员，配齐专用探、放水设备，建立专门的探、放水作业队伍；水文地质条件复杂、极复杂的，还必须设立专门的防、治水机构。必须坚持和落实“有掘必探、先探后掘，先治后采”，探水钻孔布置、探放水超前距、允许掘进距离、帮距等符合规定。

5）矿井必须按规定留设足够的防隔水煤（岩柱），煤（岩）柱尺寸满足要求，并必须标注在采掘工程图中，严禁在各类防隔水煤（岩）柱中进行采掘活动。

6）必须完善矿井排水系统，配备足够的水泵、水管、水仓等。矿井应及时建立永久排水系统，在永久排水系统形成前的开拓、准备巷道施工各施工区应当设置临时排水系统，并保证有足够的排水能力。下山开采的采区必须在永久排水系统形成，确保排水正常后，才能进行其他准备、回采巷道的掘进工作。

7）煤矿企业必须加强防治水安全管理，确保防治水计划、措施的贯彻执行。

第四章　贵州岩溶地区建筑工程抗浮水位分析

第一节　概　述

近十几年来，在贵阳市、安顺市、六盘水市、兴义市等地，尽管建设场地都做了勘察工作，但由于岩溶含水层的渗透不均匀性，提供的抗浮设防水位值出现了很大的误差，致使一些地下室工程在施工或建成后，出现突然渗水，致使地下室底板、地梁变形破坏，实际渗水水位高出提供的抗浮设防水位 2.37 ~ 6.57m，且涌水量要超出设计值几倍乃至几十倍，造成治理上的很大困难。

第二节　黔中地区岩溶深基坑抗浮水位确定及涌水量预测

一、黔中地区岩溶水文地质概况

1. 岩溶含水层类型

1）裂隙–溶洞水含水层：岩性为灰岩、白云岩，含水介质为裂隙–溶洞水，地下水以集中管道流形式赋存，透水性和赋水性极不均匀。

2）溶洞–裂隙水含水层：岩性主要为灰岩、泥质灰岩、白云岩。含水介质组合为溶洞–裂隙水，地下水赋存以裂隙流为主、管道流次之，透水性和赋水性不均匀。

3）溶孔–溶隙水含水层：岩性为白云岩，含水介质组合为裂隙、溶孔、溶隙等，地下水赋存以裂隙孔隙流为主，透水性和赋水性相对均匀。

4）碳酸盐岩含水层、碎屑岩与碳酸盐岩互层含水层：岩性为泥岩、页岩与灰岩、白云岩互层，为承压岩溶含水层，透水性和赋水性不均匀。

2. 水动力特征

大气降水是岩溶地下水的补给来源，岩溶含水层主要呈潜水，向地势低处径流排泄，但岩溶发育深度不受当地排泄界面控制，水位年变幅 1 ~ 3m，局部地区变幅达 5m；在地下水反均衡剖面拐点至排泄基面地段，变幅可达 10m 以上，流量变幅几倍至几十倍。岩溶与非岩溶互层含水层主要为承压水，含水层之间的水力联系弱，钻孔揭露多个承压含水层时，分别测定各含水层水位困难，井损、水跃现象突出。

二、岩溶深基坑抗浮水位及涌水量案例

（一）安顺国际佳缘小区 3 号车库地下室渗水

1. 渗水现象

3 号车库地下室位于安顺国际佳缘小区中部，四周建筑物环绕，其上主要为小区景观设施，占地面积约 5223m^2，为地下两层结构，负一层高 4.45m，负二层高 3.70m，负二层地下室地面标高 1349.50m，主体工程已完工。因原工程勘察成果对地下水位高度估算不准，致使 2012 年 5 月地下室底板与部分基础连接处和西侧剪力墙连接处出现涌水现象，影响地下车库的正常使用（照片 4–1）。

照片 4–1　安顺市国际佳缘 3 号车库负二层被地下涌水淹没

2. 水文地质

（1）岩溶含水层的边界特征

本地下室位于北东向 F_2 压扭性断层与北西向 F_5 压扭性断层的交错部位附近，因两条断层均为区域性阻水断裂，使得地下水在交错部位富集。场区含水层为安顺组第二段岩溶裂隙含水类型，该含水层西面为 F_5 阻水断层形成的隔水边界，南东面为 F_2 阻水断层形成的隔水边界，其北东面为含水层补给区，为无限边界。地下水总体流向为由北东向南西径流，场地位于区域地下水排泄区（阻水区段）。

（2）含水层渗流特征

场区出露安顺组第二段白云岩，岩溶较发育。抽水试验结果表明：①场地含水层渗透系数为 1.60 ~ 3.52m/d，平均值 2.41m/d，岩石透水性中等—强；抽水试验最大涌水量 3551.52m^3/d，最大降深 13.21m，钻孔平均单位涌水量 3.86L/s·m，为强含水层。②大约 0.5h 钻孔就能恢复 90% 的水位降深，最终恢复至初始水位一般需要 4 ~ 6h，说明场地地下水补给条件良好。③ ZK6—ZK5 钻孔（距离 29.65m）方向水力联系密切，平均渗透系数 3.13m/d；ZK6—ZK1 钻孔（距离 23.78m）方向平均渗透系数 2.36m/d；ZK6—ZK2 钻孔（距离 33.00m）方向平均渗透系数 2.29m/d；ZK6—ZK3 钻孔（距离 28.17m）平均渗透系数 2.31m/d；而 ZK6—ZK4 钻孔距离最近（13.68m），渗透性最差，平均渗透系数 1.98m/d，等水位线图呈“鸡心状”（图 4–1）。受岩性变化、岩溶发育的差异性影响，场

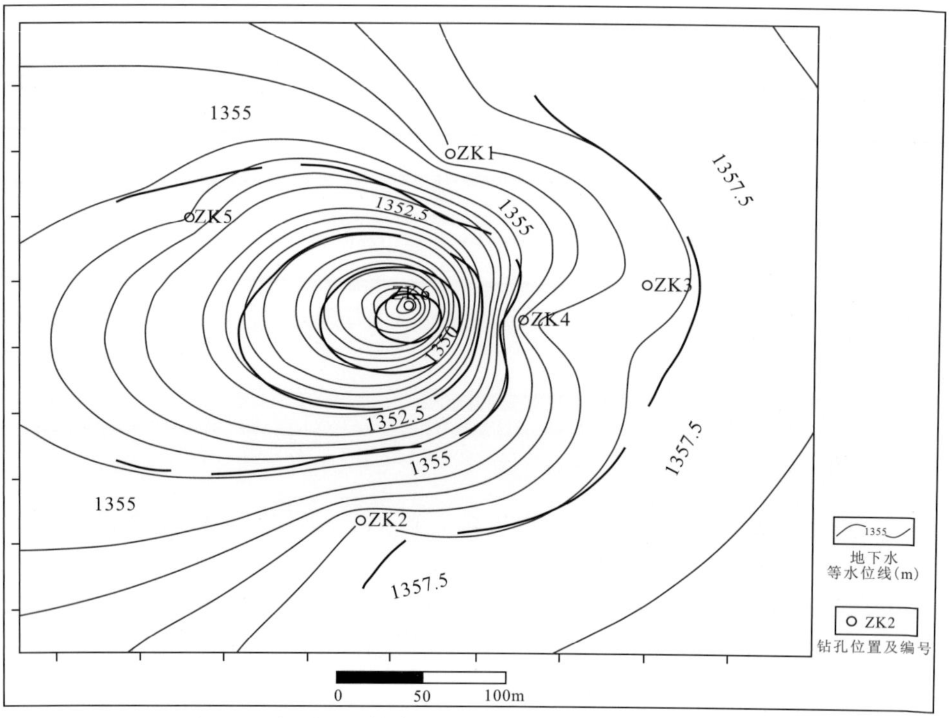

图 4-1　安顺国际佳缘小区 3 号车库地下室等水位线图

地地下水水力联系存在差异、含水性不均匀，与 3 号车库地下室底板涌水状况基本吻合。

3. 抗浮水位及涌水量

（1）抗浮水位

3 号车库地下室 2012 年 12 月至 2013 年 3 月观测的地下水平均水位 1350.80m，而勘察期间（2013 年 6 月）观测的地下水平均水位为 1351.87m（抗浮设计水位），水位变幅 1.07m。故确定抗浮设计水位为 1351.87m，比其《岩土工程勘察报告》提供的地下水水位高 2.37m。

（2）涌水量

抽水试验最大涌水量 3551.52m^3/d，比其《岩土工程勘察报告》提供的涌水量多出 20 倍。

（二）贵州大学土木实验楼地下室渗水

1. 地下室渗水现象

该实验楼占地面积约 3404m^2，为地上 3 层、地下 1 层结构；地下室面积约 1217m^2，高 4.6m，地下室地面标高 1108.4m。因原工程勘察资料对场地地下水位标高量测不准，致使 2011 年 6 月 6 日地下室发生上浮事故，地下室部分主体结构的梁、板、柱及剪力墙构件产生不同程度的变形和裂缝等（照片 4-2）。虽然已经加固处理，但地下室渗水问题仍未解决，积水严重，影响地下室的正常使用。

2. 水文地质概况

1）含水层：场地出露三叠系中统松子坎组，岩性为白云岩、泥质白云岩、泥岩互层，偶夹灰岩。地下水主要赋存于白云岩、灰岩的溶孔、溶蚀裂隙，其次为泥质白云岩的裂隙中。白云岩、灰岩、泥质白云岩为含水层，泥岩、黏土岩为隔水层，地下水类型为碳酸盐岩夹碎屑岩岩溶裂隙水，为多层含水层，具有承压或半承压水的性质。

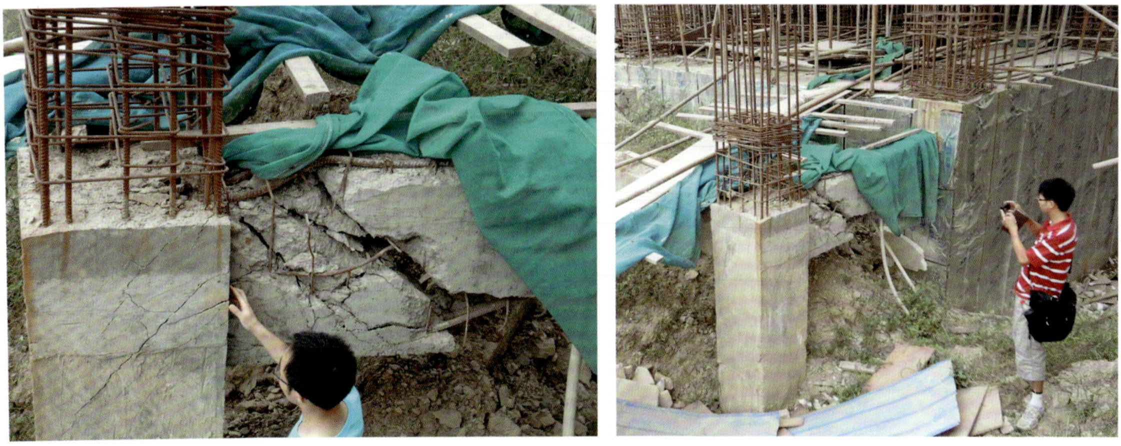

照片 4-2　贵州大学土木实验楼地下室部分主体结构的梁、柱等遭受破坏

2）渗流分析：选用 BK1 为抽水孔及 BK2—BK4、ZK1—ZK3 为观测孔，进行多孔抽水试验；抽水试验过程中，ZK1、ZK2 水位未受抽水影响而发生变化，可见松子坎组中的泥岩、黏土岩隔水层隔水效果较好，各含水层间水力联系不密切。BK1—BK4 及 ZK3 因揭露的含水层相同，水位基本一致。地下水受上下泥岩、黏土岩隔水层的阻隔，地下水渗流方向由北向南（图 4-2），分散排泄于花溪河。

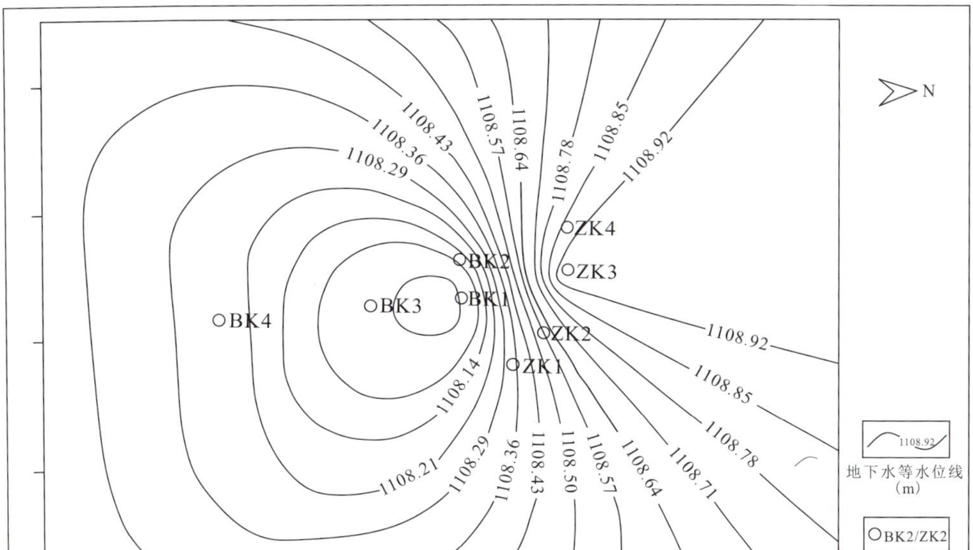

图 4-2　贵州大学一期土木实验厅地下室等水位线图

3. 抗浮水位及涌水量

由于该地下室开挖揭穿了 3 个含水层，因此地下室地下水位为各含水层的混合水位，根据勘察期间观测资料，其地下水平均水位为 1108.5m。根据《1：20 万贵阳幅区域水文地质普查报告》，松子坎组地下水位年变幅 1 ~ 3m，局部地区可达 5m。由于场地附近缺少相关的地下水位长期观测资料，因此在勘察期间观测的平均水位的基础上，增加水位变

幅 1.5m，作为地下室抗浮设计水位，即地下室抗浮设计水位为 1110.0m，比其《岩土工程勘察报告》中的设计水位 1106.0m 高出 4m。

利用抽水试验资料，对地下室渗水量预测采用大井法进行计算。

$$Q=\frac{2\pi KM_0S}{\ln\frac{R_0}{r_0}}$$

式中：Q 为地下室渗水量（m^3/d）；K 为渗透系数（m/d），K=0.17m/d；M_0 为含水层厚度（m），M_0=21m；S 为降深（m），S=0.48m，从地下室积水深度 0.43m 降至集水井以下 0.05m；R_0 为含水层的引用补给半径（m），$R_0=r_0+10S\sqrt{K}=21.7$m；r_0 为引用半径（m），$r_0=\eta\times\frac{a+b}{4}=19.7$m（其中，地下室长（$a$）为 37m，宽（$b$）为 30m，$\eta$=1.18）。

通过计算，该地下室渗水量为 112.4m^3/d，与勘察期间抽排地下室积水量测的实际渗水量（106.14m^3/d）接近（而其《岩土工程勘察报告》中的渗水量为 20.4m^3/d），表明抽水试验资料及渗水量计算符合实际情况。按汛期预计最高水位 1110.0m，计算得到地下室最大渗水量为 128.5m^3/d。

（三）贵银大厦基坑涌水量预测

1. 地下室概况

贵银大厦坐落在贵阳市中华北路，设计地下室埋深−7.20m，标高 1067.0m。

2. 水文地质及渗流分析

含水层为三叠系下统安顺组灰白色厚层块状白云岩，溶洞裂隙水。地下水受大气降水补给，由南向北排泄，贯城河为场地排泄基准面。多孔抽水试验表明，潜水位高程 1063.01m，埋深 7.60m；地下室开挖后，雨季施工需考虑贯城河水位对场地的影响，应作基坑排水，排水量 45.63m^3/d。

勘察期间场地实际地下水位标高约为 1063m，考虑枯水期与丰水期水位变幅 3m，则丰水期水位约为 1066m，最高洪水位标高约为 1068m。

根据等水位线图（图 4−3），ZK12、ZK13、ZK14、ZK16、ZK34、ZK35、ZK37、

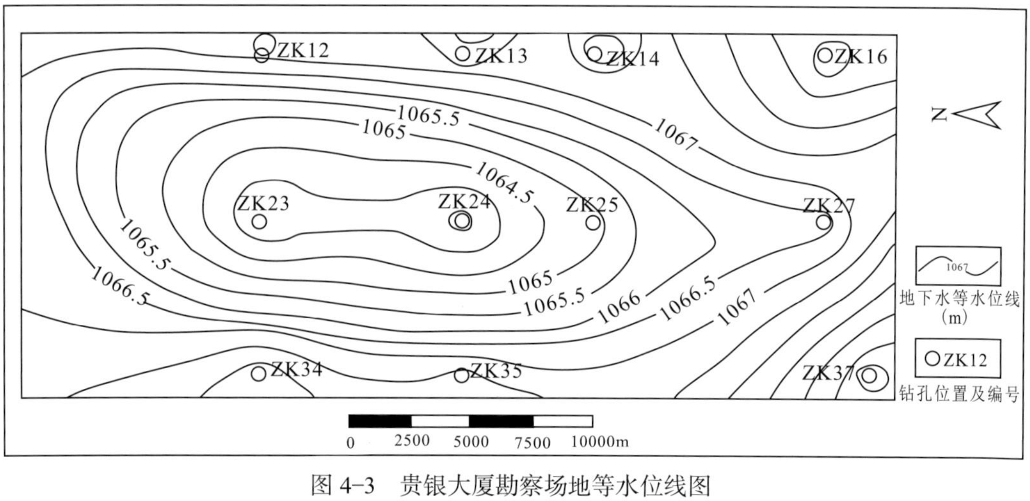

图 4−3　贵银大厦勘察场地等水位线图

ZK23、ZK24、ZK25 和 ZK27 的水力联系较差，故地下水渗流主方向为南北向。由于溶洞裂隙发育很不均匀，场地孔桩内涌水量存在较大差异，考虑桩基直径 2.5m，降深分别为 5m、10m、15m 时，其涌水量估测见表 4-1。

表 4-1　孔桩涌水量计算表

项目	降深（S）/m	等效半径（r）/m	涌水量（Q）/（m^3/d）	计算公式及参数
孔桩	5.0	1.3	61.0	$Q=1.366KS\left[\frac{L+S}{\ln\frac{R}{r}}+\frac{L}{\ln\frac{0.66L}{r}}\right]$ K=0.409m/d；R=15.2m；L 近似降深值
	10.0	1.3	180.4	
	15.0	1.3	377.5	

3. 施工期地下水位和涌水量验证

该工程 2005 年建成，当时基坑及孔桩施工验槽水位及涌水量量测表明，与其《岩土工程勘察报告》提供的数据误差小于 7%。

（四）结语

分析黔中地区 3 个较为典型的岩溶含水层及岩溶与非岩溶互层含水层深基坑的地下水渗流特征表明：①岩溶含水介质的差异性导致了深基坑渗流场的非均匀性，地下水主径流方向的渗透性大于其他方向，等水位线图不规则或无统一水位；②水位变幅受季节影响大；③岩溶发育深度不受当地排泄基面控制；④多层承压水，必须考虑井损、水跃现象。因此，勘察期间抽水试验结果若不结合区域水文地质条件的分析，则计算出的渗透系数、基坑涌水量及抗浮水位等往往会出现失真，给设计和施工造成渗水和抗浮事故的隐患。

第三节　贵州建筑工程岩溶地下水勘察

一、修编《贵州省建筑岩土工程技术规范》DBJ52/T046—2018 部分章节的说明

1. 将原规范“工程地下水”改成“岩溶地下水”

贵州是我国碳酸盐类岩石分布的主要地区之一。贵州可溶岩分布广泛，占全省面积的 69.1%，在可溶岩层中，分布着各种类型的岩溶地下水。黔南、黔西北地区主要分布以石灰岩为主的裂隙溶洞水，约占全省面积的三分之一；以白云岩为主的溶洞裂隙水，主要分布于黔中、黔西南、黔北、黔东北等地，分布面积接近全省面积的五分之一；碳酸盐岩及碎屑岩裂隙岩溶水分布面积也大约为全省面积的五分之一。建筑场地岩溶地下水勘察针对性强，能切合实际地解决岩溶地下水的工程问题。

2. 首次规定了岩溶地下水抗浮水位的确定

贵州岩溶地下水由于含水介质不均匀性和水动力条件的复杂性，在岩溶地区进行基坑等开挖，施工过程中出现涌水、突泥等严重的工程灾害，特别是上浮水位预测的不准确性，将对建筑物和基础造成影响和破坏。通过对贵州几千口钻孔的水位资料和 8 个市（州）长期水位监测钻孔资料的收集，以及对基坑（地下工程）涌（透）水事故的综合分析，明确

了当勘察场地及附近无长期观测钻孔水位资料时，抗浮水位应结合勘察场地所处的含水层特征参考确定：①平水期量测的地下水位宜抬高 1.0 ~ 2.0m，丰水期量测的地下水宜抬高 0.5 ~ 1.0m；②当场地处于地形低凹（洼地、谷地）、岩溶强发育、导水断层附近、地下水径流汇集（排泄）等地段，在勘察期间量测的地下水位基础上，平、丰水期宜抬高的水位可参照附录 4–2 中的地下水变幅范围。岩溶地下水抗浮水位的确定，对贵州岩溶地区工程勘察事业具有创新意义。

3. 增加了"岩溶含水层、岩溶与非岩溶互层含水层分类"（附录 4–2）

附录 4–2，对岩溶含水层进行了分类，全面展现了贵州可溶岩的水文地质特征，为岩溶地下水勘察和岩溶含水层的认识具有指导作用。

二、岩溶地下水勘察

1. 一般规定

岩溶地下水的勘察除按《岩土工程勘察规范》（GB 50021—2009）的规定执行外，还应确定以下内容。

1）含水层组合特征，可按附录 4–2 确定。

2）地下水的埋藏类型及赋存状态。

3）当地降水量、蒸发量及其变化对岩溶地下水位和水量的影响。

4）场地岩溶地下水的补给排泄条件、水位动态变化、丰水期及历史最高水位、地表水与地下水的转换关系。

5）勘察时的岩溶地下水位，水位情况变化和主要影响因素。

6）人为改变环境水文地质条件对岩溶地下水的影响。

7）地下水和地表水可能的污染源及污染程度。

岩溶强发育、构造复杂、地下水位高于地下室底板标高的地段，地下水对基础抗浮和工程降水有重大影响时，应进行专门地下水勘察。

2. 岩溶地下水勘察

专门地下水勘察：

1）查明岩溶含水层组合特征（参照附录 4–2）。

2）查明地下水的埋藏类型、流向、水位及动态。

3）场地为岩溶与非岩溶含水层互层区，应分层量测地下水位，并查明相互之间的补给关系。

4）查明岩溶含水层渗流及边界条件，在地下水径流方向布置抽水试验孔，进行抽水试验，量测水头变化，确定边界性质，求取渗透系数和影响半径等水文地质参数。

5）根据抽水试验及观测资料，确定水位及动态变化、抗浮水位，预测基坑涌水量。

6）预测降水可能引起的地面变形、塌陷、地裂及对相邻建筑设施的影响等。

7）有污染产生的工业场地勘察，应进行地下水连通试验，预测可能影响范围。

8）分析评价地下水对地基、边坡和基坑稳定的不利影响。

专门地下水勘察，应进行现场抽水、注水或压水试验，提供地下水控制设计、施工所需的水文地质参数。

抽水试验除应符合《岩土工程勘察规范》（GB 50021—2009）的规定外，尚应符合下列规定：

1）抽水试验方法应为稳定流单孔、多孔抽水试验。

2）抽水试验原则上不得少于3次降深，且最大降深应低于工程设计所需的地下标高。

3）当涌水量小于0.01L/（s·m）及水位恢复为小于1m/h时，可作2次降深。

4）抽水试验孔布置在主径流带部位，钻孔深度应符合最大降深的试验要求，孔径应能满足抽水设备的安装（孔径不宜小于130mm），观测孔宜平行和垂直地下水流向布置。

5）抽水试验技术要求见附录4-1。

6）当场地位于强富水地段，采用单孔抽水试验无法达到有效降深，宜进行群孔或大孔径抽水试验，并预测涌水量。

注水试验可在试坑或钻孔中进行，砂土和粉土可采用试坑单环法，黏性土可采用试坑双环法。当试验深度较大时，可采用钻孔法。

压水试验参照《水利水电工程钻孔压水试验规程》（SL31—2003）等。

3. 岩溶地下水作用评价

地下水评价应包括下列内容：

1）评价地下水对地下室的浮托作用，提供抗浮设防水位；位于径流地段时，评价地下水渗流作用。

2）验算边坡（滑坡）稳定时，应考虑地下水对边坡（滑坡）稳定的不利影响。

3）当挡墙背为粉砂、粉土或黏性土，验算支挡结构的稳定性时，应根据不同排水条件评价岩溶表层带水压力对支挡结构的作用。

4）地下水位以下开挖基坑或地下工程时，应分析评价降（疏）水、隔水措施的可行性以及对基坑或地下工程稳定和邻近工程的影响。

5）评价地下水降（疏）水引发的环境地质问题，并提出相应的防治措施。

6）评价地下水位变化对土洞、充填黏土的溶洞（隙）引发的地面塌陷的可能性。

7）在承压水分布区进行基坑开挖，应评价基坑开挖产生突水、涌水的可能性。

地下水的腐蚀性评价应按《岩土工程勘察规范》（GB 50021—2009）的相关规定执行。

建设场地有易溶岩或易溶盐类时，应对其溶蚀性进行评估。

4. 工程降水

对地下水进行排水疏干或降水可采用下列方式进行：

1）集水坑（井）槽排水疏干常用于松散层，即在基坑内（外）开挖集水坑（井）或集水槽（沟）进行地下水引排，坑（井）槽位置视降水要求确定。

2）钻孔（井）点降水，宜在场地内（外）钻孔（井）抽排，地下水位应降至基坑（人工挖孔桩）底部0.5～1.0m，应根据施工条件确定机械成孔桩。

3）成井方式应因地制宜，可采用下列方法进行。①直接利用桩（孔）基坑；②在基坑（槽）或桩（孔）附近钻孔（井）降水，钻孔（井）数和孔（井）规格视涌水量和降水要求而定，孔（井）径不小于200mm，必要时可设辅助减压井。

4）降水过程宜连续稳定，当出现流沙现象时应采取措施，防止引发地面塌陷及地裂缝。

5）当场地位于强富水地段、达不到工程降水要求时，宜采用止水帷幕等隔（阻）水措施。

在降水施工过程中和结束后一定时间内，应加强对场地及其周边地面、建筑物的变形监测和对周边井、泉的水位和流量观测。

5. 岩溶地下水位的测定及抗浮设防水位的确定

地下水位的测定应符合下列规定：

1）钻探过程中遇地下水时，应量测水位。

2）勘探结束后不少于24h，统一量测稳定地下水位。

3）对岩溶与非岩溶含水层互层分布区，遇承压含水层或多层含水层时，应采取分层止水措施，量测不同含水层的水位。

基坑地下水位的确定应排除以下因素：

1）基坑在施工过程中受上层滞水、大气降水的影响。

2）基坑相邻场地工程建设的影响。

抗浮设防水位应符合下列规定：

1）有长期观测孔水位资料时，应以最高历史水位作为抗浮设防水位。

2）无初勘长期观测孔水位资料时，应根据勘察期间最高稳定水位并结合场地地形地貌、岩溶发育情况、地下水补径排条件、人类工程活动综合确定（可参照附录4–2）。

3）当勘察场地附近存在水库、河流、溪沟、湿地等地表水体时，必须查明场地地下水与地表水的水力联系。若存在水力联系，丰水期应以地表水洪水位作为抗浮设防水位；若无水力联系，应执行本条3（1）或3（2）。

附录 4-1：抽水试验

1. 抽水试验技术要求

1）稳定流抽水试验一般进行 3 次水位降深，最大降深值应由抽水设备能力确定，降深间距不宜过小；稳定时间一般不少于 8 ~ 24h。

2）水位降深顺序，基岩含水层一般宜先大后小，松散含水层宜按先小后大逐次进行。

3）在稳定延续时间内，涌水量和动水位与时间关系曲线在一定范围内波动，而且没有持续上升或下降的趋势，应以最远观测孔的动水位判定。

4）当水位降深小于 10m、用压风机抽水时，抽水孔水位波动值不得超过 10 ~ 20cm；用离心泵、深井泵等抽水时，水位波动值不超过 5cm；水位波动值一般不应超过平均水位降深值的 1%，涌水量波动值不能超过平均流量的 3%。

5）观测频率及精度要求：①水位观测时间一般在抽水开始后第 1、3、5、10、20、30、45、60、75、90min 进行观测，之后每隔 30min 观测一次，稳定后可延至 1h 观测一次；水位读数应准确到厘米；②涌水量观测应与水位观测同步进行；当使用堰箱或孔板流量计时，读数应准确到毫米；③水温、气温宜 2 ~ 4h 观测一次，读数应准确到 0.5℃，观测时间应与水位观测时间相对应；④停泵后应立即观测恢复水位，观测时间间隔与抽水试验要求基本相同。若连续 3h 水位不变，或水位呈单向变化，连续 4h 内每小时水位变化不超过 1cm，或者水位升降与自然水位变化相一致时，即可停止观测。

6）试验结束后应测量孔深，确定过滤器掩埋部分的长度。淤砂部位应在过滤器有效长度以下，否则试验应重新进行。

2. 抽水试验资料整理

1）试验期间，对原始资料和表格应及时进行整理。

2）试验结束后，单孔抽水试验应提交抽水试验综合成果表，其内容包括：水位和流量过程曲线、水位和流量关系曲线、水位和时间关系曲线、恢复水位与时间关系曲线、抽水成果、水质化验成果、水文地质计算成果、施工技术柱状图、钻孔平面位置图等、分析井损和水跃可能对计算参数及涌水量的影响。多孔抽水试验还提交抽水试验地下水水位下降漏斗平面图、剖面图。

3. 水文地质参数计算方法

（1）采用稳定流计算的 Dupuit 公式

1）潜水：$Q=1.366K\dfrac{(2H_0-S_w)S_w}{\lg R-\lg r_w}$

2）承压水：$Q=2.73\dfrac{KMS_w}{\lg R-\lg r_w}$

（2）用 Dupuit 公式和影响半径的经验公式联立求解，通常使用试算法即可得到渗透系数 K、影响半径 R。

1）潜水：$\begin{cases} K=\dfrac{0.732Q}{(2H_0-S_w)S_w}\lg\dfrac{R}{r_w} \\ R=2S_w\sqrt{KH_0} \end{cases}$

2）承压水：
$$\begin{cases} K=\dfrac{0.366Q}{MS_{\mathrm{w}}}\lg\dfrac{R}{r_{\mathrm{w}}} \\ R=10S_{\mathrm{w}}\sqrt{K} \end{cases}$$

上述公式中：H_0 为井中初始水位（m）；S_{w} 为井中水位降（m）；Q 为抽水井流量（$\mathrm{m^3/d}$）；M 为含水层厚度（m）；K 为渗透系数（m/d）；r_{w} 为井半径（m）；R 为影响半径（m），即是从抽水井到实际观测不到水位降深处的径向距离。

附录 4-2：岩溶含水层、岩溶与非岩溶互层含水层分类

纯碳酸盐岩类含水层								非纯碳酸盐岩类含水层			
以灰岩为主的纯碳酸盐岩类含水层		以白云岩为主的纯碳酸盐岩类含水层				间互状纯碳酸盐岩类含水层		不纯碳酸盐岩类含水层		间互状纯碳酸盐岩与碎屑岩含水层	
裂隙－溶洞水		溶洞－裂隙水		溶孔－溶隙水		裂隙－溶洞水或溶洞－裂隙水		溶隙－裂隙水		溶洞－裂隙水	
无长期地下水位观测资料，当场地处于地形低凹（洼地、谷地）、岩溶强发育、导水断层附近、地下水径流汇集（排泄）地段，平水期、丰水期宜抬高地下水位变幅范围											
平水期	丰水期	平水期	丰水期	平水期	丰水期	平水期	丰水期	平水期	丰水期	平水期	丰水期
2.0 ～ 4.0m	1.0 ～ 2.0m	2.0 ～ 4.0m	1.0 ～ 2.0m	1.5 ～ 3.0m	1.0 ～ 1.5m	1.5 ～ 3.0m	1.0 ～ 1.5m	1.5 ～ 3.0m	0.5 ～ 1.5m	1.5 ～ 3.5m	0.5 ～ 1.5m
岩性以灰岩为主，含水介质组合为裂隙－溶洞，含裂隙－溶洞水。地下水以集中管道流形式赋存，渗透极不均匀。 含水层主要有：三叠系茅草铺组，二叠系栖霞组、茅口组，石炭系上司组、马平群，奥陶系桐梓组—红花园组，寒武系清虚洞组等		岩性以白云岩为主，含水介质组合为溶洞－裂隙，含溶洞－裂隙水。地下水赋存形式以裂隙流为主，管道流次之，渗透不均匀。 含水层主要有：三叠系安顺组、大冶组，石炭系岩关组等		岩性以白云岩为主，含水介质组合为裂隙、溶孔、溶隙等，含溶孔－溶隙水。地下水赋存形式以裂隙孔隙流为主，渗透相对均匀。 含水层主要有：震旦系灯影组，寒武系石冷水组、娄山关群等		岩性以灰岩、白云岩间互产出，含水介质组合为裂隙－溶洞或溶洞裂隙，含裂隙－溶洞水或溶洞裂隙水。地下水以裂隙、管道流形式赋存，渗透极不均匀。 含水层主要有：石炭系摆佐组、独山组等		岩性以泥灰岩、泥质白云岩、燧石灰岩等为主，含水介质组合以溶隙－裂隙为主，赋水性差，渗透不均匀。 含水层主要有：二叠系长兴组—大隆组，三叠系关岭组等		岩性为泥岩、页岩与灰岩、白云岩互层，为多层含水结构，含水介质组合以溶洞－裂隙为主，具承压性，赋水性差，渗透不均匀。 含水层主要有：三叠系松子坎组、下统永宁镇组、飞仙关组等	

注：当勘察场地及附近无长期观测钻孔水位资料时，抗浮设防水位应根据勘察期间最高稳定水位，结合场地地形地貌、岩溶发育情况、地下水补径排条件、人类工程活动综合确定：

1. 平水期量测的地下水位宜抬高 1.0 ～ 2.0m，丰水期量测的地下水位宜抬高 0.5 ～ 1.0m；
2. 当场地处于地形低凹（洼地、谷地）、岩溶强发育、导水断层附近、地下水径流汇集（排泄）地段，平、丰水期宜抬高的水位可参照本表中的地下水变幅范围。

第五章 贵州岩溶地下水污染防治及保护

第一节 矿业开发和城市建设对岩溶水环境的破坏作用

根据《贵州省地质环境可持续利用研究报告》（2017）相关内容修编。

一、矿业开发

经调查统计，贵州省矿山开采矿坑水年产出量为 54795.98×10^4t、年排放量为 42768.55×10^4t；建有尾矿库（坝）2535 处，累计积存煤矸石及废弃矿渣 35552.34×10^4t。部分矿山生产过程中产生的矿坑废水未经处理直接外排，排放去向主要为附近的河流、溪沟、水库、湖泊或岩溶洼地，有的通过岩溶管道、裂隙、落水洞和地下暗河排泄，溶解了有害元素的地下水间接污染了土壤。另外，由于尾矿库堆积的煤矸石和固体废弃物渗滤液下渗，直接导致土壤和地表水遭到严重污染，其中煤、锰、铁、硫铁、汞等矿种开采、选冶过程中排放的固型废弃物造成的污染较为严重。

二、城市建设

20 世纪 60 年代以前，贵州地下水基本处于天然状态。随着城市和工矿建设的迅速发展，由于环境保护意识的欠缺，导致了贵州一些地段的地下水体污染，局部达到了严重污染，直接影响了当地的工农业生产和居民的身体健康。根据贵州省 5 个主要城市近年来的监测数据，城区地下水位多表现出下降为主的特征。在 162 个地下水监测点中，有 95 处的水位呈持续下降趋势，其中缓慢下降水点有 46 处、中速下降水点有 32 处、极速下降水点 17 处，个别城市的部分地段还出现区域性降落漏斗。

根据贵州省地质矿产开发勘查局 114 地质大队“2007 年—2015 年贵州省地下水机井工程和西南山区岩溶地下水污染调查评价（贵州）”项目，共计 4654 组水样的调查资料，在贵州省岩溶区饮用水水样中，有约 81.57% 的水样不达标。其中，贵阳市、六盘水市、安顺市及贵安新区未达标占比较大。

第二节 工业废渣堆场岩溶渗漏污染特征

贵州省境内磷化工、铝工业、煤电工业等的废渣堆场大部分设置在岩溶地区，由于建设和管理不到位等原因，82% 的堆场存在渗漏污染问题（表 5-1）。堆场的《工程勘察报告》

和《环境评价报告》对岩溶渗漏类型及水动力弥散污染方式研究不足，不能准确地做出渗漏污染对岩溶水系统影响的预测和评价，也给渗漏污染治理工程设计增加了难度，导致工程处理费用投入大而渗漏污染治理效果不佳，以及新建渣场防污处理措施不合理，达不到环保部门对废渣堆场的环保要求，给废渣堆场工程建设和运行管理工作造成很大的困难。

表 5-1　贵州工业废渣堆场岩溶渗漏污染特征

堆场名称	废渣类型	堆放形式	渗漏类型	污染物	污染物浓度 / (mg·L⁻¹)	污染方式	备注
扎塘赤堆场	赤泥	湿排 干堆	裂隙 溶洞	含碱 废水	pH=14	直接污染 地下水	岩溶泉（S010、S369 泉） 排入猫跳河、百花湖
青菜冲赤堆场	赤泥	湿排 干堆	裂隙 孔隙	含碱 废水	pH=14	直接污染 地下水	
交椅山堆场	磷石膏	湿排 干堆	裂隙 溶洞	总磷 总氟	6000 2500	直接污染 地下水	岩溶泉（34 号泉） 排入乌江
摆纪堆场	磷石膏	湿排 干堆	裂隙 溶洞	总磷 总氟	6000 2500	直接污染 地下水	岩溶泉（发财洞 D2） 排入浪坝河
龙井湾堆场	磷石膏	干排 干堆	裂隙 孔隙	总磷 总氟	2500 250	直接污染 地下水	岩溶泉及矿坑水 排入两岔河、洋水河
贾家堰堆场	磷石膏	干排 干堆	裂隙 溶洞	总磷 总氟	2500 250	直接污染 地下水	岩溶泉（1149 号泉） 排入息烽河
大坝渣库	氟石膏	湿排 干堆	溶洞 裂隙	氟	2500	直接污染 地下水	岩溶泉排入麦架河
清镇铁厂尾矿库	废渣	干排 干堆	溶洞 裂隙	硫酸盐	2500	直接污染 地下水	岩溶泉排入麦架河
大沟冲渣库	盐泥	干排 干堆	裂隙	硫酸盐	3500	直接污染 地下水	岩溶泉排入麦架河
镇宁钡渣库	钡渣	干排 干堆	裂隙	Ba^{2+} S^{2-}	1200 200	直接污染 地下水	岩溶泉排入桂家河
白岩尾矿库	磷矿石	干排 干堆	裂隙	硫酸盐	1000	直接污染 地下水	小翁光河
天柱钡渣库	钡渣	干排 干堆	孔隙	Ba^{2+} S^{2-}	1200 200	直接污染 地下水	下降泉排入剑江
湾河粉煤灰堆场	脱硫 废渣	湿排 干堆	溶洞 裂隙	硫酸盐	3000	直接污染 地下水	岩溶潭（S2）、泉（S3） 排入波玉河
水帘洞渣库	尾矿	干排 干堆	孔隙 裂隙	氰化物			地表水
鸡心坡灰库	粉煤灰	干排 干堆	矿洞	硫酸盐	1500	直接污染 矿洞水	矿洞溢流水 排入阿哈水库

第三节　岩溶地下水渗漏污染防治

一、概述

贵州省岩溶地区的各种废渣堆场库，特别是大型废渣堆场（年均堆存量 120×10^4t），因防治、运营、管理不当，大部分存在渗漏现象，造成了地下水、地表水的污染，特别是造成对乌江、清水江的影响，成为贵州省重大环境污染的主要问题，从源头治理迫在眉睫。

通过对扎塘、交椅山等大型工业堆场的岩溶渗漏污染采用的悬挂注浆帷幕、截水帷幕、原堆场铺设HPDE膜、采空区回填等治理工程的防治效果调查分析可知，一方面尽管治理工程取得一定的效果，但由于这些堆场建设前期防渗处理措施不当，致使治理工程费用增加、技术要求较高，很难根治；另一方面由于岩溶渗漏的复杂性，只有在堆场建设前采取有效可靠防渗工程措施，才能彻底解决渗漏污染。

二、岩溶渗漏类型

根据贵州岩溶地区工业废渣堆场岩溶含水系统的勘察、试验资料分析，其渗漏可分为裂隙溶洞含水系统渗漏、溶洞裂隙含水系统渗漏、裂隙溶孔含水系统渗漏和采空区系统渗漏四大类型，见表5-2。

表5-2　废渣堆场岩溶渗漏类型

污染源	污染状态	渗漏类型	渗漏点类型	渗漏距离/km	水力坡度/%	最终受纳水体
扎塘赤泥堆场	碱污染	裂隙溶洞	岩溶泉	1.76	3.93	猫跳河
贾家堰磷石膏堆场	磷污染	溶洞裂隙	岩溶泉	1.85	6.26	息烽河
镇宁钡渣库	钡污染	裂隙溶洞	岩溶泉	0.60	3.12	桂家河
摆纪磷石膏堆场	磷污染	溶洞裂隙	暗河出口	3.03	2.96	浪坝河
交椅山磷石膏堆场	磷污染	溶洞裂隙	岩溶泉	11.50	23.20	乌江
龙井湾磷石膏堆场	磷污染	裂隙溶孔 矿坑巷道	岩溶泉 矿坑出口	1.60 1.35	3.59 6.67	两岔河 洋水河
大坝氟石膏渣堆场	氟污染	裂隙溶孔	抽水井	0.85	1.42	麦架河
鸡心坡灰库	粉煤灰及矿坑废水污染	矿坑巷道	矿坑出口	4.60	3.32	阿哈水库
湾河粉煤灰堆场	硫酸盐和氟污染	裂隙溶洞	岩溶泉	3.25	3.13	波玉河

三、岩溶渗漏污染治理调查分析

1. 扎塘赤泥堆场

（1）渗漏污染概况

扎塘赤泥堆场为一封闭的岩溶洼地，蓄存着几十万立方米pH为13、总碱度为14g/L的废水。扎塘赤泥堆场投入使用后即产生了严重的岩溶渗漏，造成周围地下水的污染，严重影响了猫跳河和百花湖水体（图5-1、照片5-1、照片5-2）。

自1988年以来，通过水文地质勘察工作，基本查清了扎塘赤泥堆场向牟老泉和百花湖方向的岩溶渗漏通道，治理方案为先堵老马寨方向的岩溶渗漏通道，取得经验后再堵陆家湾、白水泉方向的岩溶渗漏通道。治理工程以帷幕注浆垂直防渗为主，辅以实施封堵库内落水洞、赤泥铺盖等综合治理措施。这一工程历时10年，达到堵漏防渗的预定目标，杜绝了扎塘赤泥堆场标高1314m的库内废水外排，取得显著的治理效果。

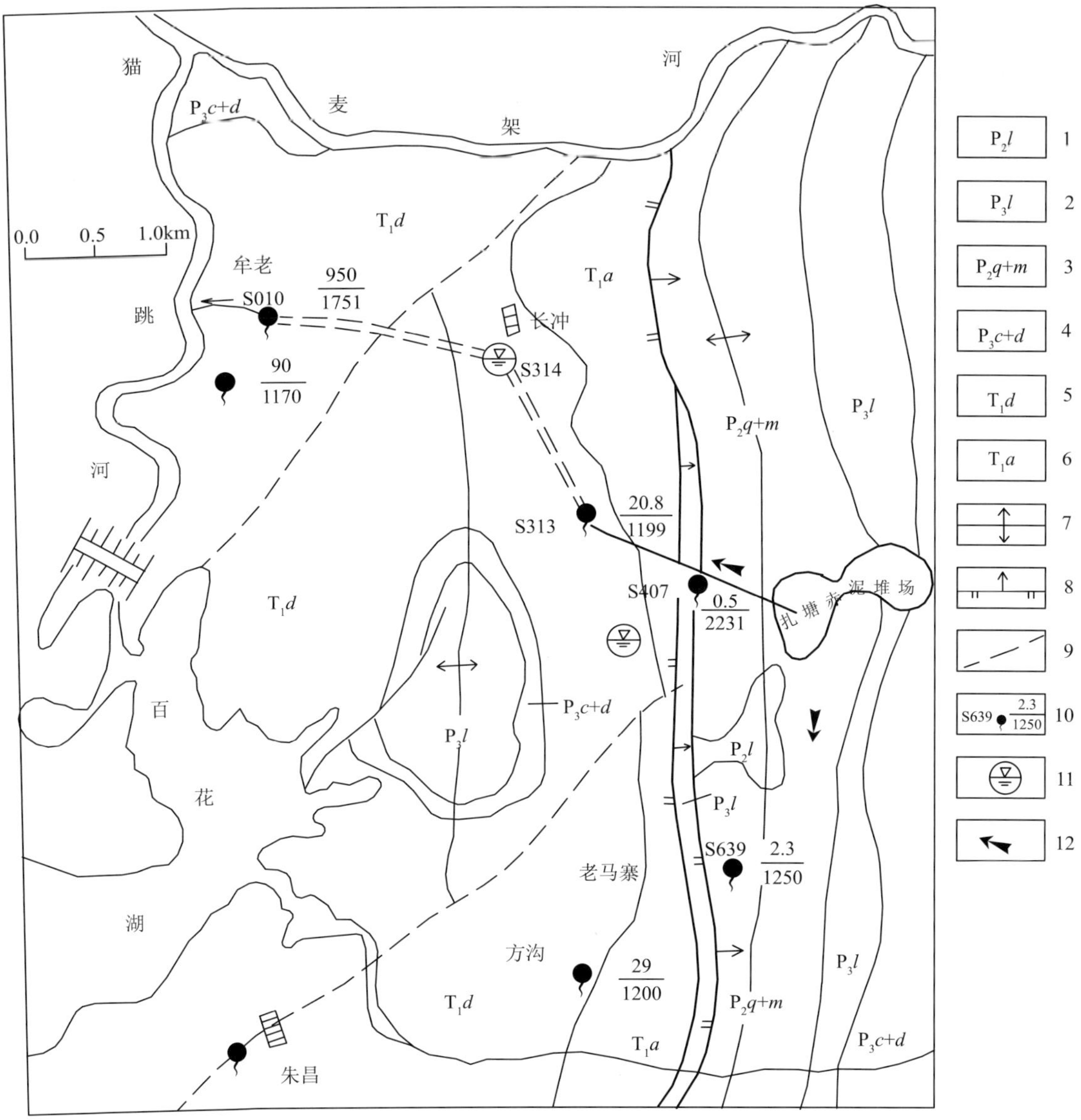

图 5-1　扎塘赤泥堆场岩溶渗漏污染示意图

1—二叠系中统梁山组；2—二叠系上统龙潭组；3—二叠系中统栖霞组、茅口组；4—二叠系上统长兴组、大隆组；5—三叠系下统大冶组；6—三叠系下统安顺组；7—背斜轴；8—逆断层；9—推测断层；10—下降泉编号$\frac{流量(L/s)}{高程(m)}$；11—落水洞；12—地下水流向

（2）防渗治理工程

由于该地区隔水层埋藏较深，只能采取悬挂式帷幕注浆，先后对扎塘6号库西南面及5号和6号库西面、东南面施工了6条垂直帷幕注浆线，总长983.21m。

（3）治理工程效果监测

实施垂直防渗工程治理后，通过对曾经受扎塘赤泥堆场岩溶渗漏污染的4个泉的水质长期监测结果表明，达到《地下水质量标准》（GB/T 14848—93）Ⅲ类水的要求，这说明综合治理是成功的。表5-3是质检部门随机检查的监测结果。

照片 5-1　S407 泉污染地下水

照片 5-2　S010 泉污染地下水

表 5-3　综合治理后地下水质监测结果

监测点	监测时间	pH	总碱度 / (mg·L^{-1}) ($CaCO_3$ 计)	资料来源
牟老泉（S10）	1999 年 7 月 27—29 日	7.36	150.70	贵州铝镁设计院
	2000 年 8 月 9—11 日	7.08	191.00	贵州铝镁设计院
	2002 年 1 月 18—19 日	8.03	160.50	实测
白水泉（S313）	1998 年 8 月 14 日	9.20	319.80	贵州有色地勘公司
	1999 年 2 月 4 日	8.60	272.86	贵州有色地勘公司
	2002 年 1 月 18—19 日	7.72	203.00	实测
陆家湾（S407）	1998 年 12 月 11 日	9.40	65.36	贵州有色地勘公司
	1999 年 2 月 4 日	9.00	1018.08	贵州有色地勘公司
	2002 年 1 月 18—19 日	8.10	170.00	实测
老马寨（S639）	1997 年 5 月 20—23 日	7.80	260.00	贵州有色地勘公司
	1999 年 7 月 27—29 日	7.94	226.04	贵州铝镁设计院
	2000 年 8 月 9—11 日	6.44	221.00	实测

注：当地未受污染地下水总碱度（以 $CaCO_3$ 计）为 80 ~ 250mg/L。

（4）治理工程实施后堆场继续堆高调查情况

采用悬挂帷幕渗漏污染治理工程，截断了扎塘赤泥堆场标高 1314m 的库内废水外排，治理效果显著。但因堆场继续堆高使用，2003 年再次发生渗漏污染，后来尽管再采用帷幕灌浆治理、湿排改干排工艺改进等措施，渗漏污染仍未改观，现只能将两个污染渗漏点的废液用高压泵抽回堆场废液回收池，运行费用高。

扎塘赤坭堆场继续堆高运行，再次产生渗漏的主要原因为堆场 1314m 以上包气带岩溶发育强烈，渗漏途径复杂，灌浆帷幕不能无缝衔接。

扎塘赤泥堆场于 2018 年闭库，但渗漏污染仍在继续。

2. 摆纪磷石膏堆场

（1）渗漏污染概况

本堆场自 1999 年 10 月投入使用以来，到 2006 年 6 月累计堆渣 1464×10^4t，全部采用管道运输，湿法堆积技术排放到未经防渗处理的磷石膏堆场。由于使用初期防渗处理不到位，一直产生渗漏污染。为彻底解决岩溶水污染问题，贵州宏福总公司与美国 Ardaman

公司合作，利用美国磷石膏堆场防渗技术，对摆纪磷石膏堆场进行“铺设美国膜”的全防渗治理和堆场增容处理工程，实施工程执行美国 ASTM 标准。

随着磷石膏堆高，堆场内废水高程增高（934m），堆场东侧的中三叠统青岩组第三段隔水层失效（局部隔水层高程低于堆场废水高程），产生新的渗漏通道，即堆场至渗漏点 D2（发财洞）渗漏途径，为中三叠统法郎组第一、二段灰岩地层的“管道裂隙”类型渗漏通道（图 5-2、表 5-4）。

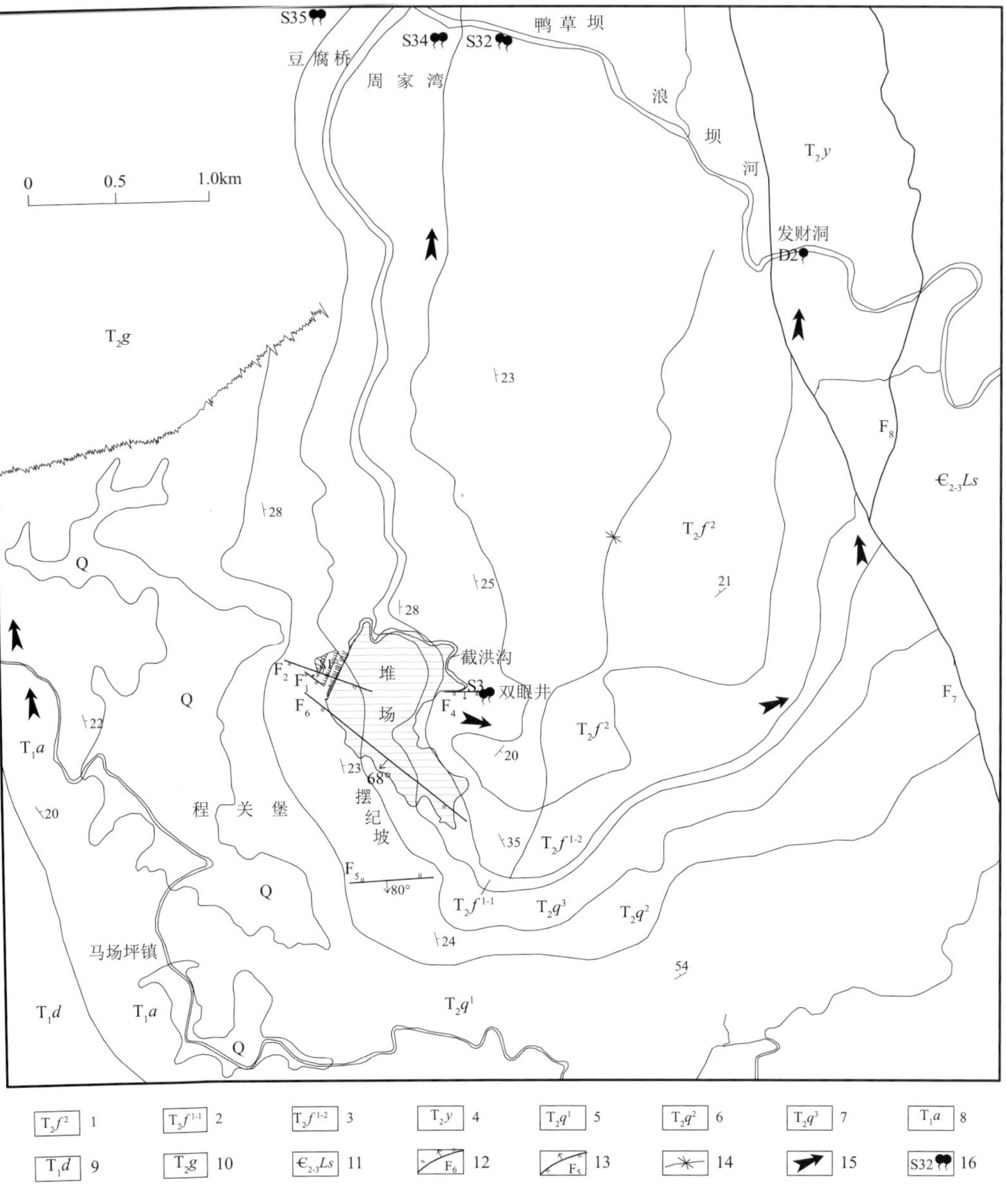

图 5-2 摆纪磷石膏堆场水文地质略图

1—三叠系中统法郎组第二段；2—三叠系中统法郎组第一段第一层；3—三叠系中统法郎组第一段第二层；4—三叠系中统永岭镇组；5—三叠系中统青岩组第一段；6—三叠系中统青岩组第二段；7—三叠系中统青岩组第三段；8—三叠系下统安顺组；9—三叠系下统大冶组；10—三叠系中统关岭组；11—寒武系娄山关群；12—正断层；13—逆断层；14—向斜；15—地下水流向；16—泉及编号

表 5-4　摆纪堆场 D2（发财洞）渗漏污染点情况调查表

编号	地点及类型	高程 m	距堆场距离 km	流量 （L·s⁻¹）	总磷浓度 （mg·L⁻¹）	氟化物浓度 （mg·L⁻¹）	备 注
D2	毛栗山发财洞下降泉	915	3.5	6.5	1415.36	246.31	水较浑浊，见白色悬浮物

（2）防渗治理工程

2004 年，通过堆场 941m 堆高铺设防渗膜和灌浆帷幕防渗治理两个方案比较后，确定采用引进美国 Ardaman 公司的防渗技术，对磷石膏堆场 941m 堆高进行了铺膜防渗处理，于 2007 年 6 月 30 日完成。

（3）防渗治理工程效果调查情况

摆纪堆场堆积高程 941m 铺膜防渗处理后，根据 D2（发财洞）的监测结果（表 5-5），防渗完成后污染物浓度下降。

表 5-5　治理前后发财洞（D2）水质监测结果

分析项目 / 取样时间	总磷浓度 /（$mg \cdot L^{-1}$）	氟化物浓度 /（$mg \cdot L^{-1}$）	备 注
2006 年 3 月—2007 年 6 月	1415.36	246.31	防渗完成前均值
2007 年 7 月—2008 年 12 月	389.15	105.78	防渗完成后均值

3. 交椅山磷石膏堆场

（1）渗漏污染概况

堆场于 2005 年启用，至 2009 年磷石膏堆积高程达 870 ~ 942m，有效库容约 $2875 \times 10^4 m^3$，磷石膏为湿排，堆场废液中总磷、硫酸盐、氟化物的浓度分别为 5284mg/L、1739mg/L、4570mg/L。由于堆场防渗处理不到位，使堆场产生岩溶渗漏，废水经管道裂隙运移直接污染地下水，排泄于乌江右岸的 34 号泉，致使乌江水体遭受污染（表 5-6、图 5-3、照片 5-3）。

表 5-6　交椅山堆场 34 泉（渗漏污染点）情况调查表

泉编号	地点及类型	高程 /m	距堆场距离 /km	流量 /（$L \cdot s^{-1}$）	污染物浓度 /（$mg \cdot L^{-1}$）	备注
34	乌江下降泉	625	10.5	52.0	总磷 2500，氟化物 340	水较浑浊，见白色悬浮物

照片 5-3　34 号泉污染地下水

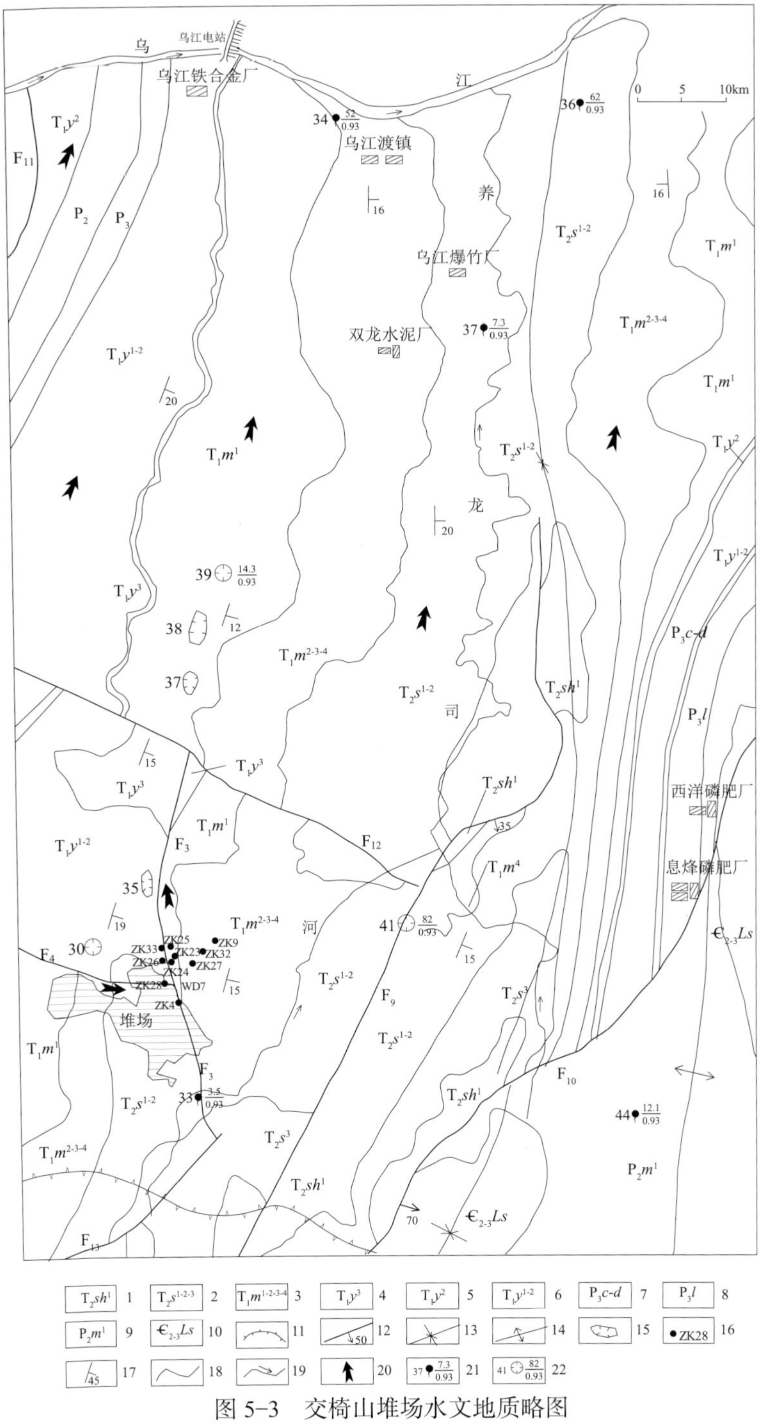

图 5-3　交椅山堆场水文地质略图

1—三叠系中统狮子山组第一段；2—三叠系中统松子坎组第一、二、三段；3—三叠系下统茅草铺组第一、二、三、四段；4—三叠系下统夜郎组九级滩段；5—三叠系下统夜郎组玉龙山段；6—三叠系下统夜郎组沙堡湾、玉龙山段；7—二叠系上统长兴组、大隆组；8—二叠系上统龙潭组；9—二叠系中统茅口组第一段；10—寒武系中、上统娄山关群第一段；11—地表分水岭；12—断层及产状；13—向斜；14—背斜；15—洼地；16—钻孔位置及编号；17—产状；18—地质界线；19—河流；20—地下水流向；21—下降泉编号$\frac{\text{流量(L/s)}}{\text{测流日期(年月)}}$；22—落水洞编号$\frac{\text{流量(L/s)}}{\text{测流日期(年月)}}$

（2）防渗治理工程

2009 年，通过堆场 938m 堆高进行灌浆，在主径流带（主渗漏带）进行类似围堰截流的防渗治理工程，把围截的受污染地下水通过钻孔抽回堆场回水库。垂直于地下径流带设计两排灌浆孔，于 2010 年 6 月 30 日初步完成。实施灌浆工程的同时，采用湿排改干排，并在 34 泉溢流口设集水井，把污染水用水泵打回厂内再利用。

（3）防渗治理工程效果调查情况

实施了“围堰式截流帷幕和机井回抽污染地下水”+“湿改干”排渣方式的防渗治理后，渗出点（34 号泉）的水质监测（表 5–7）表明，治理工程有一定成效，但污染未完全截断，同时在堆场的北东方向出现了新的污染（供水机井地下水硫酸盐超标）。其原因是包气带岩溶强烈发育，灌浆帷幕使地下水位壅高，渗漏途径变得更加复杂。

表 5–7　治理后 34 号泉水质监测结果

监测时间	pH	总磷浓度 /（$mg \cdot L^{-1}$）	硫酸盐浓度 /（$mg \cdot L^{-1}$）	氟化物浓度 /（$mg \cdot L^{-1}$）
2010–03–31	2.21	2494.52		2154
2010–09–21	2.47	787.46		385
2012–01–04	2.67	31.84	3854.09	0.226
2012–10–11	2.80	14.10	1025.36	0.064
2013–09–03	3.36	98.32	647.33	0.152

4. 龙井湾堆场

（1）磷石膏堆场渗漏概况

龙井湾磷石膏堆场 2008 年 12 月启用，磷石膏渣堆存高程 960m，最大堆积高度 130m，有效库容约 $2120 \times 10^4 m^3$，占地面积 $1.21km^2$。

龙井湾堆场受断层构造控制和采矿影响，存在两个渗漏方向：一是灯影组白云岩含水层的渗漏，堆场 890m 标高以上的采空区渗漏，渗漏溢出点为 800 平硐，监测水质总磷超标，地下水已被污染；二是堆场的 F_{10}—F_6 断层带渗漏，渗漏溢出点为 S6，监测水质总磷未超标，地下水尚未污染（图 5–4、表 5–8）。

表 5–8　龙井湾堆场渗漏系统特征表

位置及类型	渗漏标高 /m	渗漏溢出标高 /m	距离渗漏源长度 /km	水力坡降 /%	渗漏溢出点泉流量 /（$L \cdot s^{-1}$）	渗漏溢出平硐排水量 /（$L \cdot s^{-1}$）	备注
堆场东侧采空区，渗漏溢出点为 800 平硐	890 ~ 980	800	1.35	6.67		15.5	已污染
F_6 ~ F_{10} 断层渗漏带，渗漏溢出点 S6	830	772	1.61	3.59	0.5		未污染

（2）防渗治理工程

1）采空区防渗封堵设在堆场东侧高程为 843 ~ 960m 的所有采矿硐口，960m 标高以下采空区采用磷石膏胶结井下充填的防渗方案，即一种用磷石膏充填于井下采空区形成固化充填体的方法。胶结充填材料配比设计为水泥∶粉煤灰∶磷石膏 = 1∶1∶6 ~ 1∶1∶8，浆浓度为 61% ~ 80%，管道自流输送至井下采空区，经固化形成高强度的充填体，固化充填体压水试验渗透系数为 $10^{-6}cm/s$。

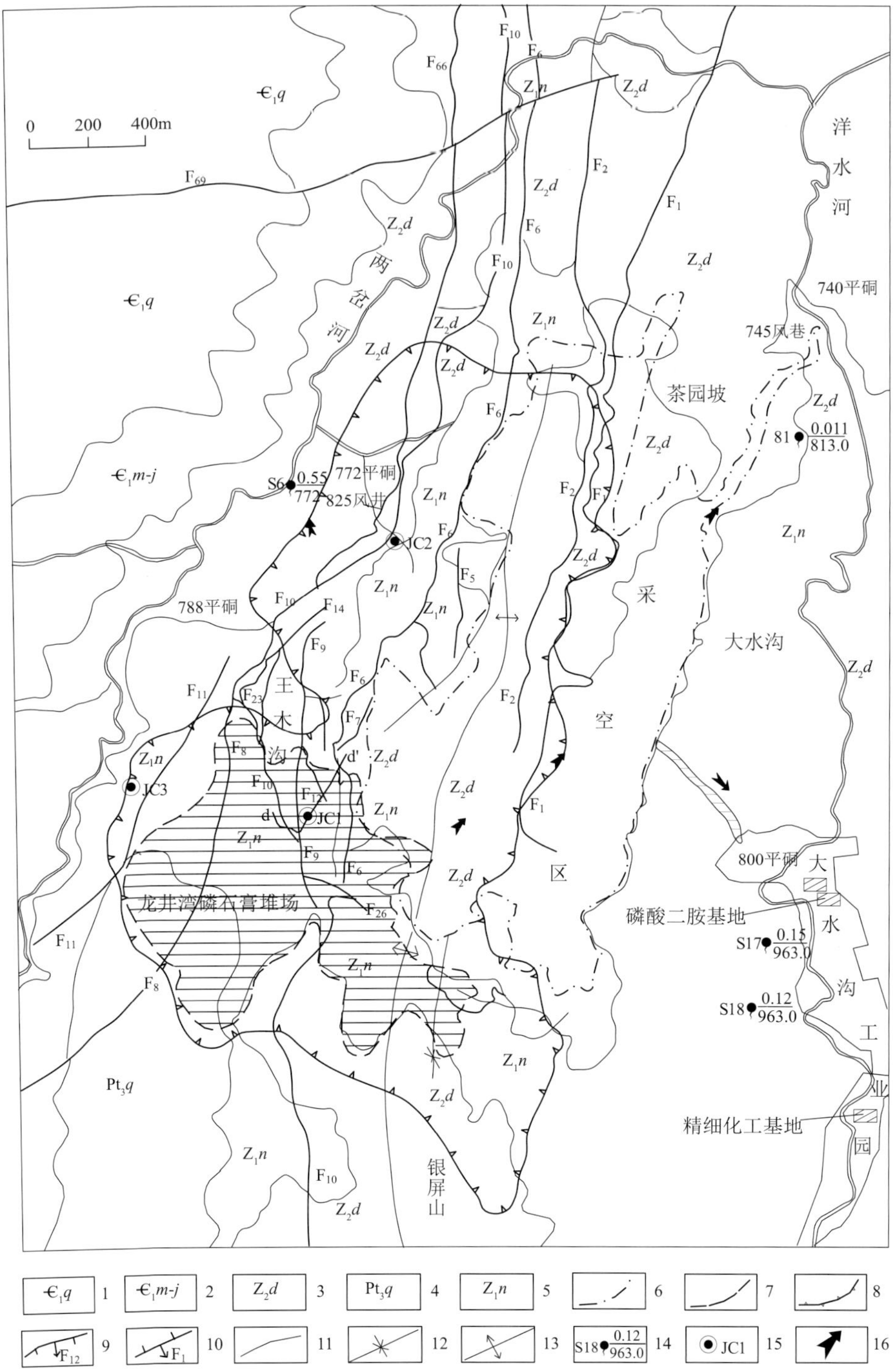

图 5-4 龙井湾堆场水文地质略图

1—寒武系下统清虚洞组；2—寒武系下统明心寺组 + 金顶山组；3—震旦系上统灯影组；4—新元古界清水江组；5—震旦系下统南沱组；6—采矿区分界线；7—960m 高程磷石膏堆积线；8—分水岭界限；9—正断层及编号；10—逆断层及编号；11—地质界线；12—向斜；13—背斜；14—下降泉编号$\frac{\text{流量(L/s)}}{\text{高程(m)}}$；15—地下水监测井及编号；16—地下水流向

2）F_{10}—F_6 断层渗漏带防渗对堆场断层带出露 840.0 ~ 960.0m 高程白云岩含水层进行防渗，采用黏土层 + 土工布 + HDPE 膜的水平防渗设计，断层带灯影组白云岩含水层东西两侧分别与 F_{10} 和 F_6 断层的西盘及东盘的南沱组隔水层搭接，南端防渗铺设至 960.0m 高程，北侧防渗铺设至 950.0m 高程，估算面积 121580m^2。

（3）防渗治理工程效果调查情况

堆场采用"后堆存"方式堆存，治理工程费用约 0.42 亿元。基本完成后，对渗出点的水质监测（表 5-9）表明，采空区充填，污染地下水被 800 平硐集中排出至废水处理站，处理后回用；S6 泉未出现明显超标，治理工程发挥了作用。

表 5-9 水样分析结果

序号	水样种类	位置	pH	总磷 /（mg·L^{-1}）	硫酸盐 /（mg·L^{-1}）	氟化物 /（mg·L^{-1}）
1	矿坑水	800 平硐硐口	4.70	5.05	1472.05	0.48
2	地下水	S6 下降泉	7.94	2.04	32.04	0.38

四、结语

1）通过以上工业废渣堆场的岩溶渗漏污染治理工程效果的评价可知，"悬挂注浆帷幕、截水帷幕、原地铺设 HPDE 膜、采空区回填等"防治方法，取得了一定的成效，对岩溶地区堆场渗漏污染治理具有重要的参考意义。

2）由于堆场多设置在岩溶含水系统的包气带，存在多层溶洞系统，渗流场复杂，即使采用较多的勘察工程手段，也很难查清和预测渗漏途径及弥散运移的空间变化特征，致使治理工程费用高，不能从根本上消除渗漏污染。

3）在堆场磷石膏堆积体上铺设防渗帷幕，再采用湿法输送堆积。随着堆积高度增加，防渗帷幕下的磷石膏差异性沉降或库底隐伏岩溶塌陷，会对防渗帷幕造成破坏，防渗失效，加剧岩溶渗漏地下水污染。摆纪磷石膏堆场就是此类案例。

4）加强枯水季节渗漏点的水质监测，尽可能地将污染地下水回收。

5）尽快启动针对贵州岩溶地区废弃物堆存标准，从堆场勘察到施工必须做全防渗措施，才能根本杜绝岩溶渗漏污染问题。

第四节 毕节煤矿开采区地下水保护

根据《贵州省毕节地区地下水保护行动试点——煤矿开采区地下水开发、利用、管理和保护研究（2008）》相关内容修编。

一、开采煤矿简况

毕节地区共有煤炭企业 578 个，其中大型煤矿（年产量＞ 120 × 10^{4}t/a）4 个、中型煤矿（年产量 60 ~ 120 × 10^{4}t/a）3 个、小型煤矿（年产量 30 ~ 60 × 10^{4}t/a）256 个、小矿（年产量＜ 30 × 10^{4}t/a）315 个。以小矿和小型煤矿为主。

二、煤炭开采对地下水影响的调查与分析

（一）煤矿资源开采对含水层的影响

煤矿开采使围岩变形和移动。在采空区上覆岩层直至地面，出现冒落带、弯曲带和裂缝带（三带）。岩层移动影响到的含水层结构受到破坏，引起地下水补、径、排关系的改变，对地下水资源的形成与赋存规律产生了影响。这种破坏受诸多方面因素的影响。

1. 煤矿含、隔水层的水理性质

毕节地区主要含煤地层为二叠系龙潭组，其上覆三叠系夜郎组二段为中等富水岩组、二叠系长兴组及大隆组为中等富水、含水岩组，其下伏含水层组主要为二叠系中统栖霞组—茅口组强富水层组。

2. 煤矿开采方法的影响

毕节地区在小煤矿未整合之前（2007 年以前）对于顶板的处理方法均用全部垮落法，回采率均大于 80%，导致区内上覆含水层通过隔水顶板渗入采空区，形成老窑水，对新采区构成突水威胁，造成上覆含水层的疏干，并与地表径流产生水力联系。

3. 顶板岩层结构特征的影响

区内龙潭组含煤地层上覆为长兴组岩溶含水层，富水性中等；夜郎组一段为弱透水层，可看作相对隔水层，厚度一般大于 10m。根据煤矿顶板破坏程度统计，冒落带高度一般为 5 ~ 15m，导水裂隙带发育高度 23 ~ 41m。区内的主采煤层顶板距夜郎组一段底板的距离一般为 30 ~ 80m，煤矿开采引起地层破坏高度可达到长兴组岩溶含水层，对该含水层造成破坏严重，少数煤矿开采能影响到夜郎组及以上的含水层。对于夜郎组一段之上的含水层，由于煤层开采过程中，这些含水层也会发生位移，使地下水流场发生变化，改变其补给、径流、排泄的条件。

4. 煤矿区构造的影响

煤矿区构造的影响主要指区域断层及褶皱的发育情况的影响。煤矿开采使断裂和褶皱形态发生变化，断层带的性质发生改变，使断层带导水和地层渗透能力增强，从而破坏了含水层的结构，使地下水资源受到破坏。

（二）煤矿资源开采对地下水的影响

1. 煤矿开采对浅层孔隙水的影响

由于孔隙水含水层具颗粒粗、厚度薄、储量较少、埋藏浅的特点，矿井大量排放孔隙水，很快形成较大的降落漏斗，疏干孔隙含水层。

2. 煤矿开采对浅层岩溶-裂隙地下水的影响

浅层裂隙地下水是农村人畜吃水的主要水源。煤矿开采和矿井排水疏干了岩溶-裂隙水，同时在煤矿开采过程中出现了大量的地面裂缝，使得山区裂隙水型的泉水漏失，造成了许多新的人畜吃水困难的村寨。

3. 煤矿开采对深层岩溶水的影响

若开采标高低于深部岩溶水位标高时，由于断裂构造与裂隙的沟通，同时采煤过程中地应力的重新分布以及下组煤系地层裂隙水的疏干，造成裂隙水和岩溶水之间的水动力平衡破坏。上述因素会造成岩溶水在局部有利地段向上越流的条件，因而个别矿井开采到一

定水平时，煤矿在疏排裂隙水的同时，也在间接排放深部岩溶水。

（三）矿坑排水情况调查与分析

1. 降水量对涌水量的影响

根据调查，区内矿坑充水水源主要为大气降水。从全区矿井排水情况来看，矿井涌水量与降水量有明显对应关系，每年 5—10 月降水量大，矿井涌水量也增加；10 月—次年 2 月，降水量小，矿井涌水量也小。

2. 矿坑充水类型及涌水情况

（1）充水类型

矿坑的充水类型主要有两种：①岩溶充水型：矿坑涌水量大，往往以集中突水为充水方式；矿坑涌水呈现几个的出水点或多处岩溶裂隙渗水带涌出，遇溶洞会产生突水，涌水量变化不稳定（0.5 ~ 300m^3/h）。②混合型：既存在裂隙充水，又存在岩溶充水的矿床类型，表现为两种充水类型的综合。

（2）充水水源及充水方式

1）直接充水水源：来自开采煤层上覆或下伏的基岩裂隙水、岩溶裂隙水。主要为龙潭煤系地层中的灰岩、砂岩中的地下水以及其上覆长兴组灰岩中的岩溶水与其下伏茅口组灰岩中的岩溶水，通过采煤引起的裂隙渗入开采巷道或者以突水的形式涌入巷道。

2）间接充水水源：大气降水、老窑水、地表水。通过裂隙入渗补给直接充水含水层。

3. 矿坑涌水水质

按照《污水综合排放标准》（DB 31/199—2018）一级标准，对江丰、石桥等 21 个煤矿的水质指标的检测结果如下：悬浮物超标煤矿 18 个，最高超标 12 倍；溶解性铁超标煤矿 20 个，最高超标 18 倍；化学需氧量（铬）超标煤矿 6 个，最高超标 1.6 倍；硫化物超标煤矿 6 个，最高超标 3.8 倍。矿坑水质达不到《污水综合排放标准》一级标准要求。根据统计，毕节地区煤矿矿坑水均存在以上指标的超标问题。另外，部分煤矿矿坑水还存在大肠杆菌、pH 值、总锰等超标现象。

（四）矿坑排水量调查

部分煤矿矿坑排水统计情况，见表 5-10。

表 5-10　部分煤矿日均涌水量、排水量及吨煤排水量表

煤矿名称	设计年产量 /10^4t	正常涌水量 /（m^3/d）	矿井排水量 /（m^3/d）	吨煤排水量 /（m^3/t）
金沙县金乐煤矿	9	480	438.90	1.6
毕节市众福煤矿	9	288	220.78	0.8
大方县富利煤矿	9	720	676.90	2.5
大方县大营煤矿	15	828	678.00	1.5
大方县对江煤矿	60	–	4121.49	2.3
金沙县狮子岩煤矿	9	360	167.10	0.6
黔西县新田煤矿	120	–	5142.00	1.4
织金县华兴煤矿	15	480	101.18	0.2
纳雍县法都寨煤矿	9	360	127.50	0.5

续表

煤矿名称	设计年产量 /10^4t	正常涌水量 /（m^3/d）	矿井排水量 /（m^3/d）	吨煤排水量 /（m^3/t）
黔西县洪水购煤矿	15	480	310.30	0.7
大方县白布煤矿	9	720	165.70	0.6
金沙县红星煤矿	9	100	185.40	0.7
金沙县双堰塘煤矿	9	463	350.50	1.3
织金县沙子井煤矿	15	480	400.47	0.9
织金县新兴煤矿	15	720	528.80	1.2
大方县川贵地财煤矿	9	120	80.00	0.3
织金县二道煤矿	9	720	647.80	2.4
黔西县新益煤矿	30	720	671.60	0.7
黔西县杨柳煤矿	60	1000	380.10	0.2
织金县贵诚煤矿	15	480	362.90	0.8
织金县荆坪煤矿	15	960	873.00	1.9
织金县华山宏发煤矿	15	360	301.00	0.7
黔西县中建红堰煤矿	15	480	403.20	0.9
织金县兴旺煤矿	30	1865	1736.00	1.9
大方县滴水岩煤矿	15	240	636.26	1.4
赫章县水井湾煤矿	15	480	568.50	1.3
威宁县连昌煤矿	15	600	538.10	1.2
织金县腾龙煤矿	30	1101	960.30	1.1
织金县湘黔煤矿	15	960	936.95	2.1
织金县中坝煤矿	15	360	318.20	0.7
纳雍县三雍煤矿	30	4176	3879.60	4.3
金沙县化竹煤矿	15	307	202.90	0.4
文家坝一矿	120	15600	14954.00	4.1
黔西县洪水沟煤矿	15	480	204.30	0.4
赫章县四合煤矿	9	360	203.20	0.7
金沙县联办煤矿	9	360	185.50	0.7
纳雍县安家寨煤矿	9	360	175.50	0.6
纳雍县吉祥煤矿	9	288	152.00	0.6
黔西县垅华煤矿	30	480	480.00	0.5

由表 5-10 看出：

1）吨煤排水量大小与矿坑涌水量的大小有直接的关系，矿坑涌水量愈大，排水量也越大。影响矿坑排水量的主要因素与矿坑涌水量的因素基本一致。

2）吨煤排水量大小与年产量大小有一定的关系，年产量越大，吨煤排水量也就越大。根据表5–10统计，年产9×10^4t的煤矿，平均吨煤排水量为$0.92m^3$；年产15×10^4t的煤矿，平均吨煤排水量为$1.01m^3$；年产30×10^4t的煤矿，平均吨煤排水量为$1.70m^3$；年产60×10^4t的煤矿，平均吨煤排水量为$1.30m^3$；年产120×10^4t的煤矿，平均吨煤排水量为$2.75m^3$。

3）根据以上统计，按照毕节地区2006年实际年产煤2781.16×10^4t计算，吨煤排水量采用加权平均值$1.53m^3/t$，矿坑年排水量为$0.4255\times10^8m^3$。根据2001—2010年毕节地区矿产资源总体规划，2010年全区原煤总产量控制在（6000～7000）$\times10^4$t，按以上吨煤排水量计算，矿坑年排水量为（0.9180～1.0710）$\times10^8m^3$。

（五）煤炭开采对水环境的影响

毕节地区煤矿开采，岩溶含水层被疏干，改变了水文地质结构，引发一系列的水环境问题，主要表现在以下几个方面。

1. 含水层水位下降

随着煤矿开采规模和开采量的加大，抽排矿坑水，使地下水水位迅速下降，致使岩溶泉、地下河及储水构造的补给、径流条件发生变化。例如，金沙县鑫源煤矿周围，因煤矿开采，其中11个泉点，就有3个干枯、8个泉的流量明显减小，严重影响了周边村民的饮水。

2. 水资源的浪费

井下采煤业的强行抽排大量的矿坑涌水，浪费了大量的地下水资源。毕节地区2006年煤矿矿坑年涌水量约为$0.4255\times10^8m^3$，其中75%以上未能综合利用而直接排到周边地表水体，导致大量水资源浪费。

3. 水均衡的破坏

由于矿坑排水大于补给来源，使煤系地层以上碎屑岩裂隙或岩溶裂隙含水层被疏干，水均衡受到影响破坏。据资料统计，金沙县鸡粑坎煤矿共有泉点37个，由于采煤影响，出水量日趋减小，目前已有90%的泉点水量下降达50%以上。

4. 水资源污染

矿坑废水不经过处理直接排入河沟，使地表水体受到污染，导致水质恶化。煤矿排出的废水其特征为：

1）pH值偏低。因为煤层是在还原环境下形成的，其中含有较高的硫，且有硫铁矿伴生分布，在天然状态下含水层水体与煤系地层相隔。煤层开采以后，含硫的煤充分与水接触以后，在氧化条件下，氧化成酸过程大大加快而形成酸性水，使其对井下设备侵蚀加剧，增加安全隐患。例如黔西江丰煤矿pH值为5.79。

2）硫酸根离子含量偏高。由于还原条件下硫化铁矿在充分与水体和空气接触反应生成硫酸及其化合物，从而使矿坑废水中硫酸根离子的含量偏高。

3）硬度偏大。矿坑废水在氧化成酸性水过程中对含水体围岩不断溶蚀，使水体中Ca^{2+}，Mg^{2+}的含量增加，硬度增大。

4）溶解性总固体增高。

5）铁离子含量增高。90%的煤矿含可溶性Fe超标。

6）毒理学成分增高。酚类有机物在天然条件下转化困难，在开采条件下其反应加快，矿坑水中酚类有机物含量增加较大，甚至超标。

7）汞、铅、铬、氟、锰普遍超标，有的煤田中矿坑废水化学需氧量、生化需氧量超标。在调查中发现，许多小矿矿坑废水不经过任何处理直接排入河沟，大量的废水直接排入汇集于地表水体，使地表水体直接污染。通过岩层裂隙下渗进入浅层地下水循环，使浅层地下水受到污染，或通过采煤塌陷裂隙下渗到碎屑岩裂隙含水层，使碎屑岩含水层污染，甚至影响到区域岩溶裂隙水水源，使水质下降。

三、关于加强贵州省毕节市煤炭开采地下水资源保护与监督管理的意见

（一）在煤矿准入条件中应增加煤矿水文地质勘查

1. 增加煤矿水文地质勘查的必要性

通过对贵州省毕节地区 386 个煤矿涌水量统计得出，其每天涌水量是 $52\times10^4m^3$，全年涌水量是 $1.88\times10^8m^3$。由于煤矿大都为岩溶充水矿床类型，煤矿开采改变了岩溶水文地质结构，破坏了岩溶水循环，煤矿排水对岩溶水资源及水环境的影响日显突出。因此，矿坑排水量的大小及疏干范围的划定对地下水的保护非常重要。

在煤矿水资源论证中，涉及矿坑涌水量问题。据调查，研究区 99% 煤矿无水文地质勘查及观测资料，由于对煤矿充水类型认识不清，导致评价不到位。目前采用的比拟法进行煤矿矿坑涌水量的预测，85% 煤矿矿坑实际涌水量超出设计涌水量的 52%～120%。另外，在退水论证时，往往仅考虑退水对地表水的影响，没有论证其对地下水的影响。

由于对煤矿充水类型及预测的矿井涌水量缺乏水文地质依据，以及开采过程中没有实施对涌水量、排水量及水质的观测（监测），故煤炭开采区地下水保护管理、政策及法规没有技术支撑，更无监管措施。煤矿水文地质勘查工作的重要性在于：

1）煤矿涌水量的大小，不仅是进行矿山排水设计的依据，而且是水资源取水、退水论证的依据；

2）预测煤矿涌水量（及发生突水、透水）对破坏了岩溶水系统的水均衡，造成对岩溶大泉、地下河及储水构造水位下降和水量减少的影响程度；

3）评价煤矿排水疏干对疏干区居民的生活和灌溉用水的影响程度；

4）在煤矿整个排水过程中制定监测措施的影响程度；

5）为煤炭开采区地下水保护管理、政策及法规制定提供技术依据。

基于以上这些方面，应该把煤矿水文地质勘查作为准入条件。

2. 煤矿水文地质勘查——抽水试验的基本要求

通过对贵州省毕节地区 386 个煤矿统计调查，煤矿充水含水层主要为二叠系上统龙潭组，中等含水层有二叠系上统长兴组、大隆组及下三叠统夜郎组玉龙山段，强含水层有二叠系中统茅口组。由煤矿设计资料及开采矿坑疏水调查可看出，煤矿开采规模决定开采煤层数及采深的多少，也反映揭露岩溶含水层程度（表 5-11、表 5-12）。

依据毕节地区煤矿充水水文地质特征及煤矿开采规模，在执行《矿区水文地质勘探规

范（GB12719—1991）》基础上，确定水文地质勘查的工作中对抽水试验的要求，见表5-13。建议2009年1月起，毕节地区办理煤矿取水许可证，进行编制水资源论证报告时应具有煤矿水文地质勘查报告。

表 5-11　不同规模煤矿及含水层数

含水层数	规模			
	大型煤矿（年产量 60×10^4t 以上）	中型煤矿（年产量（30 ~ 60）$\times10^4$t）	小型煤矿（年产量（9 ~ 30）$\times10^4$t）	占比 /%
1层	0	1	71	18.7
2层及2层以上	12	31	271	81.3
合计	12	32	342	100

表 5-12　不同矿坑正常涌水量的对应煤矿数

涌水量 /（m^3/h）	煤矿 / 个	占比 /%
＜ 30	183	47
30 ~ 60	153	40
60 ~ 100	24	6
＞ 100	16	4
不清	14	4
合计	386	100

表 5-13　毕节地区煤矿水文地质勘查抽水试验要求

年产量 /10^4t	9 ~ 30	30 ~ 60	60 ~ 120
规定抽水试验	单孔	多孔	干扰
降深 / 次	3	3	3

（二）把煤矿排水监测作为水资源论证动态管理措施

1. 增加煤矿排水监测管理的必要性

2006年全区已建矿井用水量 $2540\times10^4m^3$，矿井排水量 $3850\times10^4m^3$。煤矿用水量中，地表取水量 $940\times10^4m^3$，占煤矿用水总量的37.0%；利用矿井排水量 $1600\times10^4m^3$，占煤矿用水总量的63.0%。矿井排水利用量占矿井排水总量的41.6%，其中58.4%（$2250\times10^4m^3$）未经处理或者简单处理后排入煤矿附近的河道内。煤矿开采一方面需要从地表取水作为生活用水，另一方面又要排放大量的矿井涌水，排放的矿井涌水大部分未经处理直接排入河道内，造成河流污染。

毕节地区煤炭资源开采区没有地下水保护的地方管理监督的制度，如何进行煤炭资源区地下水的综合开发利用，其吨煤用水量、耗水量经济技术指标的优化界定，应从煤矿排水监测数据中获得。因此，在煤矿水资源论证中，增加煤矿开采的矿坑涌水量、矿井排水量及废水排放量等的监测体系，实行每月上报制度是一项迫切动态管理工作。

2. 煤矿排水监测管理的基本要求

1）从煤矿建设开始，建立矿坑涌水量监测，记录每天的涌水量。

2）从煤矿投产开始，建立煤矿排水量监测，记录每天的排水量。

3）从煤矿投产开始，建立煤矿排水水质监测，每个星期取水样对煤矿排水水质作水化学分析，分析项目包括pH值、SS、可溶性Fe、氟、COD等。

3. 制定毕节地区煤矿开采造成泉井漏失、农田漏水及水环境破坏的补偿保证金制度

毕节地区煤矿开采对浅层地下水的影响问题十分突出，煤矿区周边出露的泉、井是农村人畜吃水的主要水源，煤矿开采和矿坑排水使得山区裂隙水型的泉水漏失，造成了许多新的人畜吃水困难的村寨，影响人畜用水达 70% 以上。考虑出台毕节地区煤矿开采造成泉井漏失、农田漏水及区域水环境破坏的补偿保证金制度，建议如下。

1）可参照 2006 年贵州省颁布的《贵州省矿山生态恢复综合治理条例》，制定毕节地区（试验区）煤矿疏排水引发水环境破坏恢复综合治理条例。

2）对目前开采煤矿或即将建设的煤矿，按设计排水量缴纳水环境破坏的补偿保证金。

3）赔偿主要原则：煤矿开采造成泉井漏失、农田漏水及水环境破坏的，通过以水文地质勘查为技术支撑，在管理层面上界定，用保证金补偿。

4）煤矿开采未造成泉井漏失、农田漏水及水环境破坏的，闭矿后一年，通过水文地质技术评估，在管理层面上界定，退还保证金。

（三）补偿的办法

1. 煤矿开采对矿区水环境破坏的界定

1）煤矿矿坑疏排水，造成对矿区周边泉水漏（消）失；岩溶大泉、地下河（溶洞水）及储水构造（地下水富水块段）水位及水量明显减小；地表河沟、湖泊（海子）水位及水量的漏失或明显减小。

2）煤矿矿坑疏排水应执行《污水综合排放标准》（GB8978—1996）、《煤炭工业污染物排放标准》（GB20426—2006）及《贵州省环境污染物排放标准》（GB52/12—1999），超出标准将造成对水体的污染。

3）破坏事件应以水文地质勘查（察）、地表水环境监测为技术支撑，在管理层面上作界定，用保证金补偿。

2. 煤矿开采对矿区周边山区裂隙水型的泉水漏（消）失的补偿

对于农村居民以泉作为饮用水、生活水，因煤矿开采导致泉水漏（消）失，水利部门出面协调，政策上支持，应修建自来水站（包括水源勘查设计费、水站、管网施工建设费等），煤矿出 90% 的费用，政府出 10% 的费用。

3. 煤矿开采对矿区周边农田造成漏（消）水的补偿

对于农村种植水稻田，因煤矿开采导致稻田水漏（消）失的，煤矿参照当地水价 100% 补偿。

4. 煤矿开采对区域水环境补偿

对岩溶大泉、地下河（溶洞水）及储水构造（地下水富水块段）及地表河沟、湖泊（海子）水位及水量的下降或漏失的，煤矿应给予补偿。

第五节 机井天然劣质岩溶水分析和利用对策

一、天然劣质岩溶水分布特征

自然状态下，地下水在自然循环过程中与岩土介质发生水岩相互作用，经长期演化而形成的天然地下水中有离子浓度超过《地下水质量标准》（GB/T—14848—2017）Ⅲ类水标准时，可称之为天然劣质地下水。

1. 机井水质超标概况

2007 年以来，贵州省为解决农村饮水安全问题，在全省范围内施工机井 4694 口，由于缺乏对白云岩地球化学背景及劣质岩溶水空间分布研究，部分机井虽然水量充足，但水质超过Ⅲ类标准，不符合人饮条件。

2. 水质超标分析

根据地下水质量单指标评价法评价结果，贵州省 4067 个机井中，有 755 个机井存在水质指标超过《地下水质量标准》（GB/T 14848—2017）Ⅲ类水标准，超标率为 18.56%；其中，Ⅳ类水 497 个，占比 12.22%；Ⅴ类水 258 个，占比 6.34%。

对超标因子进行统计分析，超标组分有铝、铁、锰、三氮、硫酸盐、溶解性总固体、氟化物、耗氧量、pH、铅、汞、镉、砷等 21 项，各因子超标情况详见表 5-14。其中超标贡献率大于 10% 超标组分有铝、铁、总硬度、锰、硫酸盐、氟化物和铅 7 项。

表 5-14　机井超标组分统计表

序号	超标因子	IV 类水因子个数	IV 类水贡献率 /%	V 类水因子个数	V 类水贡献率 /%	IV、V 类水因子总数	总贡献率 /%
1	铝	140	28.17	110	42.64	250	33.11
2	铁	183	36.82	10	3.88	193	25.56
3	总硬度（以 $CaCO_3$ 计）	90	18.11	86	33.33	176	23.31
4	锰	118	23.74	7	2.71	125	16.56
5	硫酸盐	25	5.03	99	38.37	124	16.42
6	氟化物	72	14.49	31	12.02	103	13.64
7	铅	101	20.32			101	13.38
8	溶解性总固体	51	10.26	17	6.59	68	9.01
9	砷	33	6.64	5	1.94	38	5.03
10	耗氧量	23	4.63	7	2.71	30	3.97
11	pH 值	17	3.42	9	3.49	26	3.44
12	氨氮（以 N 计）	16	3.22	9	3.49	25	3.31
13	镉	9	1.81	1	0.39	10	1.32
14	钠	6	1.21	1	0.39	7	0.93
15	汞	3	0.60	4	1.55	7	0.93
16	硒	2	0.40	4	1.55	6	0.79
17	锌	4	0.80			4	0.53
18	亚硝酸盐（以 N 计）	1	0.20	1	0.39	2	0.26
19	Cl^-			2	0.78	2	0.26
20	挥发酚			2	0.78	2	0.26
21	铜	1	0.20			1	0.13

（据罗和平，2021）

二、超标组分分析

1. 铝、铁、锰含量超标

地下水中的铝主要来自含铝矿物的风化溶解，主要以铝硅酸盐矿物为主，还有铝土矿和冰晶石。由于绝大多数含铝矿物溶解度很低，因此地下水中铝的含量也低。地下水中铁的来源非常广泛，铁在水溶液中的溶解和沉淀，主要受 pH 和 E_h 值控制。地下水中锰主要来源于岩石和矿物中锰的氧化物、硫化物、碳酸盐、硅酸盐等的溶解。

铝、铁、锰超标组分劣质岩溶水主要集中在黔中平坝—开阳、黔西南兴义—兴仁—安龙的三叠系中、下统，以及黔东南西北外缘玉屏—黄平—丹寨一带的寒武系第三统至芙蓉统地层中。铁、铝含量的超标及分布具有一定的规律性：铁、铝含量同时超标的机井较多，通常铝离子的浓度更大，即铝离子多为Ⅴ类影响因子，铁离子多为Ⅳ类影响因子。锰含量超标的机井共 125 处，多为（118 处）Ⅳ类影响因子；有 60 处为锰含量单指标超标，其余 65 处多与铝、铁、硫酸根离子等含量呈复合型超标。

2. 硫酸盐、总硬度和 TDS 超标

硫酸盐是指由硫酸根离子与其他金属离子组成的化合物。地下水中的硫酸盐有多种来源，其中包括海相蒸发岩石溶解、大气中的硫酸盐及陆地硫化物的溶解等，属天然来源。总硬度是指水中 Ca^{2+}、Mg^{2+} 的总量，包括暂时硬度和永久硬度。TDS 指水中溶解组分的总量。包括溶解于地下水中各种离子、分子、化合物的总量，它反映地下水中无机离子和部分有机物的含量。TDS 的形成是水岩长期相互作用的结果，其所受影响因素很多，主要包括降水、蒸发、地形、土壤类型、土地利用类型、岩性及农业活动等。因此，地下水 TDS 分布具有空间变异性。此外，人类活动也会在一定程度上引起地下水中 TDS 含量的增高，如污水渗漏、地下水过量开采等。

贵州地下水中总硬度、硫酸根和 TDS 组分超标分布集中且大部分位于三叠系中、下统含水岩组中的机井水样，主要是天然背景值含量较高。硫酸盐、总硬度和 TDS 超标组分劣质岩溶水主要分布区域有：①六枝—普安—安顺一带，其中安顺周边主要为总硬度单独超标，超标机井所在含水层多为三叠系下统安顺组，六枝–普安周边主要是硫酸根和总硬度同时超标，超标机井所在含水层多为三叠系中统关岭组；②织金—黔西一带，大部分为总硬度、硫酸根和溶解总固体同时超标，少量为硫酸根和总硬度同时超标，超标机井所在含水层多为三叠系下统嘉陵江组和中统关岭组；③遵义城区及周边主要为总硬度和硫酸根超标，所在含水层为三叠系中、下统的嘉陵江组和中统关岭组；④贵阳市超标点主要集中在花溪至城区、息烽至开阳一带，以总硬度、硫酸根超标最为常见，其所在含水层情况基本与六枝—普安—安顺一带类似，多为三叠系中、下统含水层；⑤黔西南的兴义、兴仁及安龙一带，分布较为分散，以总硬度、硫酸根超标最为常见，超标点所在含水层均为三叠系中统的关岭组和杨柳井组。

3. 氟化物超标

贵州高氟水其氟源主要是沉积碳酸盐岩中的萤石（CaF_2）。由于萤石在水中有一定的溶解度，在浅循环岩石中，水流交替活跃，在长期的水岩作用下，随岩石的埋深减少，岩石中的氟源 CaF_2 减少，地下水中氟含量降低，故高氟地下水是水流交替缓滞的深层的萤

石含量较高的岩石中的地下水。随着岩石深度的增加，由于萤石和石膏的共生关系，地下水通常表现出 F^-和 SO_4^{2-}彼此的正相关关系。经分析，有 103 处 F^-含量超标，其中有三分之二是Ⅳ类超标影响因子，三分之一为Ⅴ类超标影响因子。

氟化物超标组分劣质岩溶水主要集中在德江—凤冈—贵阳—贞丰—安龙一线以西地区，这说明贵州西部地下水普遍存在氟化物超标的现象。

4. “三氮”组分超标

通常情况下，把氨氮、亚硝酸盐氮和硝酸盐氮称为“三氮”。当水体受到含氮有机物污染时，其中的含氮化合物由于水中微生物和氧的作用，可以逐步分解氧化为 NH_3、NH_4^+、NO_2^-、NO_3^-等简单的无机氮化物。在有氧条件下，氮产物的生物氧化分解一般按 NH_3 或 NH^{4+}、NO_2^-、NO_3^-的顺序进行，NO_3^-是氧化分解的最终产物。

“三氮”超标组分污染岩溶水较为集中地分布在息烽–开阳、贵阳市、安顺市、六盘水市、遵义市、铜仁市等人口集中、工矿企业密集的市区、县城及城郊地带。其中，超标组分以氨氮为主，超标水样共计 25 件（有 1 件水样氨氮、亚硝酸盐均超标）；亚硝酸盐超标水样 1 件。水体中氮化合物的主要来源是生活污水和某些工业废水及农业面源，因此三氮超标机井主要是受人为因素影响。

5. 重金属组分超标

区内重金属超标情况较为复杂，多数表现为与其他金属、“三氮”等复合超标情况，主要受人为污染引起，部分区域也可能存在高背景值的情况。

铅超标机井绝大部分都集中出现于重要城市、城镇及矿产周边，主要为人为活动引起。其中，汞超标机井仅 7 处，均为人为污染原因；镉超标机井共 10 处，其中有 5 处与铅同时超标，空间分布特征也与铅类似，主要为人为活动引起；砷超标机井共 38 处，分布较为分散，其中有 26 处为人为污染引起，剩余 12 处均出露于三叠系中、下统地层中，周边无明显污染源且与铝或铁同时超标，在安龙县一带形成聚集区。因此，推测部分地区的砷离子也可能存在背景值超标的情况。

综上，根据超标组分类型，水质超标机井可分为五类：总硬度硫酸根 TDS 超标、铝铁锰超标、氟化物超标、“三氮”超标、重金属超标。通过分析发现，“三氮”超标和重金属超标机井主要是受人为因素影响（不在评价范围）。总硬度硫酸根 TDS 超标、铝铁锰超标和氟化物超标三类主要分布在寒武系及三叠系白云岩中，其超标原因大部分是由于白云岩中膏盐层的存在，可视为天然劣质岩溶水。因此，通过对含水层中膏盐层的分布及成因开展研究，能揭示研究区主要劣质岩溶水分布规律。

三、天然劣质岩溶水平面分区特征

通过对机井水质数据评价，总硬度硫酸根 TDS 超标、铝铁锰超标和氟化物超标三类主要分布在寒武系及三叠系白云岩中，其超标原因大部分是由于白云岩中膏盐层的存在（图 5–5）。

1. 震旦系上统—寒武系纽芬兰统劣质岩溶水区（$Ⅰ_1$）

该区地层主要为灯影组，主要分布于金沙县岩孔镇周边，灯影组白云岩中的原生地下水具有 Al、Fe、Mn 等含量超标的现象。

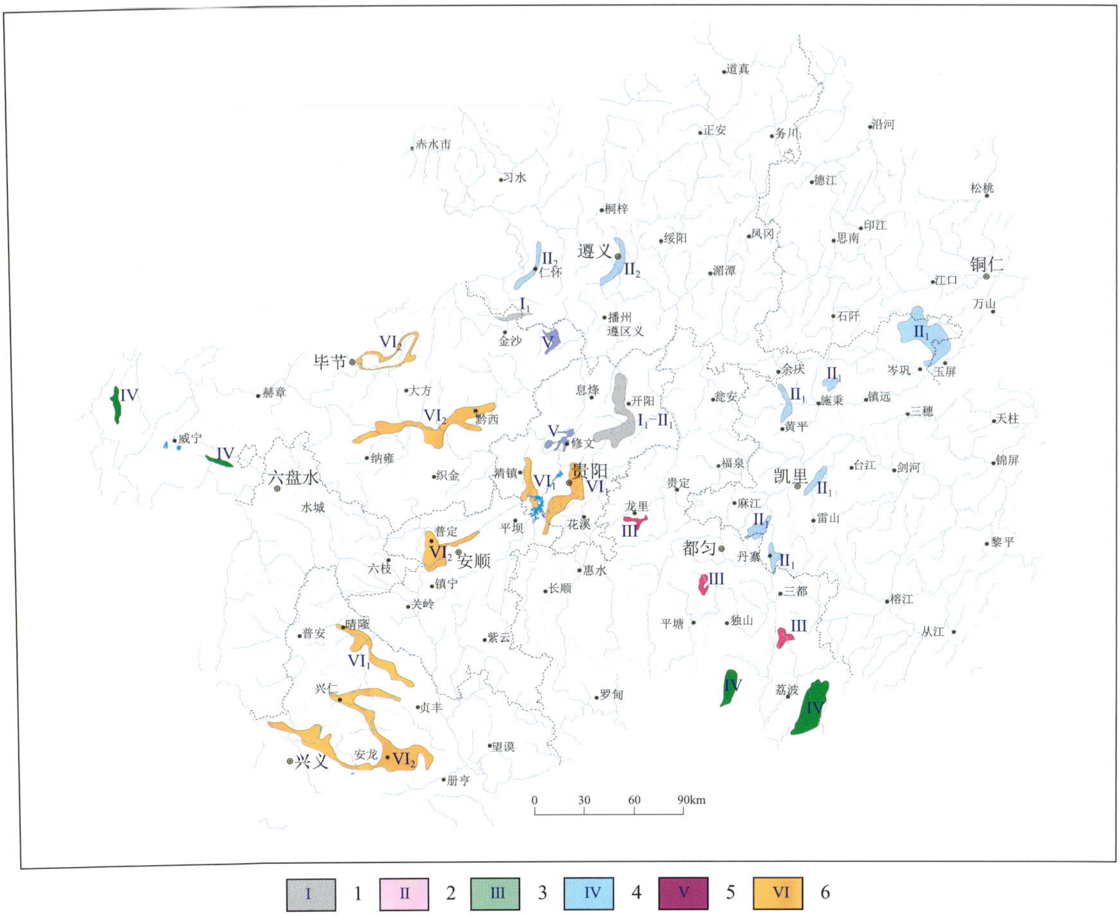

图 5-5　天然劣质岩溶水区分布图

（据罗和平，2021）

1—震旦系上统；2—寒武系第二统至芙蓉统；3—泥盆系上统；4—石炭系下统；5—二叠系阳新统；6—三叠系中下统

成因：该区在晚震旦世—寒武纪纽芬兰世的岩相古地理为局限台地相，为封闭-半封闭的沉积环境。受沉积环境影响，灯影组一段局部发育有石膏夹层，二段发育含磷矿白云岩，岩层中的石膏、盐岩、磷矿伴生物等可溶矿物或是地下水中超标离子的来源。

2. 震旦系上统—寒武系纽芬兰统、寒武系第三统—芙蓉统劣质岩溶水区（I_2-II_1）

该区地层主要为灯影组、高台组、娄山关组，主要位于开阳县永丰、禾丰—乌当区水田一带，呈南北向条带状展布，其灯影组、高台组、娄山关组白云岩中的原生地下水具有Al、Fe、F等含量超标的现象，偶见硫酸根含量、总硬度超标。

成因：该区在晚震旦世—寒武纪纽芬兰世、寒武纪第三世—芙蓉世的岩相古地理均为局限台地相，受封闭—半封闭的沉积环境影响。上述时期沉积的白云岩中常夹有石膏层，尤其是灯影组二段含有高氟磷矿白云岩，上述岩层中的石膏、萤石、盐岩、磷矿伴生物等可溶矿物或是地下水中超标离子的来源。

3. 寒武系第二统、第三统—芙蓉统劣质岩溶水区（II_1）

该区地层主要为清虚洞组、高台组、娄山关组，主要分布于江口县民和—玉屏县、凯里市挂丁—台江县台盆等处，基本沿贵州省两个四级构造单元黔南坳陷区与榕江加里东褶皱区分区界线展布。其清虚洞组、高台组、娄山关组白云岩中的原生地下水具有 Al、Fe、Mn 等含量超标的现象。

成因：寒武纪第二世、第三世—芙蓉世，贵州铜仁—玉屏—凯里—独山一线为台地边缘相，该线以北为局限台地相，以南为台缘斜坡相。劣质地下水区基本在台地边缘相与局限台地相的接触带上分布。受封闭—半封闭的沉积环境影响，上述时期沉积的白云岩中常夹有石膏、盐岩等，或是地下水中超标离子的主要来源。

4. 寒武系第三统—芙蓉统劣质岩溶水区（$Ⅱ_2$）

该区地层主要为娄山关组，主要分布于遵义市高坪—板桥、仁怀市鲁班等地，其娄山关组白云岩中的原生地下水常见硫酸根含量、总硬度及溶解性总固体含量等指标超标现象。

成因：该区在寒武纪第三世—芙蓉世为局限台地相，受封闭的沉积环境影响，娄山关组第二段中常见石膏及盐岩，或是地下水中超标离子的主要来源。

5. 泥盆系上统佘田桥阶—锡矿山阶劣质岩溶水区（Ⅲ）

该区地层主要为望城坡组、高坡场组、尧梭组，主要在黔南龙里县、平塘县、三都县等地分散分布，其望城坡组、高坡场组、尧梭组白云岩中的原生地下水常见总硬度及 Al、Fe 等含量超标的现象。

成因：该区在晚泥盆世佘田桥期—锡矿山期为局限台地相，受封闭-半封闭的沉积环境影响，黔南龙里—三都一带的白云岩中常含石膏，或是地下水中超标离子的主要来源。

6. 石炭系下统岩关阶—德坞阶劣质岩溶水区（Ⅳ）

该区地层主要为汤耙沟组、祥摆组、旧司组、上司组，在威宁县、独山县、荔波县各分布 2 处。该区的主要含水岩组为下石炭统汤耙沟组、祥摆组、旧司组、上司组的一套碳酸岩盐夹碎屑岩组，其原生地下水中常有 Fe、Al 含量超标现象，偶见总硬度、硫酸根超标。

成因：早石炭纪世岩关期—德坞期，贵州省处于一个海侵过程，上扬子古陆向东北方向逐步缩小。该时期威宁—六盘水—安顺—独山—荔波一线的沉积环境从缓坡相转化到潮坪—潟湖相又转化到局限台地相，沉积了一套碳酸盐岩夹碎屑岩组。其中汤耙沟组夹有黄铁矿；祥摆组含煤层，且煤层上下页岩中普遍夹棱铁矿结核；旧司组顶部砂岩中夹有鲕状赤铁矿层；威宁北西上司底部有溶塌角砾状灰岩，产石膏矿。上述岩层中的可溶性矿物或是地下水中超标离子的主要来源。

7. 二叠系阳新统罗甸阶—孤峰阶劣质岩溶水区（Ⅴ）

该区地层主要为栖霞组、茅口组，其劣质岩溶水主要分布在以遵义-金沙-黔西-修文-开阳连线为界的近椭圆形区域内。该区栖霞组—茅口组灰岩原生地下水中常见有 Mn、Al、Fe 含量超标现象。

成因：在二叠纪阳新世罗甸期—孤峰期，该区为台盆相沉积，由于台盆位于台地之内，往往自行封闭成缺氧或无氧环境。受此影响，该区的茅口组二段灰岩中常夹锰灰岩或锰矿层，如黔西-织金一带偶有锰矿点分布；此外，台盆相沉积的岩层中还常含星散状黄铁矿。上述岩层中的可溶性矿物或是地下水中超标离子的主要来源。

8. 三叠系下统殷坑阶—巢湖阶劣质岩溶水区（$Ⅵ_1$）

该区地层主要为安顺组、大冶组、夜郎组、嘉陵江组，其劣质地下水较集中地分布在平坝区—清镇市—贵阳市一带，其原生地下水中常见有硫酸根含量、总硬度及 Al、Fe 等含量超标现象。其中，又以安顺组白云岩中原生地下水最为常见，大冶组、夜郎组、嘉陵江组中偶尔可见。

成因：该区在早三叠世殷坑期—巢湖期位于台地边缘相与局限台地相的接触带上，其南部大面积分布鲕粒滩和生物碎屑滩。受封闭—半封闭的沉积环境影响，安顺组三段多发育溶塌角砾状白云岩，时具膏岩假晶，尤其是平坝—贵阳一带安顺组中还夹有似层状重晶石矿及多层石膏矿。上述岩层中的可溶性矿物或是地下水中超标离子的主要来源。

9. 三叠系中统关刀阶—新铺阶劣质岩溶水区（$Ⅵ_2$）

该区地层主要为关岭组、杨柳井组，较为集中地分布在毕节市、纳雍—黔西、普定—安顺以及兴仁—安龙近弧状条带上，其原生地下水中常见有硫酸根含量、总硬度及 Al、Fe 等含量超标现象。以关岭组白云岩中原生地下水最为常见，杨柳井组白云岩中次之。

成因：中三叠世关刀期—新铺期，贞丰—安顺—贵定—雷山一线为条带状台地边缘相，其西、北东三面均为局限台地相。$Ⅵ_2$ 区均分布在台地边缘相西、西北，受封闭-半封闭的沉积环境影响，关岭组底部发育鲜绿色玻屑凝灰岩，第一段发育溶塌角砾状白云岩，局部夹含铁质的微晶灰岩；第二段下部发育角砾状灰岩，具膏岩假象；杨柳井组第三至第四段均夹有多层盐溶角砾状白云岩，并具膏岩假晶。上述地层中的可溶矿物为地下水中的超标离子提供了来源。

四、天然劣质岩溶水区垂向分布特征

选取遵义市西北郊的高坪水源地、海龙坝水源地和四衙坝水源地，阐述天然劣质岩溶水在垂向上分布特征。

高坪水源地、海龙坝水源地和四衙坝水源地分布在桐梓背斜南东翼，区内大面积展布寒武系第三统—芙蓉统，岩性主要为白云岩，为水源地中地下水含水层位。各水源地水文地质勘探孔的水质检测数据分析结果显示，在垂向上水源地中地下水的 TDS、总硬度、SO_4^{2-}、F^-含量等随着埋藏深度增加而升高。如图 5-6，在地表以下 100m 深度范围内，各组分含量增长趋势较缓，呈缓慢上升；当深度超过 100m 后，各组分含量增长趋势变陡，上升速度加快。

综合分析勘探钻孔中不同深度采集的岩样的岩矿鉴定和岩石化学分析报告发现：上述 3 处水源地的岩芯样品膏盐检出率达 58.3%，膏盐在岩石中以岩屑的形式存在。从图 5-7 可以看出，在地表以下 100m 深度范围内，岩石中的硫化物含量稳定在 0.01% ~ 0.1% 之间；当深度超过 100m 后，硫化物含量骤增数倍，氟化物的含量也相应上升，这与地下水中 SO_4^{2-}、F^-含量的变化呈正相关关系。

由此可以说明：自然状态下，浅循环地下水含水层溶蚀裂隙发育，水动力条件强，岩石样品中的膏盐基本上已溶蚀殆尽；而向地下深部，岩石的孔隙裂隙率逐渐降低，岩溶作用逐渐减弱，深部岩样中仍保存着硬石膏晶体或石英包裹着的硬石膏颗粒，膏盐层溶解后运移速度随钻孔深度的增加而减慢，表现出越到深部水中膏盐含量越高，具有明显的分带特征。

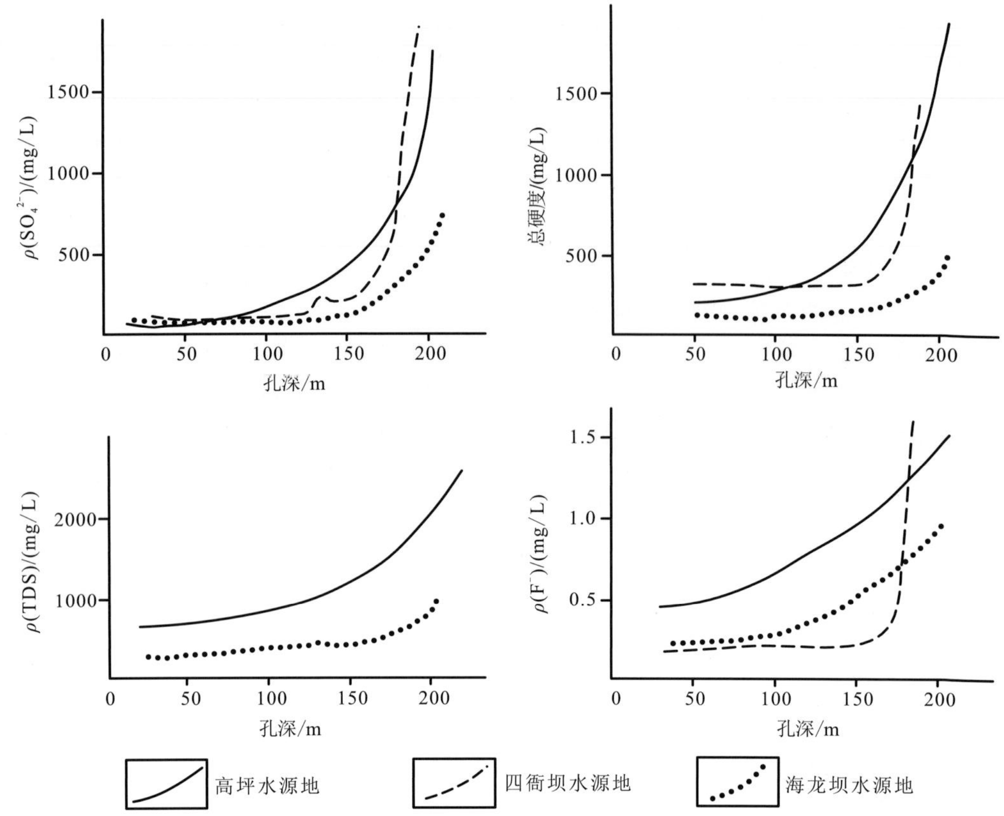

图 5-6　白云岩含水层地下水化学组分含量与埋深相关曲线图

（据罗和平，2021）

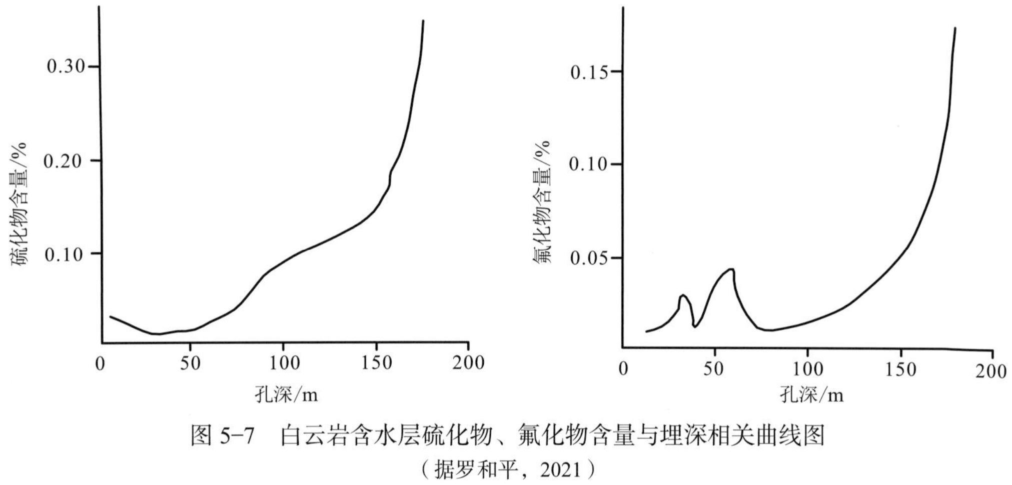

图 5-7　白云岩含水层硫化物、氟化物含量与埋深相关曲线图

（据罗和平，2021）

五、天然劣质岩溶水化学类型

1. 地下水化学类型

根据 4067 口机井水质分析数据，绘制出 Piper 三线图（图 5-8）。从图 5-8 可以看出，

研究区内地下水中的离子组成表现出较高的一致性：阴离子多数位于 Piper 图右三角的左侧，偏向 HCO_3^-–SO_4^{2-}线，表明优势阴离子为 HCO_3^-和 SO_4^{2-}；阳离子多数位于 Piper 图左三角的左下角，偏向 Ca^{2+}–Mg^{2+} 线，表明优势阳离子为 Ca^{2+} 和 Mg^{2+}。

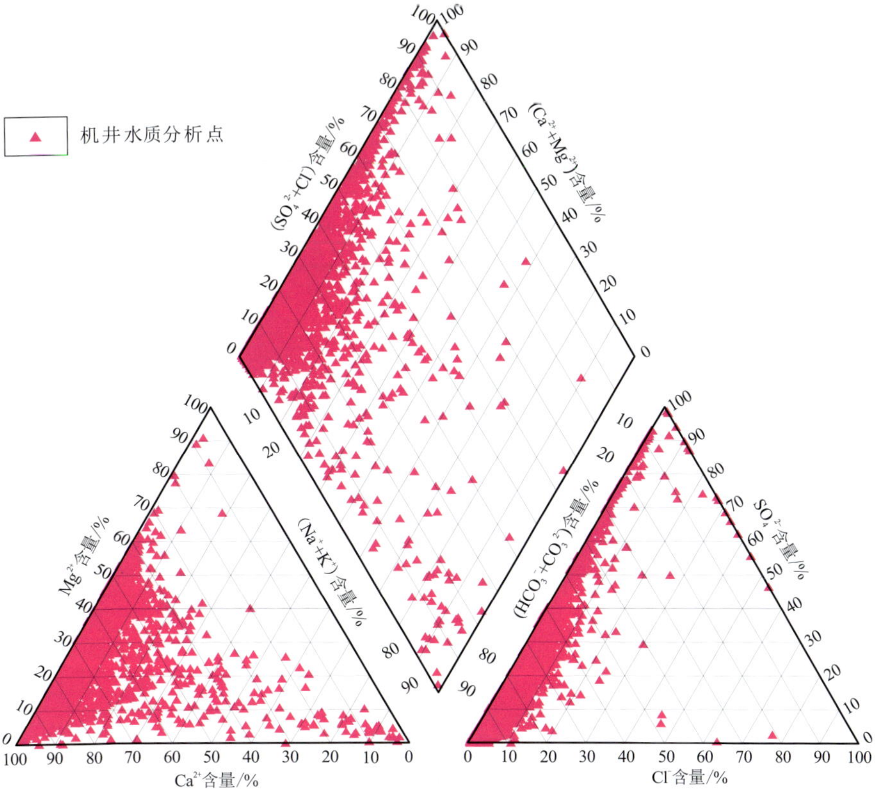

图 5–8　研究区地下水 Piper 三线图

（据罗和平，2021）

对 4067 口地下水样品中含量大于 25% 毫克当量的阴、阳离子进行统计计算，采用舒卡列夫分类法进行地下水化学类型分析得出，区内机井可分为 24 种水化学类型，其中，水化学类型为 HCO_3–Ca·Mg 型水机井共计 2594 口，占总水样的 63.78%；HCO_3–Ca 型水机井共计 676 口，占比 16.62%；HCO_3·SO_4–Ca 型和 HCO_3·SO_4–Ca·Mg 型机井合计 553 口，占比 13.60%；四者共计 3823 个，占比 94.00%。因此，区内机井最常见的水化学类型为：HCO_3–Ca·Mg 型、HCO_3–Ca 型、HCO_3·SO_4–Ca 型和 HCO_3·SO_4–Ca·Mg 型。

2. 地下水化学分区

根据水化学分类分析结果，在贵州省 1 ∶ 50 万水文地质图基础上，运用 ArcGIS 软件绘制出研究区地下水水化学分区图（图 5–9）。HCO_3–Ca·Mg 型地下水区分布面积最广，从黔西北的赫章、黔西南的兴义、黔中的安顺–贵阳、黔东的铜仁大面积连片分布；HCO_3–Ca 型地下水区分布面积次之，主要分布在黔北的沿河—思南—石阡、务川—湄潭、黔西北的毕节—仁怀—道真、黔南的罗甸—紫云—惠水—平塘—荔波一带；HCO_3–Ca·Na 型、HCO_3·SO_4–Ca·Na 型、HCO_3–Na 型等地下水区面积较小，集中分布在遵义的习水—赤水、黔西南望谟—册亨、铜仁的梵净山、黔东南等地。HCO_3·SO_4–Ca 型、HCO_3·SO_4–Ca·Mg

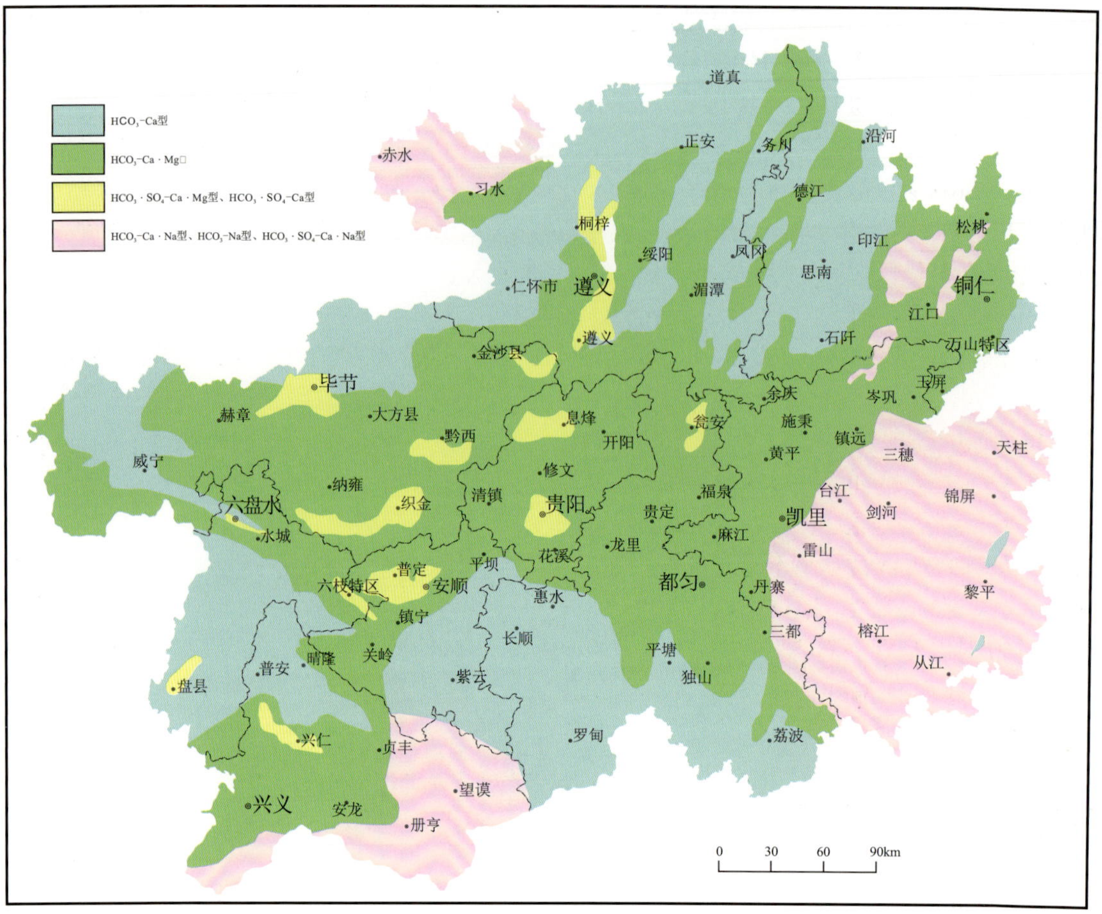

图 5-9　研究区地下水水化学分区图
（据罗和平，2021）

型等地下水区主要分布于寒武系、三叠系、二叠系的岩层中，其空间分布基本与早三叠世奥伦尼克期兴义—贞丰—关岭—织金—修文—开阳一线以北的半局限台地、中三叠世安尼期安龙—贞丰—关岭—镇宁—安顺—青岩一线西侧的潮坪—潟湖相沉积、中二叠世金沙—遵义一带半局限台地、中晚寒武世黔北一带的封闭—半封闭台地相对应。

六、机井天然劣质岩溶水利用对策

1. 天然劣质岩溶水水质改善方法

机井劣质水的形成主要与其所在的地下水系统含水岩层的岩石地球化学背景密切相关，其次与地下水系统以及水动力条件有关。岩石地球化学背景和含水介质属于地下水的赋存条件，对含水层中地下水的水质形成和影响是不可逆的，但工程上可通过改变地下水系统中水动力条件，在一定程度上是可以达到改善地下水质量的目标。因此，我们可以从改变天然劣质岩溶水的水动力条件出发，采用避让封堵处理法和加快水循环处理法，对劣质岩溶水进行处理后利用。

1）避让封堵处理法：根据岩溶地下水成层分布特点，当已成井的劣质水地区存在稳定层状相对隔水层等有利条件时，可采用垂向封堵的工程处理方法合理避开、封堵膏盐层，切断地下水与膏盐层接触、溶解途径，从而达到改善劣质岩溶水的目的。

2）加快水循环处理法：在岩溶水浅循环过程中，岩石中矿物成分在长期的水岩作用下总量不断减少，故地下水中的超标离子含量将逐步降低。对水质超标的机井来说，随着地下水的不断开采和水循环交替的加速，岩石中矿物成分不断溶出，矿物总量减少，超标离子含量逐步降低。

2. 避让封堵劣质层利用劣质岩溶水典型案例

在2007—2015年打井期间，部分施工单位尝试采用避让封堵劣质层利用劣质岩溶水。2014年，某施工单位在黔西南州安龙县新安镇海庄村坡敖组实施的地下水机井，钻孔孔深138.20m，涌水量1230m^3/d，水质检测时发现TDS含量、总硬度、SO_4^{2-}含量、F^-含量均为Ⅴ类，综合评价为Ⅴ类水，不具备人饮条件。

钻孔揭露的地层及其岩芯岩样分析结果表明，超标离子主要来源于钻孔孔深89.20～138.20m的白云岩膏岩地层含水层中，在孔深49.20～89.20m段存在灰绿色泥灰岩相对隔水的岩性，该层即为封堵有利条件。据此，2015年1月，施工单位对该孔55.00m以下含水段进行封堵处理。封堵后钻孔孔深55.00m，涌水量256.60m^3/d，再次抽水采样检测，各超标离子含量大幅降低，综合评价达到Ⅲ类标准，达到人饮要求。封堵前后各项组分详见表5-15。

表5-15　封堵前后超标离子含量对照表

序号	超标离子	封堵前含量/（mg/L）	指标	封堵后含量/（mg/L）	处理后指标
1	TDS	2719.54	Ⅴ类	493.07	Ⅱ类
2	总硬度	2089.23	Ⅴ类	444.65	Ⅲ类
3	SO_4^{2-}	1800.00	Ⅴ类	160.00	Ⅲ类
4	F^-	3.30	Ⅴ类	0.50	Ⅰ类

（据罗和平，2021）

因此，在存在有稳定层状相对隔水层有利条件下，利用地下水成层性分布特性，采用封堵法能有效快速地封堵隔离处理机井劣质水。

3. 加快水循环利用劣质岩溶水典型案例

为研究开采条件下地下水水质变化趋势，王明章等（1995）在寒武系娄山关群白云岩连片分布的黔北片区遵义市高坪水源地、海龙坝水源地、四衙坝水源地及桐梓县某工厂供水源地开展了从水动力角度改善白云岩盆地地下水水质的专项实验。

通过抽水试验中不同时刻采集水样进行水化学分析表明，各抽水井水中的总硬度、矿化度、SO_4^{2-}等成分含量均随着抽水时间的延长呈指数函数曲线衰减（图5-10），遵义市高坪水源地DZK11井以4206m^3/d的稳定水量连续开采15d后，地下水的溶解性总固体含量从1793.00mg/L降至1196.00mg/L，总硬度从1336.88mg/L降至897.00mg/L，SO_4^{2-}含量从1028.38mg/L下降至564.00mg/L。四衙坝水源地ZK302孔以1504.08m^3/d抽水，连续抽水4d后，地下水的总硬度从1402.15mg/L降至1077.71mg/L，SO_4^{2-}从1024.75mg/L降至817.85mg/L。桐梓县某厂供水井抽水量为400m^3/d，连续抽水5d后，地下水总硬度从

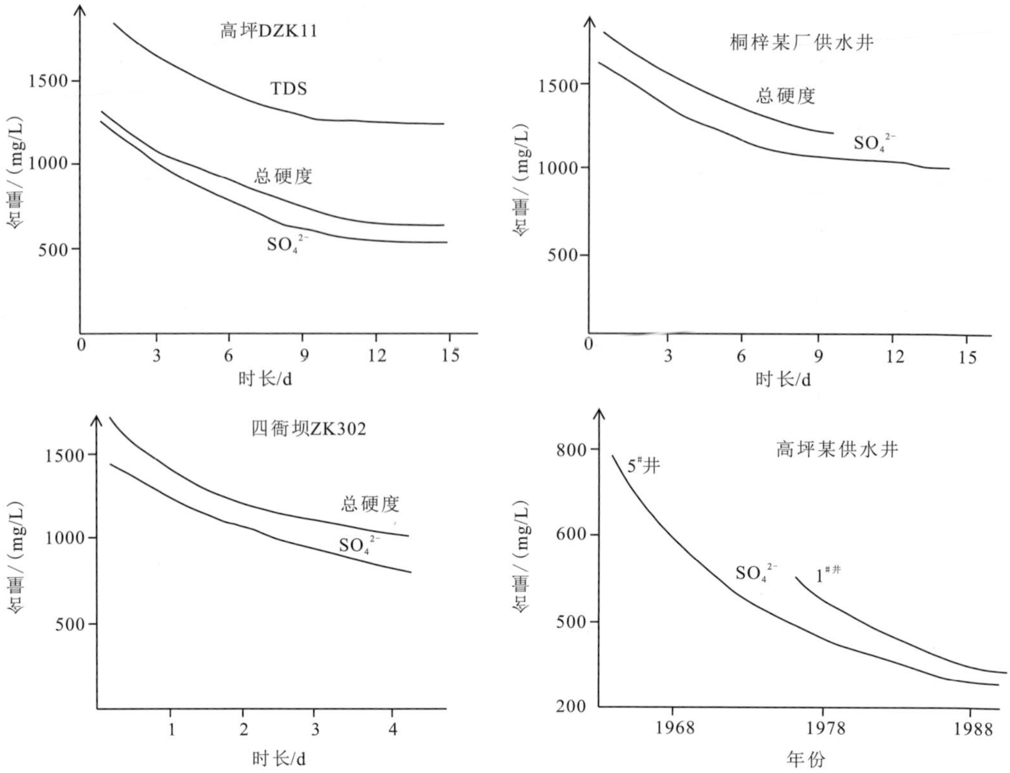

图 5-10　开采条件下白云岩盆地中地下水化学组衰减曲线图

（据王明章，1995）

1833.33mg/L 降至 1395.53mg/L，SO_4^{2-}从 1602.86mg/L 降至 1157.80mg/L。对高坪片区所有开采井多年开采的水质检测研究表明，开采井经过多年开采后，地下水中的 SO_4^{2-}等含量均呈明显下降趋势。

七、结语

1）区内有 755 个机井存在水质指标超过《地下水质量标准》（GB/14848—2017）Ⅲ类水指标，超标组分有铝、铁、锰等 21 项。其中超标贡献率大于 10% 的超标组分有铝、铁、总硬度、锰、硫酸盐、氟化物和铅 7 项。根据超标组分的物质来源，把硫酸盐含量、总硬度、TDS 含量超标及铝、铁、锰含量超标以及氟化物含量超标归入天然劣质岩溶水。

2）天然劣质岩溶水在平面上主要分布在寒武系及三叠系白云岩中，其超标原因大部分是由于白云岩中膏盐层的存在。我们运用 MapGIS 软件对照贵州省 1 ： 50 万地质图完成境内主要含膏盐地层的圈划，共划分为 9 类，并按地层年代对劣质岩溶水的平面分布规律逐一展开分析。

3）天然劣质岩溶水在垂向上表现为：在饱水带以下至地下 100m 深度内，含水层溶洞管道发育，地下水循环交替强烈，岩溶强烈发育，膏盐基本上已溶蚀殆尽；向地下深部，岩溶的孔隙裂隙逐渐降低，地下水循环交替逐渐减弱，岩溶作用降低，膏盐层的存在造成了越到深部膏盐含量越高，具有明显的分带特征。

4）绘制了 Piper 三线图、水化学分布图等，分析了地下水水化学类型，区内地下水化学类型以 HCO_3–Ca·Mg 型、HCO_3–Ca 型、HCO_3·SO_4–Ca 型和 HCO_3·SO_4–Ca·Mg 型为主。

5）天然劣质岩溶水形成还与地下水系统中的水动力条件有关。水动力条件强的岩溶大泉和地下河系统极少存在天然劣质岩溶水，水动力条件较弱的分散排泄系统和深层承压水是天然劣质岩溶水主要分布区。

6）根据天然劣质岩溶水形成的水化学及水动力条件，可采用避让封堵处理法和加快水循环处理法改变地下水原生水动力环境，改善劣质岩溶水水质加以利用。也可以选择两种方法综合运用，先封堵，减少地下水与含矿层的接触；后加大开采力度，加快浅循环地下水循环，使水中超标离子的含量逐步降低，达到可用水质标准。

第六节 岩溶裂隙–管道水动力弥散特征室内模拟

模拟试验通过充分认识和分析实际地层中岩溶裂隙–管道含水介质的补、径、排特征和几何结构空间分布特征，综合考虑了岩溶裂隙–管道含水介质从局部到整体的形成规律，设计了降雨条件可控、多种入渗途径、裂隙–管道连通性可控的裂隙–管道含水介质水文系统物理模型，从而模拟不同含水结构和水文条件下的溶质运移过程，为裂隙–管道含水介质溶质运移的研究奠定良好基础。

一、试验模型及方案

1. 试验模型

试验模型主要包含降雨模拟器、表层岩溶带入渗箱、交叉裂隙带和管道网络等几部分。降雨模拟器用于模拟岩溶区的天然降雨，它主要由供水管、充水回路管和降雨孔密布的降雨管组成，矩形充水回路管的几何尺寸为 78cm × 68cm，充水回路管径为 14mm，降雨管管径 5mm，降雨孔孔径为 1.2mm；表层岩溶带入渗箱用于模拟岩溶区包含落水洞的集中入渗补给和表层破碎带的分散入渗补给，表层岩溶带入渗箱的尺寸为 78cm × 68cm × 65cm，在箱底一条边两端和箱底中心位置处开了直径为 2.5cm 的圆孔作为落水洞管接孔，箱底一条边中间开两个直径为 2cm 的圆孔作为下部管道接孔，另外有 4 条长均为 50cm、宽均为 2mm 的裂隙接口；交叉裂隙带主要用于模拟水流经过一组平行导水裂隙带后受大断裂的切割，汇集到大断裂中，最后于大断裂的底部排出。裂隙径流带由三条平行裂隙组成，隙宽均为 1mm，其几何尺寸分别为 50cm × 55cm、50cm × 45cm、50cm × 35cm；大断裂的隙宽为 2mm，几何尺寸为 50cm × 65cm。导水裂隙带与大断裂接触角度为 60°，各裂隙内侧均处理为粗糙面，大断裂底部的排水孔孔径为 25mm。管道网络主要用于模拟多水源汇流后集中排泄的管道系统，在垂向上分为三个阶梯：第一阶梯主要接受落水洞和表层带入渗汇流后的水源补给；第二阶梯主要接受裂隙带的排泄补给；第三阶梯主要模拟泉点在侵蚀基准面的出露，模拟整个含水系统排泄过程，管道网络图在垂向上似多分叉的树枝状，在平面上像迷宫，与客观世界中的管道网络系统有很高的相似度。物理模型的实物模型见图 5-11。

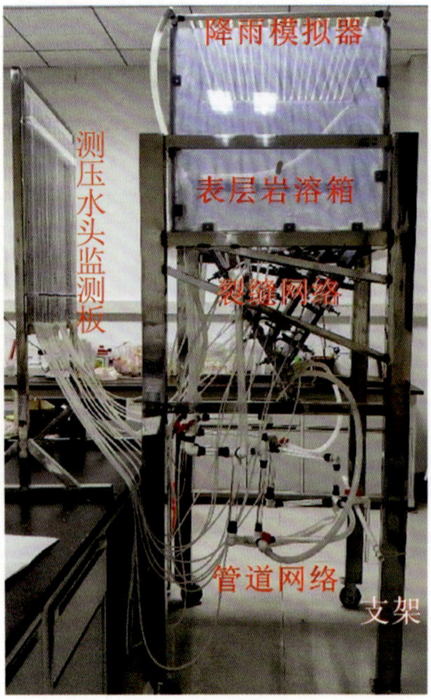

图 5-11　裂隙-管道溶质运移试验模型装置实物图

2. 试验方案

染料示踪是描述裂隙岩体和岩溶含水层中流动特征的有效方法，是一种使用人造或天然示踪剂跟踪水流的方法，可用于：①证明两点间的连通性；②确定地下水流方向和速率；③确定流域边界；④确定地下水水质监测的最佳频率。弥散参数是进行地下水污染物迁移规律研究与水质预测的重要基础，因此掌握弥散参数的确定方法尤为重要（钱会等，2012）。目前，测定弥散参数最可靠的办法是进行示踪试验，主要有野外示踪试验和室内示踪试验，而室内示踪试验是可以进行定量控制的有效方法。

试验通过选择强染色的示踪剂胭脂红，配置合适浓度的储备液，制作胭脂红浓度-吸光度标准曲线；选择投放点，确定监测取样方式和取样时间间隔，精心规划示踪试验，最终获取不同含水结构和不同流速中的示踪剂穿透曲线。投放示踪剂前，称量一定质量的胭脂红粉末倒进容量瓶，用蒸馏水稀释溶解后定容，配置一定浓度的胭脂红储备液（浓度为3g/L），取储备液稀释不同的倍数，用分光光度计测量其吸光度值，绘制标准曲线（图 5-12）。该储备液也留作后期的投放使用。

饱和流中溶质运移模拟试验的具体步骤如下：

1）试验前，减小出口处排泄管的内径，目的是使水流能够完全充满下部裂隙带和管道网络，使其呈饱水状态（试验中更换出口处的排泄管内径为 5mm）。

2）在供水箱中安装好潜水泵，并与降雨模拟器进水口处连接。

3）打开裂隙、管道中所有的水运移通道后，开启降雨模拟器供水管处的水阀，对降雨模拟器进行供水。

4）调节供水流量的大小，监测出口处的流量，待其达到稳定后，便可以准备示踪剂

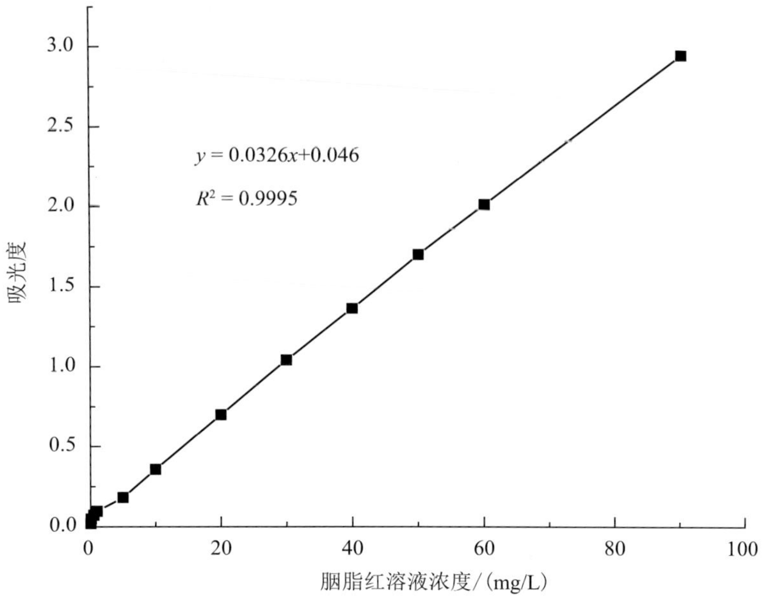

图 5-12　胭脂红溶液浓度-吸光度标准曲线

（据张雪梅，2019）

进入下一步试验。

5）用量程为 20mL 的注射器抽取事先配好的胭脂红溶液，瞬时注入选定的示踪剂注入点处，同时按下计时器开始计时。

6）观察胭脂红在裂隙、管道中的运移情况，待胭脂红快到出口处时开始取样，在颜色越来越深这段时间加密取样，时间间隔控制在 3 ~ 5s；待浓度变化缓慢时，可以延长取样间隔，控制在 10 ~ 30s；当颜色变淡并保持不变时，延长取样间隔为 50s 左右。

7）当出口处水流颜色稀释至与背景值差不多后，停止取样。

8）关闭控制所有管道的水阀使裂隙饱水，关闭控制裂隙的水阀使管道饱水，投放点位置重复以上步骤。

二、图解法求解弥散系数

含水介质充水饱和条件下，瞬时点状注入示踪剂的二维弥散问题的数学模型可以表述为：

$$
\begin{cases}
\dfrac{\partial c}{\partial t} = D_{\mathrm{L}} \dfrac{\partial^2 c}{\partial x^2} + D_{\mathrm{T}} \dfrac{\partial^2 c}{\partial y^2} - V \dfrac{\partial c}{\partial x} & -\infty < x; y < \infty; t > 0 \\
c(x,\ y,\ 0) = 0 & -\infty < x; y < \infty \\
m = \int_{-\infty}^{\infty} \int_{-\infty}^{\infty} nc\mathrm{d}x\mathrm{d}y & t > 0 \\
c(x,\ y,\ t)\big|_{(x^2+y^2)\to\infty} = 0 & t > 0
\end{cases}
\tag{5-1}
$$

式中：c 为示踪剂浓度；D_{L} 为纵向弥散系数；D_{T} 为横向弥散系数；V 为水流速度；m 为示踪剂的注入质量；n 为空隙率；x，y 为流场中任意一点的坐标；t 为时间。

该模型的孙纳正解为：

$$c(x,y,t)=\frac{m/n}{4\pi t\sqrt{D_{\mathrm{L}}D_{\mathrm{T}}}}\exp\left[-\frac{(x-Vt)^2}{4D_{\mathrm{L}}t}-\frac{y^2}{4D_{\mathrm{T}}}\right] \quad (5\text{-}2)$$

下面简要介绍直线图解法求解弥散参数的原理和步骤（钱会等，2012）：

将式（5–2）对 t 进行一阶求导：

$$c'(x,y,t)=-\frac{m}{4\pi nt^2\sqrt{D_{\mathrm{L}}D_{\mathrm{T}}}}\left(\frac{x^2-V^2t^2}{4D_{\mathrm{L}}t}+\frac{y^2}{4D_{\mathrm{T}}t}-1\right)\exp\left[-\frac{(x-Vt)^2}{4D_{\mathrm{L}}t}-\frac{y^2}{4D_{\mathrm{T}}t}\right] \quad (5\text{-}3)$$

令 c'（x，y，t），则可得对应最大浓度的时间 t_{m}，有：

$$\frac{x^2-V^2t^2}{4D_{\mathrm{L}}t}+\frac{y^2}{4D_{\mathrm{T}}t}-1=0 \quad (5\text{-}4)$$

$$t_{\mathrm{m}}=\frac{D_L}{V^2}\left[\sqrt{4+V^2\left(\frac{x^2}{D_{\mathrm{L}}^2}+\frac{y^2}{D_{\mathrm{L}}D_{\mathrm{T}}}\right)}-2\right] \quad (5\text{-}5)$$

将 t_{m} 代入式（5–2），可得最大浓度值 c_{m}：

$$c_{\mathrm{m}}(x,y,t)=-\frac{m}{4\pi nt_{\mathrm{m}}\sqrt{D_{\mathrm{L}}D_{\mathrm{T}}}}\exp\left[-\frac{(x-Vt_{\mathrm{m}})^2}{4D_{\mathrm{L}}D_{\mathrm{T}}}-\frac{y^2}{4D_{\mathrm{T}}t_{\mathrm{m}}}\right] \quad (5\text{-}6)$$

当 y=0 时，式（5–4）可以简化成：

$$x^2-V^2t_{\mathrm{m}}^2-4t_{\mathrm{m}}D_{\mathrm{L}}=0 \quad (5\text{-}7)$$

则有：

$$D_{\mathrm{L}}=\frac{x^2-V^2t_{\mathrm{m}}^2}{4t_{\mathrm{m}}} \quad (5\text{-}8)$$

若 V 已知，则可直接根据上式计算 D_{L}；若 V 未知时，可以用求参法求解 D_{L}，将式（5–8）写成：

$$D_{\mathrm{L}}=\frac{x^2}{4t_{\mathrm{m}}\left(\frac{V^2t_{\mathrm{m}}^2}{x^2-V^2t_{\mathrm{m}}^2}+1\right)}$$

令：

$$k=\frac{V^2t_{\mathrm{m}}}{x^2-V^2t_{\mathrm{m}}^2} \quad (5\text{-}9)$$

则：

$$D_L=\frac{x^2}{4t_{\mathrm{m}}(kt_{\mathrm{m}}+1)} \quad (5\text{-}10)$$

再由式（5–9）得：

$$V=\sqrt{\frac{k(x^2-V^2t_{\mathrm{m}}^2)}{t_{\mathrm{m}}}} \quad (5\text{-}11)$$

将式（5–8）代入式（5–11）得：

$$V=2\sqrt{kD_{\mathrm{L}}} \quad (5\text{-}12)$$

若 k 已知，则可以根据式（5–8）和式（5–11）求 D_{L} 与 V 值。

下面介绍直线斜率法求 k。

将式（5-6）乘以 t_m，式（5-2）乘以 t，然后求其比值（y=0），可得：

$$\frac{c_m t_m}{ct}=\exp\left[-\frac{(x-Vt_m)^2}{4D_L t_m}+\frac{(x-Vt)^2}{4D_L t}\right] \tag{5-13}$$

两边取自然对数得：

$$\ln\frac{c_m t_m}{ct}=-\frac{(x-Vt_m)^2}{4D_L t_m}+\frac{(x-Vt)^2}{4D_L t} \tag{5-14}$$

将式（5-8）代入式（5-14），整理后得：

$$\ln\frac{c_m t_m}{ct}+\frac{t-t_m}{t}=\frac{V^2 t_m}{x^2-V^2 t_m^2}\times\frac{(t-t_m)^2}{t} \tag{5-15}$$

令：

$$X=\frac{(t-t_m)^2}{t} \tag{5-16}$$

$$Y=\ln\frac{c_m t_m}{ct}+\frac{t-t_m}{t} \tag{5-17}$$

则式（5-15）可以写成：

$$Y=kX \tag{5-18}$$

式（5-18）在直角坐标系下为一直线，k 为直线的斜率。

综上所述，弥散参数的计算步骤如下：

1）从实测的 c–t 曲线中找出 c_m、t_m；

2）由式（5-16）、式（5-17）计算出两组 X、Y，在直角坐标系中，求出斜率 k；

3）根据式（5-8）和式（5-11）求出 D_L 与 V 值。

水动力弥散包括浓度梯度影响的分子扩散和水流速度不均匀发生的机械弥散，该模型试验中主要考虑水流的机械弥散作用。

三、试验结果与分析

1. 岩溶裂隙–管道饱和流中的溶质运移

（1）裂隙–管道充水

把实验中所有的裂隙、管道（F_1、F_2、F_3、F_4、C_1、C_2、D_0、D_1、D_2）水阀均打开，调节稳定后的降雨强度（i）为 4.6744mm/h，出口流量（$Q_{2-1'}$）为 58.21mL/s。分别选择了 P、C_1、C_2、D_0、D_1、D_2 进行单点投放（图 5-13），各点投入 20mL 浓度为 3g/L 的胭脂红溶液，$F_{1-2-3-4}$、C_2D_2、$F_1C_2D_2$ 进行多点投放（$F_{1-2-3-4}$ 表示在 4 条裂隙中安装管道且并联在一根五通管上，在入口处注入 20mL 浓度为 3g/L 的示踪剂；C_2D_2 表示分别在 C_2 管和 D_2 管中，同时注入 10mL 浓度为 3g/L 的示踪剂；$F_1C_2D_2$ 表示分别在 F_1 裂隙、C_2 管和 D_2 管中，同时注入 10mL 浓度为 3g/L 的示踪剂。

共模拟了 9 组裂隙–管道饱水状态下的溶质运移试验，示踪剂穿透曲线如图 5-14 所示，单点注入示踪剂的穿透曲线均为单峰型，多点注入的情况下既有单峰型也有多峰型。在降雨模拟器入口 P 处注入和裂隙 $F_{1-2-3-4}$ 处注入示踪剂，模拟的溶质运移穿透曲线形状

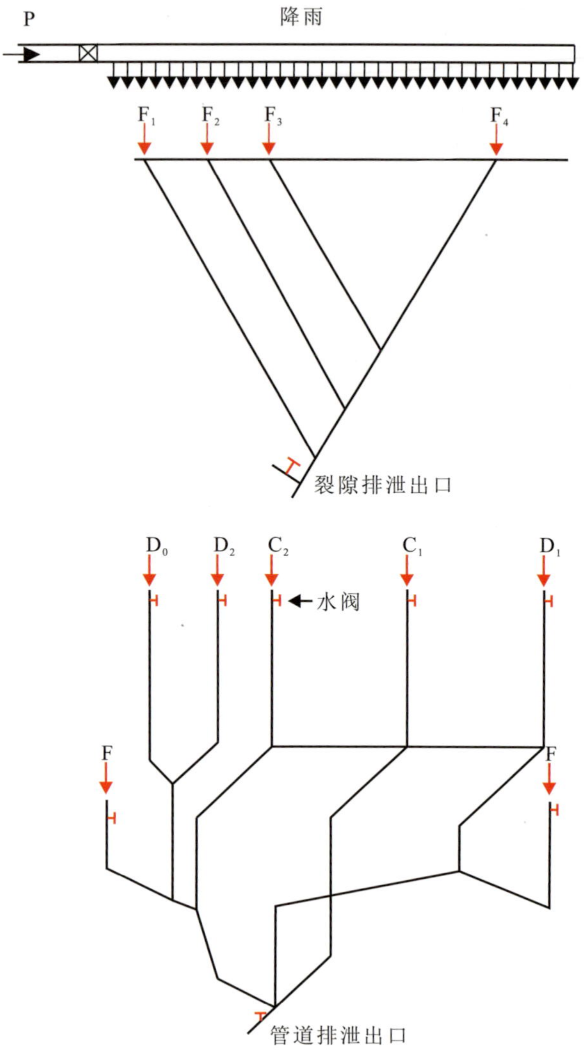

图 5-13　裂隙-管道投放点示意图

（据张雪梅，2019）

均为正偏斜的单峰曲线，其峰值浓度均较小，峰现时间较长。P 点处注入的示踪剂由降雨模拟器均匀分散后，随雨水降落到表层岩溶带顶部，再由表层岩溶带分配入渗后流入裂隙管道含水介质中，最后于出口处排出。示踪剂在该过程经历了三次重新分配作用，该点处注入的示踪剂运移路径最长，稀释时间也较长。然而裂隙穿透曲线出现低浓度、峰现时间滞后的原因是其在饱水状态下水流运移速度缓慢，使示踪剂在裂隙中的滞留时间变长，对浓度的稀释作用也加强，所以其峰值浓度较低。接表层岩溶箱底部的管道和落水洞管道中的穿透曲线形状均为近似的对称单峰型，其中 C_1、C_2 的峰现时间很短，峰值浓度均远高于三个落水洞 D_0、D_1、D_2，其汇流面积大小排序为 $S_{D_0}>S_{D_1}>S_{D_2}$，峰值浓度大小关系为 $C_{mD_0}>C_{mD_1}>C_{mD_2}$。多点同时注入的情况中，$F_{1-2-3-4}$ 中峰值浓度全部叠加，最终呈单峰型，C_2D_2 为双峰型，$F_1C_2D_2$ 发生了一次峰值叠加呈双峰型，其第二峰现时间较 C_2D_2 的峰现时间滞后，曲线形状较宽缓。

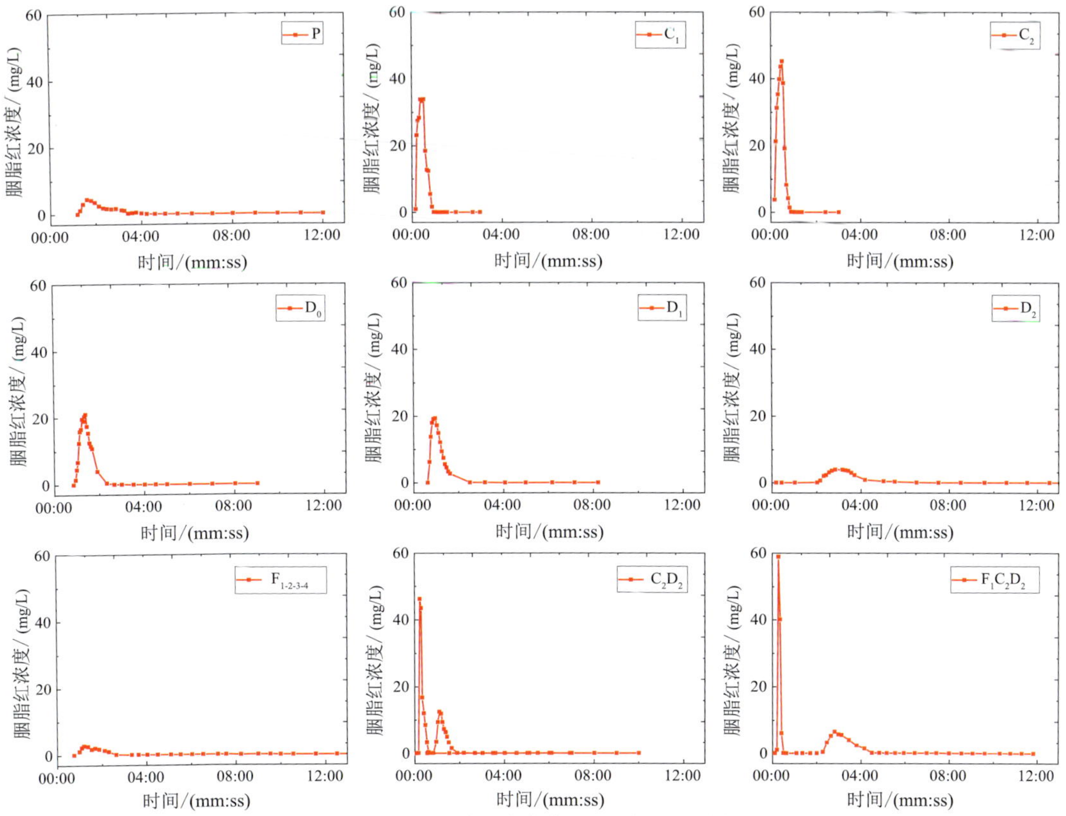

图 5-14　裂隙-管道充水条件下的溶质运移穿透曲线

（据张雪梅，2019）

（多点投：$F_{1-2-3-4}$、C_2D_2、$F_1C_2D_2$；单点投：P、C_1、C_2、D_0、D_1、D_2）

（2）仅裂隙充水

该情景中将控制裂隙（F_1、F_2、F_3、F_4）的水阀打开且关闭控制所有管道（C_1、C_2、D_0、D_1、D_2）的水阀，使水流状态为裂隙饱和流。调节稳定后的降雨强度（i）为 3.9326mm/h，出口流量（$Q_{2-2'}$）为 54.83mL/s。如图 5-13 所示，分别选择 F_1、F_2、F_3、F_4 进行单点投放，各点投入 20mL 浓度为 3g/L 的胭脂红溶液；F_{1-2}、$F_{1-2-3-4}$ 进行多点投放，其中 F_{1-2}、$F_{1-2-3-4}$ 分别投入 20mL 浓度为 3g/L 的胭脂红溶液。共模拟了 6 组裂隙饱水状态下的溶质运移试验，示踪剂穿透曲线如图 5-15 所示。在裂隙饱水流的所有试验中，无论是单点注入还是多点注入，其溶质运移穿透曲线均为正偏斜的单峰型曲线，说明各裂隙中的溶质运移较同步。F_1、F_2、F_3、F_4 单点注入时，其峰值浓度依次减小，峰现时间依次滞后。两点同时注入的 F_{1-2} 和 F_{1-2-3} 的峰值浓度发生叠加呈单峰型。F_{1-2} 的峰值浓度大于 F_{1-2-3}，介于 F_1 峰值浓度与 F_2 峰值浓度之间。与单点注入时的穿透曲线相比，多点注入的曲线形状均宽缓。

（3）仅管道充水

将控制所有管道（C_1、C_2、D_0、D_1、D_2）的水阀均打开，并关闭控制裂隙（F_1、F_2、F_3、F_4）的水阀，使水流状态呈管道饱和流状态。调节稳定后的降雨强度（i）为 3.8861mm/h，出口流量（$Q_{2-3'}$）为 52.63mL/s。如图 5-13，分别选择了 C_1、C_2、D_0、D_1、D_2 进行单点投放，各点投入 20mL 浓度为 3g/L 的胭脂红溶液；$C_1D_1D_2$ 进行多点投放，C_1、D_1、D_2 各点同时

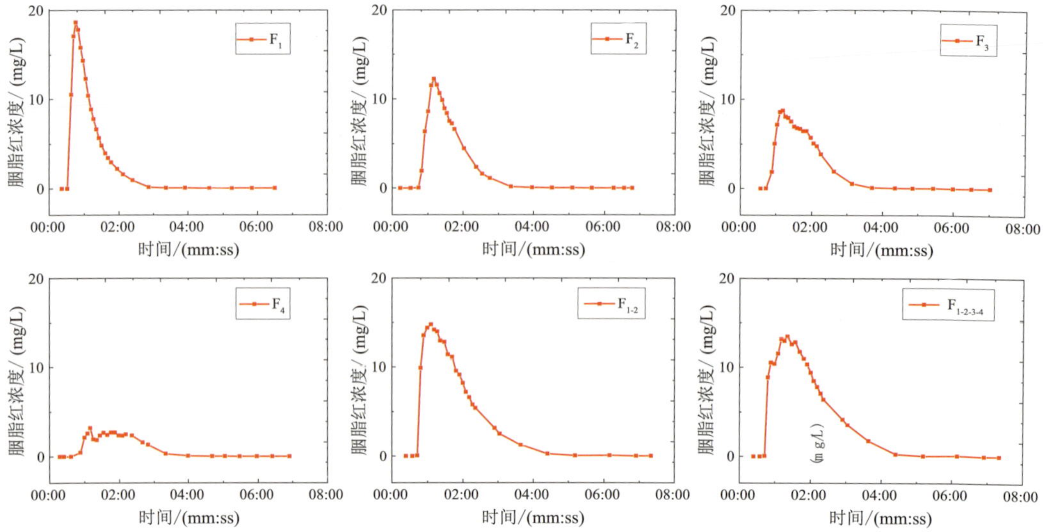

图 5-15　裂隙充水条件下的溶质运移穿透曲线

（据张雪梅，2019）

（多点投：F_{1-2}、$F_{1-2-3-4}$；单点投：F_1、F_2、F_3、F_4）

投入 20mL 浓度为 3g/L 的胭脂红溶液。共模拟了 6 组裂隙饱水状态下的溶质运移试验，示踪剂穿透曲线如图 5-16 所示，在管道饱水流的模拟试验中，单点注入的穿透曲线呈单峰型，多点注入的穿透曲线呈多峰型。C_1、C_2 曲线完全对称，峰值浓度最高，其浓度在运移过程中迅速上升，迅速衰减，示踪剂在 C_1 管中滞留的时间不到 62s，C_2 管滞留的时间不到 50s，相比于 C 管，示踪剂在 D 管中的滞留时间较长。$C_1D_1D_2$ 三点同时注入的穿透曲线峰值相互错开呈三峰型。

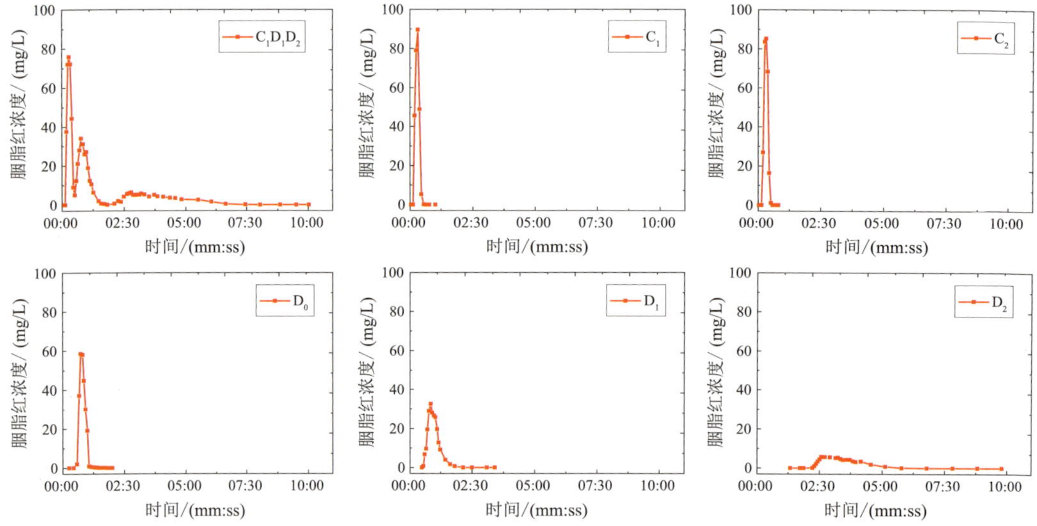

图 5-16　管道充水条件下的溶质运移穿透曲线

（据张雪梅，2019）

（多点投：$C_1D_1D_2$；单点投放：C_1、C_2、D_0、D_1、D_2）

试验结果分析表明，三种流态下不同含水结构中进行的示踪试验结果存在差异，不同的含水结构在同一水流状态下和同一含水结构在不同的水流状态下，其穿透曲线的形状、峰值浓度、峰现时间、初现时间均不一样。但各水流状态下的试验结果和每一类含水结构在不同流态中的试验结果是有规律可循的。例如，裂隙–管道饱和流和管道饱和流中，C_1C_2 示踪剂的回收率（回收率 = 接收量 / 投放量 ×100%）都较高，峰值浓度均较大，所有的裂隙饱和流中运移的示踪剂穿透曲线均呈正偏斜形状，其峰现时间相差不大；$D_0D_1D_2$ 中由于受汇水面积的控制，其峰值浓度在裂隙–管道饱和流和管道饱和流中的峰值浓度都是依次减小，综合三种水流状态的试验结果，峰现时间和峰值浓度呈幂指数相关的关系。

在三种饱水条件下，初现时间（t_0）与峰值浓度（c_m）分别呈现一定的相关关系。裂隙、管道充水条件下，初现时间与峰值浓度呈相关性系数（R^2）为 0.8114 的三次多项式关系；裂隙充水条件下，呈相关性系数（R^2）为 0.8264 的线性关系；管道充水的条件下，呈相关性系数（R^2）为 0.9595 的指数关系。

综合以上三组试验的模拟结果，将其溶质运移穿透曲线的特征值汇总于表 5–16 中，表中还运用瞬时点状注入示踪剂的二维弥散模型计算了各组试验的弥散参数（示踪剂运移速度、纵向弥散系数和纵向弥散度）。

表 5–16　充水状态下裂隙–管道溶质运移特征参数

饱水状态	示踪剂注入点	线性距离（x）/m	初现时间（t_0）/s	峰现时间（t_m）/s	峰值浓度 c_m/（mg·L^{-1}）	回收率 /%	示踪剂运移速度（V）/（m·s^{-1}）	纵向弥散系数（D_L）/（m^2·s^{-1}）	纵向弥散度（a_L）/（m·s^{-1}）
裂隙–管道充水	P	3.98	66	96	4.4785	31.46	0.02855	0.02168	0.75940
	C_1	1.88	8	31	33.8344	87.89	0.05099	0.00835	0.16385
	C_2	2.15	9	29	45.1534	99.00	0.06984	0.00449	0.06428
	D_0	2.01	55	84	21.1043	77.79	0.02175	0.00209	0.09592
	D_1	1.81	34	57	19.3865	70.08	0.02584	0.00485	0.18780
	D_2	1.73	20	170	3.8957	39.10	0.00837	0.00142	0.17012
	$F_{1-2-3-4}$	2.28	42	71	2.7914	21.56	0.01416	0.01474	1.04124
	C_2D_2	–	7	14 66	46.1963 12.4540	74.42	–	–	
	$F_1C_2D_2$	–	8	16 169	58.8650 6.5337	60.72	–	–	
裂隙充水	F_1	2.28	35	46	18.6503	36.44	0.03523	0.01398	0.39675
	F_2	2.28	36	70	12.2699	67.38	0.02515	0.00750	0.29800
	F_3	2.28	45	71	8.7730	60.48	0.02472	0.00745	0.30151
	F_4	2.28	48	70	3.1902	27.44	0.02466	0.00792	0.32114
	F_{1-2}	2.28	39	66	14.7644	60.56	0.02606	0.00849	0.32572
	$F_{1-2-3-4}$	2.28	40	82	13.4663	63.51	0.02256	0.00541	0.24001
管道充水	C_1	1.88	5	20	89.5399	94.65	0.08792	0.00553	0.06292
	C_2	2.15	10	19	85.2147	88.60	0.10850	0.00490	0.04519
	D_0	2.01	25	44	58.4049	91.35	0.04253	0.00306	0.07203
	D_1	1.81	27	51	32.5153	84.60	0.03248	0.00261	0.08039
	D_2	1.73	120	155	5.7975	55.75	0.00966	0.00121	0.12573
	$C_1D_1D_2$	–	5	18 47 167	75.8589 34.0184 6.3497	85.28	–	–	

2. 纵向弥散系数影响因素分析

试验中影响溶质运移的主要因素是裂隙-管道含水结构和水流状态，在不同的含水结构和不同的水流状态下，溶质运移的速度也会受到影响，从而所获的穿透曲线在形状、峰值浓度峰、现时间、初现时间和滞留时间上均存在差异。

试验只设置了一个集中排泄点，该点也是示踪剂的唯一排泄出口和取样点。示踪剂的运移和扩散主要发生在沿水流方向，因此主要考虑示踪剂运移过程中的纵向弥散作用。下面分别从注入点与接收点间的线性距离（x）、初现时间（t_0）、峰现时间（t_m）、峰值浓度（c_m）、示踪剂运移速度（V）和含水介质空隙率（p）6 个方面分别分析纵向弥散系数的变化情况。

（1）注入点、接收点间线性距离（x）与纵向弥散系数（D_L）的相关性

根据表 5-16 的统计和计算结果，对示踪剂的注入点、接收点间线性距离和纵向弥散系数进行相关性分析可知，三种流态下，两者关系呈现不同的相关关系，如图 5-17 所示。在裂隙-管道充水和管道充水条件下，x 与 D_L 呈较好的线性正相关关系；裂隙充水条件下每次试验的线性距离都相等，受其他因素的影响，其弥散系数各不相同。

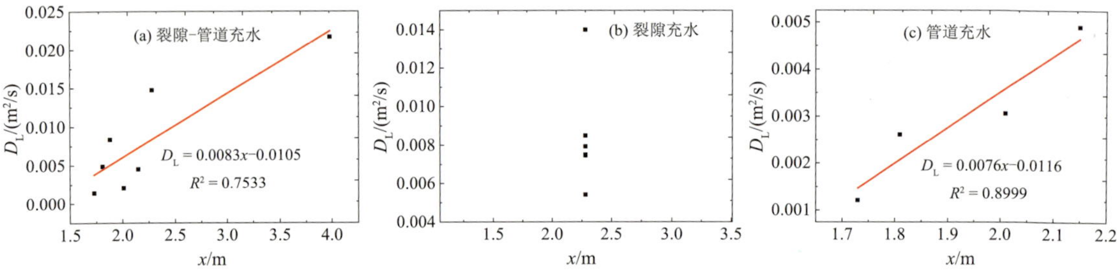

图 5-17　不同水流状态下线性距离（x）与纵向弥散系数（D_L）的相关性曲线

（据张雪梅，2019）

（2）初现时间（t_0）与纵向弥散系数（D_L）的相关性

根据表 5-16 的统计和计算结果，对示踪剂的初现时间和纵向弥散系数进行相关性分析可知，三种流态下，两者关系呈现不同的相关关系，如图 5-18 所示。裂隙-管道充水和裂隙充水试验中 t_0 与 D_L 关系点分布散乱，没有明显的相关性；管道充水时，两者有很好的幂指函数负相关关系。

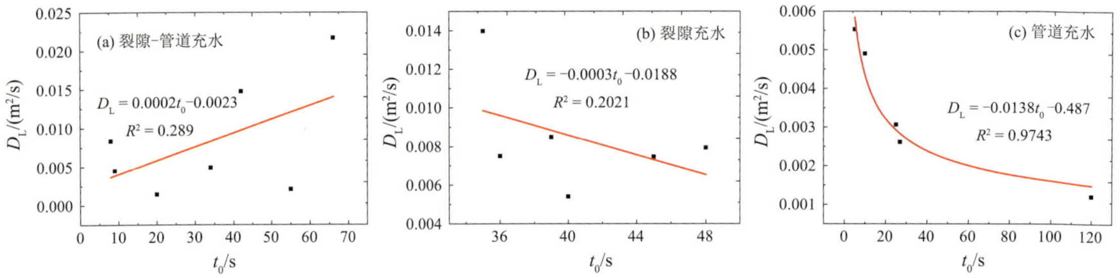

图 5-18　不同水流状态下初现时间（t_0）与纵向弥散系数（D_L）的相关性曲线

（据张雪梅，2019）

（3）峰现时间（t_m）与纵向弥散系数（D_L）的相关性

根据表 5-16 的统计和计算结果，对峰现时间和纵向弥散系数进行相关性分析可知，三种流态下，其关系呈现不同的相关关系，见图 5-19 所示。裂隙-管道充水条件下，峰现

时间与纵向弥散系数呈相关性系数（R^2）为 0.8179 的幂指数关系；裂隙充水条件下，呈相关性系数（R^2）为 0.9861 的线性关系；管道充水条件下，呈相关性系数（R^2）为 0.9903 的幂指数关系。

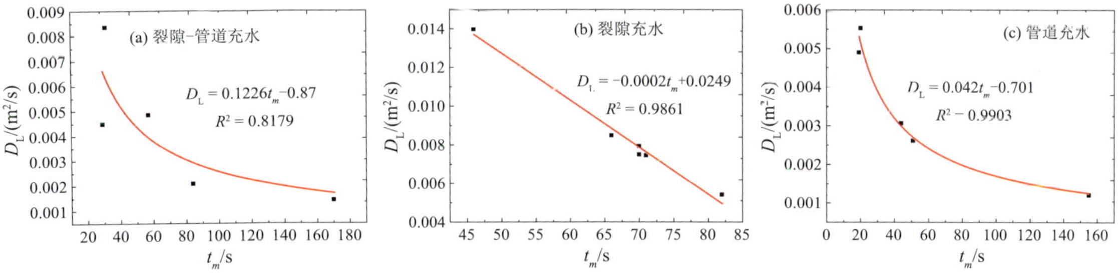

图 5-19　不同水流状态下峰现时间（t_m）与纵向弥散系数（D_L）的相关性曲线

（据张雪梅，2019）

（4）峰值浓度（c_m）与弥散系数（D_L）的相关性

根据表 5-16 的统计和计算结果，对示踪剂的峰值浓度和纵向弥散系数进行相关性分析可知，三种流态下，两者关系呈现不同的相关关系，如图 5-20 所示。裂隙-管道充水时，峰值浓度与纵向弥散系数关系点分布散乱，没有明显的相关关系；裂隙充水时两者呈相关性系数（R^2）为 0.913 的三次多项式关系；管道充水时两者呈（R^2）为 0.9557 的线性正相关关系。

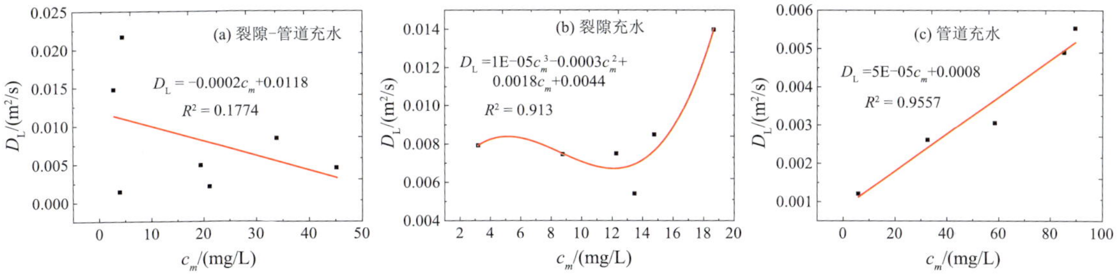

图 5-20　不同水流状态下峰值浓度（c_m）与纵向弥散系数（D_L）的相关性曲线

（据张雪梅，2019）

（5）示踪剂运移速度（V）与弥散系数（D_L）的相关性

在示踪试验中，如果溶质运移的线性距离已知，根据示踪剂传输的平均时间可以估算示踪剂的平均运移速度，然而在溶质运移的穿透曲线上无法直接读取示踪剂的平均传输时间。通常情况下，示踪剂的平均运移时间介于峰现时间和 50% 示踪剂排出的时间之间，可根据穿透曲线的浓度形心估算平均运移时间。

在试验中，平均运移时间的估算主要分两种情况：第一种情况是当穿透曲线为对称型时，平均运移时间可适当调整取峰现时间；第二种情况是当穿透曲线形状为正偏斜型时，平均运移时间在峰现时间的基础上向半数回收时间方向适当调整。将穿透曲线与累计回收率曲线叠加在同一幅图上，便可确定示踪剂半数回收的时间，如图 5-21 所示。

根据已知的线性传输距离和浓度形心法估算的平均传输时间，便可计算平均运移速度，如表 5-17 所示。穿透曲线浓度形心法估算的示踪剂平均运移速度与瞬时点状注入示踪剂

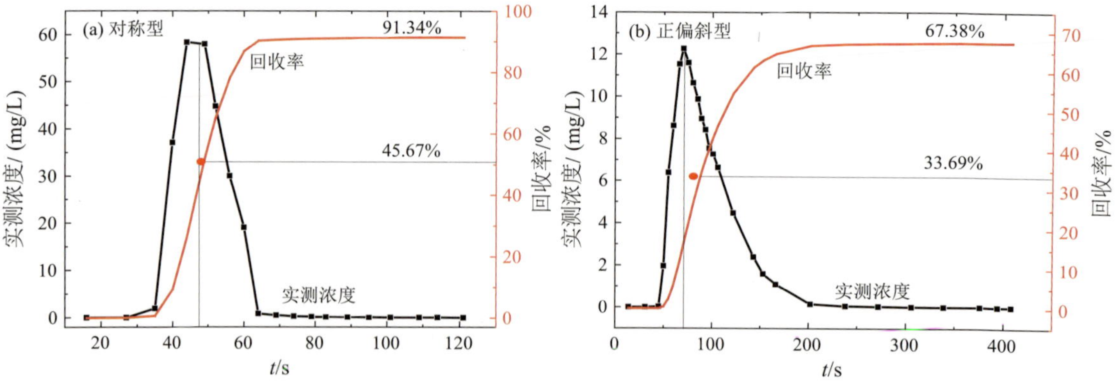

图 5-21　穿透曲线与累计回收率曲线确定浓度形心点

（据张雪梅，2019）

的二维弥散数值模型估算值基本接近，两者的估算值基本落在与水平坐标轴呈 45° 夹角的直线上。穿透曲线浓度形心法估算结果，验证了二维弥散数值模型在试验中应用的可靠性。

表 5-17　充水状态下裂隙–管道溶质运移示踪剂平均运移速度估算

饱水状态	示踪剂注入点	线性距离 /m	估算平均运移时间 /s	浓度形心法估算平均运移速度 / ($m \cdot s^{-1}$)	二维弥散数值法估算平均运移速度 / ($m \cdot s^{-1}$)	相对误差 /%	两者平均值 / ($m \cdot s^{-1}$)
裂隙–管道充水	P	3.98	136	0.02926	0.02855	2.44221	0.02891
	C_1	1.88	34	0.05529	0.05099	7.78404	0.05314
	C_2	2.15	29	0.07414	0.06984	5.79721	0.07199
	D_0	2.01	84	0.02393	0.02175	9.10448	0.02284
	D_1	1.81	57	0.03175	0.02584	18.62541	0.02880
	D_2	1.73	170	0.01018	0.00837	17.75145	0.00927
	$F_{1-2-3-4}$	2.28	136	0.01676	0.01416	15.53684	0.01546
裂隙充水	F_1	2.28	61	0.03738	0.03523	5.74430	0.03630
	F_2	2.28	85	0.02682	0.02515	6.23904	0.02599
	F_3	2.28	86	0.02651	0.02472	6.75789	0.02562
	F_4	2.28	85	0.02682	0.02466	8.06579	0.02574
	F_{1-2}	2.28	81	0.02815	0.02606	7.41842	0.02710
	$F_{1-2-3-4}$	2.28	92	0.02478	0.02256	8.96842	0.02367
管道充水	C_1	1.88	20	0.09400	0.08792	6.46809	0.09096
	C_2	2.15	19	0.11316	0.10850	4.11628	0.11083
	D_0	2.01	44	0.04568	0.04253	6.89950	0.04411
	D_1	1.81	51	0.03549	0.03248	8.48177	0.03399
	D_2	1.73	155	0.01116	0.00966	13.45087	0.01041

最终取两者的平均值与弥散系数作相关性分析，分析结果如图 5-22 所示：裂隙–管道充水条件下，示踪剂平均运移时间与纵向弥散系数呈相关性系数（ R^2 ）为 0.4237 的弱线性正相关关系；裂隙和管道充水条件下，两者呈相关性系数（ R^2 ）分别为 0.9809 和 0.9045 的显著线性正相关关系。

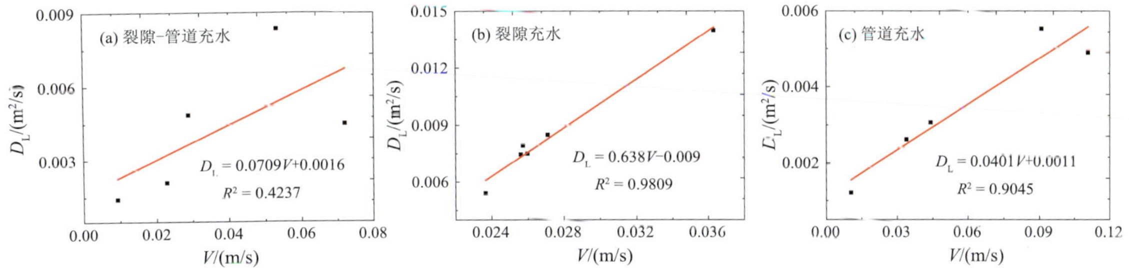

图 5-22 不同水流状态下示踪剂运移速度（V）与纵向弥散系数（D_L）的相关性曲线

（据张雪梅，2019）

（6）含水介质空隙率（p）与弥散系数（D_L）的相关性

岩溶含水介质中的空隙率是指空隙体积占据岩石体积的比例。岩溶空隙包含：原生空隙（微观空隙）和次生空隙（宏观空隙），前者是成岩作用的结果，而后者是构造作用、外力作用和岩溶作用的结果。从理论上讲，岩溶过程的最终结果是使空隙从原生到次生的总转化。

试验中主要涉及的空隙为宏观空隙，各含水通道的有效空隙率为：

$$\rho_{ei}=\frac{V_{ei}}{V} \tag{5-19}$$

式中：p_{ei} 为第 i 个含水结构的有效空隙率；V_{ei} 为第 i 个含水结构的有效体积；V 为裂隙-管道占有的空间体积；i 可表示 F_1、F_2、F_3、F_4、C_1、C_2、D_0、D_1、D_2 的含水结构。

根据式（5-19）计算出每组试验含水结构的空隙率，将其与对应的纵向弥散系数作相关性分析，如图 5-23 所示。裂隙-管道充水条件下，空隙率（p）与纵向弥散系数（D_L）有较好的线性相关性；裂隙充水和管道充水时两者关系点分布散乱，没有明显的相关关系。

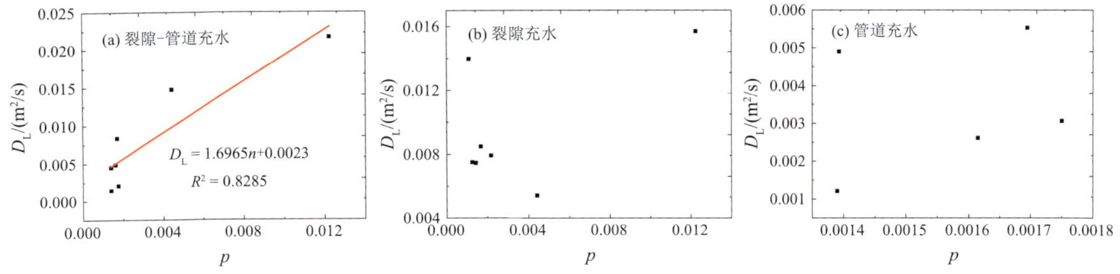

图 5-23 不同水流状态下空隙率（p）与纵向弥散系数（D_L）的相关性曲线

（据张雪梅，2019）

综上，示踪剂的平均运移速度对纵向弥散系数的影响最显著。裂隙-管道饱水流中，D_L 与 x、p 呈近似线性关系，与 V 呈弱线性关系，与 t_m 呈近似幂指函数关系，与 t_0、c_m 无明显关系；裂隙饱水流中，D_L 与 t_m、V 呈良好的线性关系，与 c_m 呈良好的三次多项式关系，与 x、t_0、p 无明显关系；管道饱水流中，D_L 与 x、c_m、V 呈良好的线性关系，与 t_0、t_m 呈良好的幂指函数关系，与 p 无明显关系。除上述几个因素之外，不同的饱水状态中，纵向弥散系数的分布情况也不一致。裂隙-管道饱水时，纵向弥散系数在 0.00142 ~ 0.02168m²/s 之间变化；裂隙饱水时，纵向弥散系数在 0.00541 ~ 0.01398m²/s 之间变化；管道饱水时，纵向弥散系数在 0.00121 ~ 0.00553m²/s 之间变化。

四、结语

1）不同的含水结构以及不同的注入方式对溶质运移规律均存在影响。管道中溶质运移穿透曲线的对称性较好，裂隙中曲线呈正偏斜型，峰值浓度较低。单点注入时曲线呈单峰，多点注入时既存在单峰也存在双峰。

2）充水状态下，不同的因素对裂隙-管道流、裂隙流和管道流中溶质运移的纵向弥散系数影响程度不同。裂隙-管道流中弥散系数的影响因素有注入点与接收点的线性距离、空隙率、示踪剂平均运移速度，裂隙流中弥散系数的影响因素有峰现时间、峰值浓度和平均运移速度，管道流中弥散系数的影响因素有注入点与接收点的线性距离、初现和峰现时间、峰值浓度和平均运移速度。

3）在分析示踪剂平均运移速度与纵向弥散系数的相关性过程中，运用浓度形心法计算示踪剂平均运移速度验证了二维数值模型在试验中应用的可靠性。

4）从穿透曲线特征上，物理模型和实例试验都存在正偏斜的单峰曲线，峰值浓度在同一数量级。曲线相似，说明物理模型和实例的含水层结构相似；当野外试验条件难度大时，可参考物理模型试验数据。

第六章　矿泉水资源简介

天然矿泉水资源是指在天然条件下赋存于地层中，受地质作用影响自然形成的，以地下水中含有一定量的矿物质为特征，且矿物质含量、温度和水位等物理化学特征在天然周期波动范围内相对稳定的矿产资源。

根据贵州省土地矿产资源储备局《贵州省矿泉水调查评价报告》（2017）相关内容修编。

第一节　天然矿泉水分类

按天然矿泉水其物理化学特性和对人体理疗作用，可划分为饮用天然矿泉水和理疗天然矿泉水；按其用途方向，可划分为饮用矿泉水、理疗矿泉水及工业矿泉水。

一、饮用天然矿泉水资源

饮用天然矿泉水资源是指地下天然涌出或经钻孔采集，含有一定量的矿物盐类、微量元素或二氧化碳气体的适合饮用的天然矿泉水，其水温、水量和水中所含化学成分相对稳定且对人体有益。根据泉水或机井出水口水温，可将其进一步划分为冷矿泉水资源和热矿泉水资源。泉口或机井出水口水温低于当地多年平均气温的、达到饮用天然矿泉水标准的天然出露泉水（或地下水机井揭露地下水）统称为冷矿泉水；泉口或机井出水口水温高于当地多年平均气温的、达到饮用天然矿泉水标准的天然出露泉水（或地下水机井揭露地下水）统称为热矿泉水。

二、理疗天然矿泉水资源

理疗天然矿泉水资源是指从地下天然涌出或经钻孔采集，含有一定量矿物盐类、微量元素或特殊气体成分，或水温大于36℃的适合人体水疗、保健、养生的天然矿泉水。水中所含化学成分对人体有益。

三、工业矿泉水资源

工业矿泉水的矿化度必须大于50g/L，主要用于工业上提取有用元素或化合物，多为人工开采。贵州省境内工业矿泉水并不多，仅有赤水市境内的5个地热水钻孔，其矿化度为53.94～72.66g/L，水温为39.5℃，流量为2.50～60.40L/s（自流），pH值为8.04，呈弱碱性，总硬度为3998.9mg/L，为极硬水。

第二节 贵州天然矿泉水特色

贵州省天然矿泉水具有水量丰富、水质类型多样的特点，具有自然环境方面的优势。

一、水量丰富

贵州省大气降水量多年平均约 1100mm，裸露的岩溶山区补给条件良好，地下水资源量总体丰富；至 2017 年，已查明的各类型矿泉水点为 229 处，其中温泉 38 处、地热井 139 处、泉点 44 处、机井 8 处，资源量估算值约为 $25.13 \times 10^4 m^3/a$，饮用天然矿泉水可开采量为 $11.53 \times 10^4 m^3/a$，理疗矿泉水可开采量为 $10.81 \times 10^4 m^3/a$，饮用、理疗矿泉水资源量为 $2.78 \times 10^4 m^3/a$。

二、矿泉水水质类型多样

饮用天然矿泉水可以命名为：锶饮用天然矿泉水，偏硅酸饮用天然矿泉水，硒饮用天然矿泉水，锶、偏硅酸饮用天然矿泉水，锶、锂饮用天然矿泉水，偏硅酸、锂饮用天然矿泉水，锶、偏硅酸、锂饮用天然矿泉水等类型；理疗矿泉水可以命名为：包括温矿（泉）水、矿（泉）水、温矿（泉）水 + 矿（泉）水、温矿（泉）水 + 硅酸水、温矿（泉）水 + 硫化氢水、温矿（泉）水 + 矿（泉）水 + 铁水、温矿（泉）水 + 矿（泉）水 + 硅酸水、温矿（泉）水 + 矿（泉）水 + 硫化氢水等类型。

第三节 贵州天然矿泉水的地质背景及成因

贵州省处于稳定地台区，无火山活动，重金属元素以及钠、硫化氢等有毒有害成分含量极低。

贵州省处于构造褶皱断裂隆起区，矿泉水循环深度大（特别是温泉型矿泉水循环深度可达地表 1000m 以下）、循环年龄长（数千年以上），微量元素含量适中。

贵州省处于山区地带，水循环交替相对快、补给充分。

第四节 贵州天然矿泉水与其他地区矿泉水的比较

一、与东部长白山、山东、广东及西部云南等饮用天然矿泉水的比较

东部长白山、山东、广东及西部云南等地在地质构造上处在板块接触带，受近代火山及岩浆活动影响，矿泉水中钠、硫化氢、重金属元素含量较高，水的矿化度、硬度也较高。

贵州省处于在稳定地台区，无近代火山及岩浆活动，天然矿泉水矿化度适中、低钠、中性偏弱碱性，且基本不含硫化氢气体，饮用口感好。

二、与冰川水比较

冰川水是分布在地壳表面的“地表水”，由于其所处高原环境，无人类工程活动影响，水中不含有害成分。但冰川水与岩石之间基本没有物质能量的交换，因此没有有益于人体的微量元素，是一种低矿化度的普通饮用软水。

贵州天然矿泉水是通过地下深循环，并与岩石之间产生物质与能量交换的水，水中微量元素丰富，可视作养生、保健水。

第五节 矿泉水资源量估算及水质评价

一、饮用天然矿泉水评价结果

按照《饮用天然矿泉水》（GB 8537—2008）评价标准进行评价，贵州省现有饮用天然矿泉水 112 处，其中 29 处同为理疗天然矿泉水（图 6–1）。

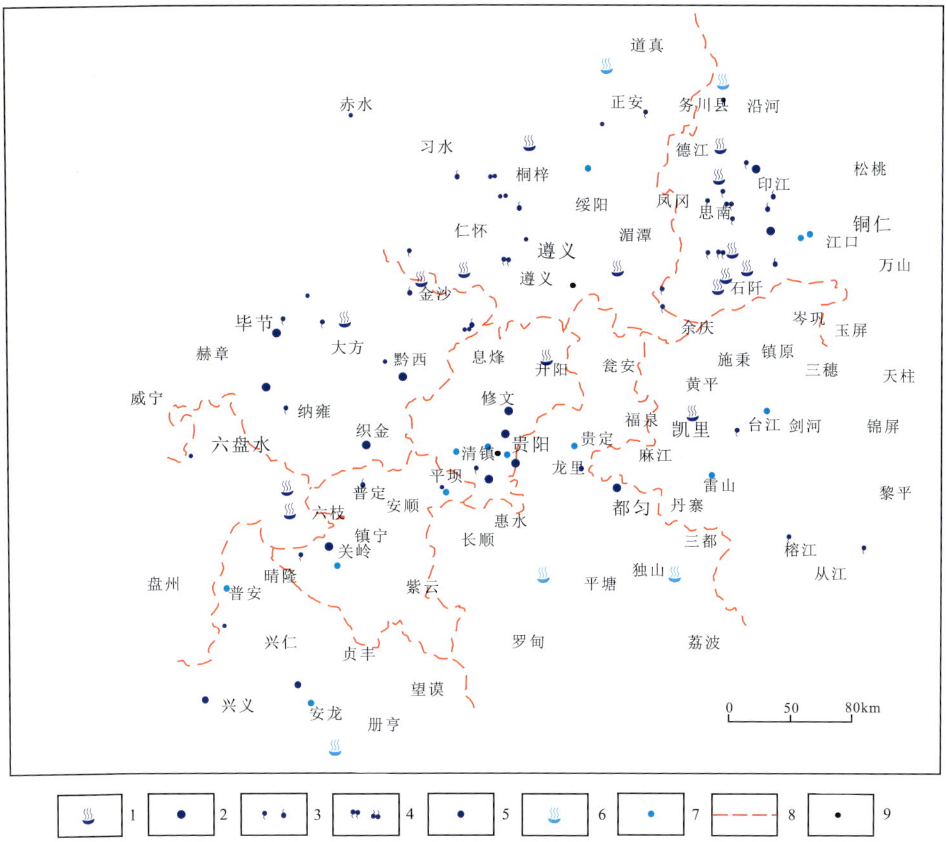

图 6–1　贵州省饮用天然矿泉水分布图

（据贵州省地质矿产勘查开发局 114 地质大队，2017）

1—饮用温泉；2—饮用地热井；3—饮用泉点；4—饮用泉群；5—饮用地下水机井；6—饮用、理疗温泉；7—饮用、理疗地热井；8—市、州界；9—省会及县、市驻地

贵州省112处饮用天然矿泉水包括冷矿泉水52处（其中天然泉水44处，地下水机井8处），热矿泉水60处（其中温泉26处，地热井34处）。

按照《天然矿泉水资源地质勘查规范》（GB/T 13727—2016）中关于天然矿泉水命名原则，饮用天然矿泉水化学成分达到《饮用天然矿泉水》（GB 8537—2008）规定的界限指标者可参与成分命名。贵州省饮用天然矿泉水可以参与命名的界限指标主要为锶（Sr）、偏硅酸（H_2SiO_3）、锂（Li）、硒（Se）等。其中，锶含量达标的有104处，占全省饮用天然矿泉水总量的92.86%，是贵州省饮用天然矿泉水中达到标准最多的元素，含量在0.20～16.29mg/L之间；偏硅酸达到饮用矿泉水标准的有36处，占全省饮用天然矿泉水总量的32.14%，含量在25.04～72.18mg/L之间；锂含量达标的有7处，占全省饮用天然矿泉水总量的6.25%，含量在0.22～0.98mg/L之间；硒含量达标的仅有2处，占全省饮用天然矿泉水总量的1.76%，含量在0.011～0.019mg/L之间。

贵州省饮用天然矿泉水可以命名为：锶饮用天然矿泉水，偏硅酸饮用天然矿泉水，硒饮用天然矿泉水，锶、偏硅酸饮用天然矿泉水，锶、锂饮用天然矿泉水，偏硅酸、锂饮用天然矿泉水，锶、偏硅酸、锂饮用天然矿泉水，偏硅酸、硒饮用天然矿泉水八种类型。其中，以锶饮用天然矿泉水为主，共计74处，占66.07%；锶、偏硅酸饮用天然矿泉水24处，占21.43%；偏硅酸饮用天然矿泉水6处，占5.36%；锶、偏硅酸、锂饮用天然矿泉水4处，占3.57%；偏硅酸、锂饮用天然矿泉水2处，占1.79%，锶、锂饮用天然矿泉水，偏硅酸、硒饮用天然矿泉水及硒饮用天然矿泉水各1处，各占0.89%。

二、理疗天然矿泉水评价结果

按照《天然矿泉水资源地质勘查规范》（GB/T 13727—2016）的要求进行理疗天然矿泉水水质评价，全省现有理疗天然矿泉水146处，其中29处可同时作为饮用天然矿泉水（图6–2）。

第六节 矿泉水的物理、化学性质及水化学类型

一、饮用天然矿泉水

（一）物理性质

贵州省饮用天然矿泉水无色、无味、无嗅、透明，部分矿泉水点有细小白色、黄色物质，水温在13.0～57.0℃之间。

水温对饮用天然矿泉水的化学成分、有益组分等有很大影响，水温高的饮用天然矿泉水中的锶、偏硅酸、锂、游离二氧化碳、矿化度等相对较高，详见表6–1。

（二）化学成分及化学性质

1. 矿泉水的化学成分

贵州省饮用天然矿泉水主要含有Ca^{2+}、Mg^{2+}、K^+、Na^+、HCO_3^-、SO_4^{2-}、F^-、Li^+、

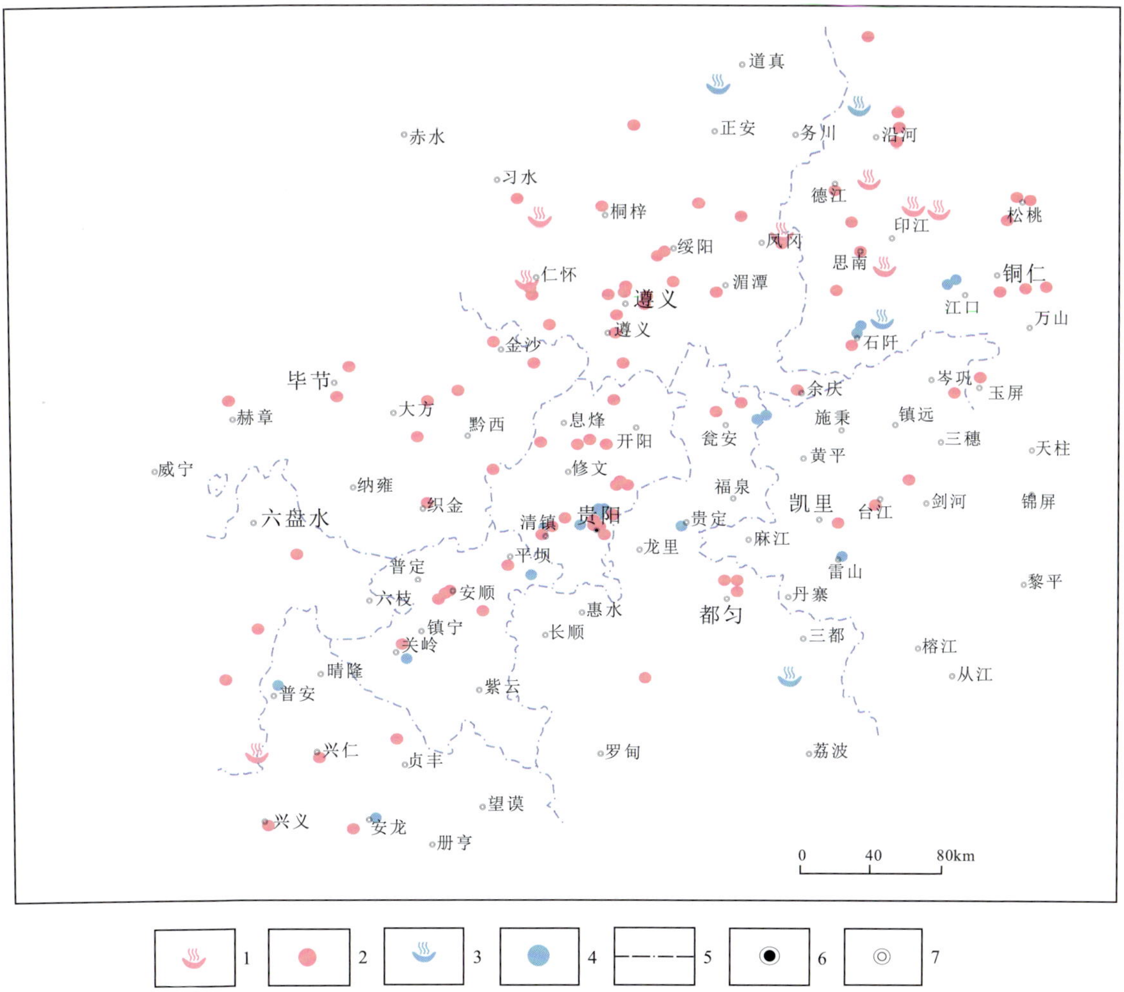

图 6-2　贵州省理疗天然矿泉水分布图

（据贵州省地质矿产勘查开发局 114 地质大队，2017）

1—理疗温泉；2—理疗地热井；3—饮用、医疗温泉；4—饮用、理疗地热井；5—市、州界；6—省会驻地；7—县、市驻地

表 6-1　贵州省饮用天然矿泉水水温与锶、偏硅酸、锂、游离二氧化碳、矿化度等对比统计表

矿泉水类型	水温 /℃	平均含量 /（$mg \cdot L^{-1}$）				
		锶	偏硅酸	锂	游离二氧化碳	矿化度
冷矿泉水	< 20	1.11	12.10	0.007	8.05	365.25
	20 ~ 25	1.48	18.07	0.029	7.23	323.40
热矿泉水	25 ~ 40	2.11	21.00	0.055	10.35	378.01
	≥ 40	2.25	37.38	0.140	9.70	419.58

Zn^{2+}、I^{-}、Sr^{2+}、可溶性 SiO_2 等离子，饮用天然矿泉水的达标项主要为 H_2SiO_3、Sr、Li、Se 等，水化学类型主要为 HCO_3–Ca、HCO_3–Ca·Mg、SO_4–Ca·Mg 等。

2. 矿泉水的化学性质

饮用天然矿泉水的化学性质主要包括 pH 值、矿化度、硬度等。

1）pH 值：贵州省饮用天然矿泉水大部分为中性水，个别点为弱碱性，pH 值范围为 6.9 ~ 9.0，其中 pH 介于 6.5 ~ 8.0 之间的有 108 处，属中性水，占 96.43%。

2）矿化度：贵州省饮用天然矿泉水矿化度在 63.00 ~ 979.74mg/L 之间，均小于 1000mg/L，为淡水。

3）硬度：贵州省饮用天然矿泉水硬度在 8.55 ~ 740.57mg/L 之间，以微硬水、硬水为主。

（三）水化学类型

贵州省饮用天然矿泉水的水化学类型以重碳酸盐型、硫酸盐型两大类为主。为了明确地反映贵州省饮用天然矿泉水的水化学类型的频率分布特征，仅以阴离子来标记水化学类型，做出不同水化学类型分布频率。统计结果表明，饮用天然矿泉水以重碳酸盐型为主，共计 88 处，占 78.57%；硫酸盐型共计 24 处，占 21.43%。

二、理疗天然矿泉水

（一）物理性质

1. 嗅味色

贵州省理疗天然矿泉水总体色（度）小于 5，多呈无色透明。浑浊度为 0.01 ~ 27.00，除百里杜鹃管理区、鹏程管理区启化 2 号地热井浑浊度高达 80.00、正常视力可见红色沉淀外，大多数理疗天然矿泉水无正常视力可见外来异物，少数含细小黄色物质或白色沉淀。水体煮沸前后无异臭异味者居多，少数总硫化氢含量较高的矿泉水具有轻微的臭鸡蛋气味，少数全铁含量较高的矿泉水具有不同程度的铁锈味。

2. 水温

水温是贵州省理疗天然矿泉水的重要指标。全省理疗天然矿泉水水温介于 24.9 ~ 73.0℃之间，平均为 46.0℃，九成以上的理疗天然矿泉水水温大于 36.0℃，属温（矿）泉水。

（二）化学性质

1. 有益组分

1）溶解性总固体：贵州省理疗天然矿泉水溶解性总固体含量变化范围较大，其值介于 159.0 ~ 3400.9mg/L 之间，平均溶解性总固体含量为 884.1mg/L。

2）偏硅酸：贵州省理疗天然矿泉水偏硅酸含量总体含量较高、变化范围较大，含量为 4.16 ~ 80.50mg/L，平均为 33.60mg/L。

3）锶：锶含量值分布于 0 ~ 22.80mg/L 之间，平均含量为 3.72mg/L。

4）锂：贵州省理疗天然矿泉水锂含量总体不高，含量介于 0.00 ~ 4.50mg/L 之间，平均为 0.29mg/L。

5）锌：贵州省理疗天然矿泉水锌含量较低，其值变化于 0.000 ~ 0.164mg/L 之间，平均为 0.011mg/L。

6）氡：贵州省理疗天然矿泉水氡含量极低（<0.01mg/L）。

2. 主要阳离子

贵州省理疗天然矿泉水钙离子（Ca^{2+}）是最主要的阳离子，其含量变化范围大，变化于 2.37 ~ 636.95mg/L 之间，平均为 126.49mg/L。镁离子（Mg^{2+}）含量介于 0 ~ 230.29mg/L 之间，平均为 36.80mg/L。钾离子（K^+）含量介于 0.50 ~ 53.40mg/L 之间，平均为 7.96mg/L。钠离子（Na^+）含量介于 0.70 ~ 1084.00mg/L 之间，平均为 95.73mg/L；总铁离子（Fe^{2+}+Fe^{3+}）含量介于 0 ~ 15mg/L 之间，平均为 0.64mg/L。

3. 主要阴离子

贵州省理疗天然矿泉水重碳酸根离子（HCO_3^-）含量介于 88.17 ~ 1513.27mg/L 之间，平均为 267.21mg/L；硫酸根离子（SO_4^{2-}）含量介于 2.00 ~ 2400.00mg/L 之间，平均为 390.90mg/L；氯离子（Cl^-）含量介于 1.01 ~ 1059.87mg/L 之间，平均为 38.97mg/L；氟离子（F^-）含量介于 0.00 ~ 14.00mg/L 之间，平均为 2.30mg/L；碳酸根离子（CO_3^{2-}）含量介于 0.00 ~ 31.43mg/L 之间，平均为 1.43mg/L；硝酸盐（NO_3^-）含量介于 0 ~ 14.0mg/L 之间，平均为 1.25mg/L。

4. 气体成分

贵州省理疗天然矿泉水溶解的气体成分包括二氧化碳和硫化氢，以二氧化碳为主。全省理疗天然矿泉水游离二氧化碳（CO_2）含量介于 0 ~ 56.20mg/L 之间，平均为 11.80mg/L；总硫化氢含量介于 0 ~ 18.70mg/L 之间，平均为 0.57mg/L。

5. 化学性质

贵州省理疗天然矿泉水呈中性–弱碱性，pH 值介于 6.58 ~ 9.00 之间，平均为 7.52；硬度变化范围较大，其值介于 5.92 ~ 2464.25mg/L 之间，平均为 465.62mg/L。

6. 微量元素、重金属元素及有毒、有害成分

贵州省理疗天然矿泉水铜总体含量低于 0.01mg/L，重金属元素及有毒、有害组分含量较少。

第七章　贵州带状热储赋存特征

第一节　贵州地热水资源概况

一、区域地质条件

1. 挽近期断裂

挽近期以来，贵州发生大量断裂活动和构造拗褶作用，北东和东西向的喜马拉雅期继承性活动断裂是境内主要导热、导水断裂。据统计，贵州境内断裂延伸大于100km的挽近期复活断裂有12条，其中北东向断裂11条、东西向断裂1条。

北东向活动断裂遍布全省，遵义–榕江一线以北地区最为发育（邵林等，2011），见图7–1，多以一条主断裂和若干次级断裂配套呈断裂束出现，整体倾向南东。断续延长大于100km的北东向活动断裂为三合–海子街断裂带（延长193km）、正安–桐梓断裂带（延长183km）、威宁德胜坡断裂带（延长120km）、德江–阳长断裂带（延长386km）、思南–白马洞断裂（延长242km）、木黄–马场断裂带（延长374km）、松桃–碧痕营断裂（延长570km）、余庆–旧州断裂带（延长106km）、江口–黄平断裂带（延长215km）、台江施洞口断裂（延长190km）、台江革东断裂（延长187km）。

东西向复活断裂主要分布于镇远–施秉和大方马场地区。镇远断裂带（断裂延展长117km）由两条相邻、平行延展的东西向断层组成，北称下瓮哨断层，南称镇远断层，两侧伴生若干次生同向断裂。北西向断裂带分布于赫章—滥坝—盘县一带，为贵州西部主要活动构造带，但水热活动不明显。

2. 地层、岩性

贵州地层发育比较齐全，新元古界—第四系皆有不同程度出露。贵州主要经历了三次碳酸盐岩沉积期，境内广泛分布的碳酸盐岩为贵州最主要的岩类。除碳酸盐类沉积岩之外，贵州还有火成岩和变质岩分布。火成岩主要有新元古代花岗岩和二叠纪峨眉山玄武岩，花岗岩主要出露于铜仁梵净山地区和黔东南从江附近，玄武岩主要出露于黔西地区，沉积厚度由西向东变薄。贵州变质岩主要为青白口纪、南华纪、前震旦纪板溪群浅变质岩和震旦纪陡山沱组冰碛岩，集中分布于黔东南、黔东北地区，黔中及黔北地区零星出露。

根据贵州各地区域地质图，整理、统计了各个地层的发育程度及分布情况（表7–1）。整体而言，贵州岩性发育程度和分布情况具有明显的南北差异，东西部亦存在较大差异。黔北、黔东北普遍缺失泥盆系、石炭系，主要发育古生界寒武系、奥陶系、志留系、二叠系；黔西南、黔南和安顺—六盘水地区则多缺失奥陶系、志留系。其中，黔南地区主要发育新元古界前震旦系、震旦系及古生界寒武系、泥盆系、石炭系、二叠系；黔西南、水城–

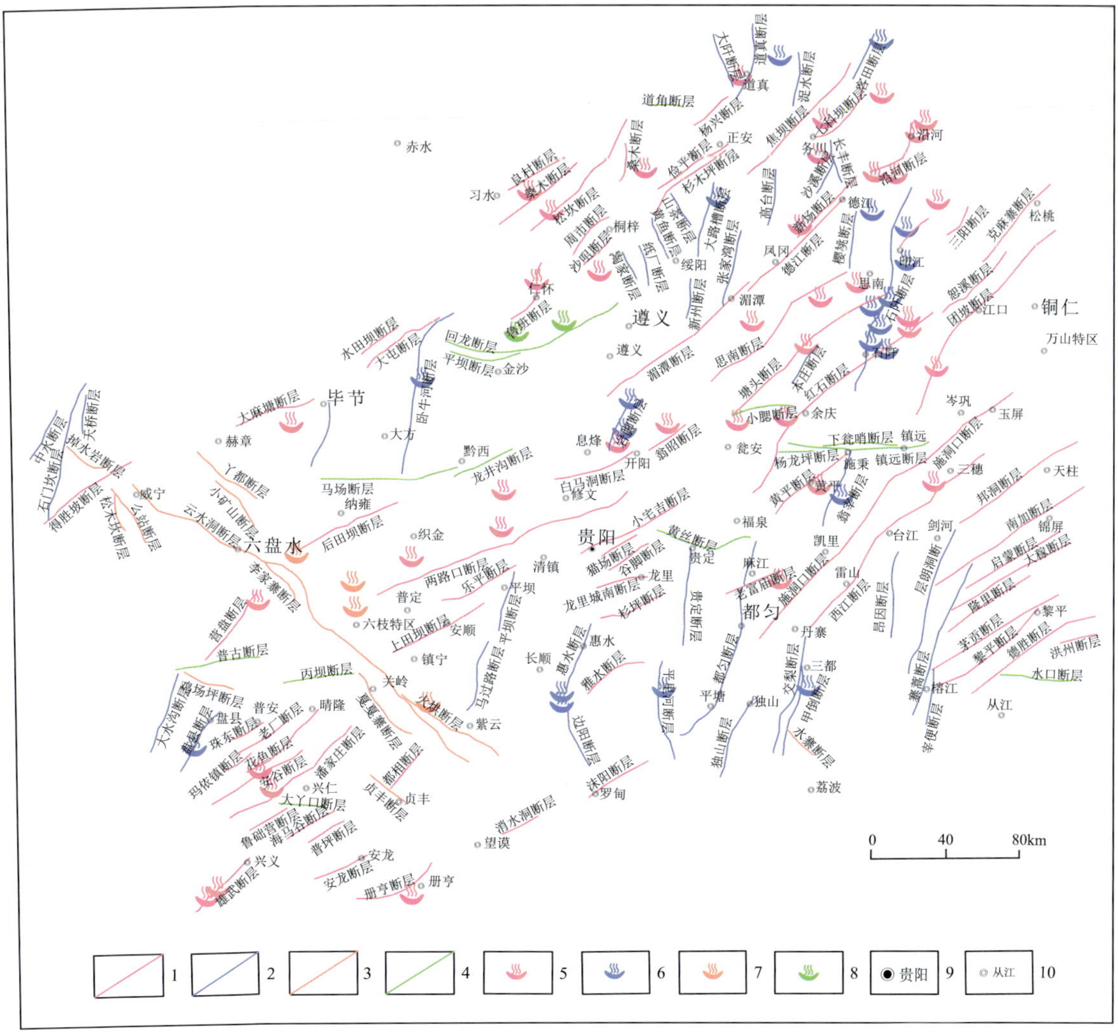

图 7–1　贵州省温（热）泉与活动断层分布略图

（据贵州省地质矿产勘查开发局 114 地质大队，2017）

1—北东向活动断裂；2—北北东—近南北向活动断裂；3—北西向活动断裂；4—近东西向活动断裂；5—与北东向活动断层有关的温（热）泉；6—与北北东—近南北向活动断裂有关的温（热）泉；7—与北西向活动断裂有关的温（热）泉；8—与近东西向活动断裂有关的温（热）泉；9—省级行政中心；10—市（县）级行政中心

安顺地区主要发育下古生界（泥盆系）至中生界三叠系。贵阳—息烽地区沉积地层保存较完整，除白垩系缺失外，其他地层皆有出露。侏罗系、白垩系大面积缺失，境内极少分布；侏罗系除盘县—贵阳—道真一线以北地区有出露外，其他地区仅零星分布；白垩系零星分布于东、南部边界地区。新近系及第四系全省皆有分布。

表 7–1　贵州主要地层及热储分布

界	系	统	岩性	出露地区	备注
中生界	三叠系	上统	砂岩、页岩、黏土岩	除黔东、黔东南地区外，全省皆有出露	
		中统	石灰岩、白云岩、页岩	除镇远 — 剑河地区外，全省均有分布	
		下统	玄武岩、黏土岩、灰岩	全省均有分布	

续表

界	系	统	岩性	出露地区	备注
古生界	二叠系	上统	硅质岩、页岩；玄武岩	全省均有分布	
		中统	灰岩、白云质灰岩，砂岩、黏土页岩，局部煤系	全省均有分布	热储层
	石炭系	上统	灰岩、白云岩、白云质灰岩	分布于黔西及苗岭以南地区	热储层
		中统	生物灰岩、白云质灰岩	分布于黔西及苗岭以南地区	热储层
		下统	石灰岩、白云岩，砂页岩、泥灰岩	除黔北、黔东北地区外，全省均有出露	热储层
	泥盆系	上统	灰岩、白云岩	出露于黔西及苗岭以南地区	热储层
		中统	灰岩夹白云岩，砂岩、页岩	分布于苗岭以南地区	热储层
		下统	石英砂岩、页岩	分布于苗岭以南地区	
	志留系	中统	黏土页岩、砂岩，灰岩	全省均有分布	
		下统	泥质灰岩、砂质页岩	黔北、黔东北、黔中地区有分布	
	奥陶系	上统	碳质页岩、硅质页岩、泥岩	分布于黔北、黔东北、黔中	
		中统	龟裂纹灰岩、泥灰岩、页岩	黔南、黔西南、黔西地区缺失	
		下统	页岩、砂质黏土岩，白云岩、燧石白云岩	除六盘水、黔西南地区外，全省皆有出露	热储层
	寒武系	上统	白云质灰岩、白云岩	六盘水地区缺失	热储层
		中统	白云质灰岩、白云岩	六盘水、黔西南地区缺失	热储层
		下统	白云质灰岩、页岩；砂质灰岩、泥灰岩、黏土页岩	盘县—威宁、黔西南地区缺失，其他地区均有出露	热储层
新元古界	震旦系	上统	白云岩、燧石白云岩	毕节—安顺—安龙以西地区缺失	热储层
		下统	岩屑砂岩、冰碛砾岩	黔西、黔西南地区缺失	
	前震旦系		变质岩，凝灰岩、板岩、岩屑砂岩	除黔西、黔西北、黔西南地区外，全省皆有出露	

二、地热水分布情况

截至2017年，贵州共发现地热资源点（温泉、地热井）212处，包括地热参数井36处，可开采地热井84处，天然揭露的温泉92处。全省6个地级市、3个自治州地热出露点分布不均匀，以遵义市仁怀—红花岗—绥阳一带、贵阳市乌当区—开阳—息烽一线和铜仁市石阡-思南周边分布最为集中且开发利用程度较高。其他地级市有少量（零星）分布，见图7-2。

三、来源及特征

1. 能量来源

贵州地热资源的热能主要来自壳幔热能传导以及导通深部热源的断裂带及其次级断裂带的热对流；其次，少部分变质岩地区存在天然放射性元素产生的放射热源；无岩浆热源。

根据省内92处地热资源点水化学资料分析，贵州地热水水化学类型主要为重碳酸型水，次之为硫酸盐型水。贵州大部分地区地热水化学组分中Na^{+}和Cl^{-}含量都较低，晚二叠世玄武岩喷溢后无岩浆活动记录，且地热水气体成分中缺少与岩浆侵入活动和火山作

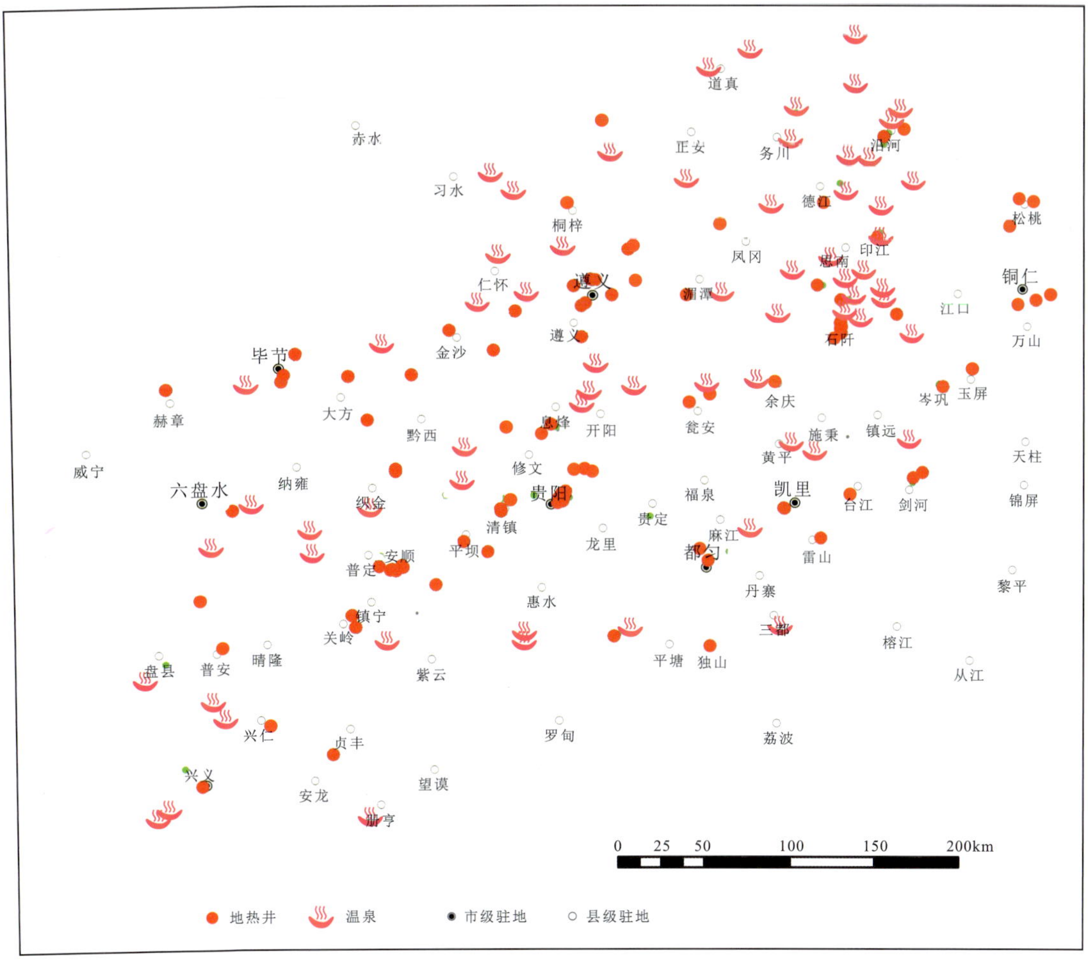

图 7-2　贵州省温泉、地热井分布图

（据贵州省地质矿产勘查开发局 114 地质大队，2017）

用有关的大量 CO_2、H_2S 等气体，因此区内地热水热源循环过程中无岩浆侵入活动和火山作用。

贵州大部分地区地热水资源属传导型地热，主要依靠正常的区域大地热流供热。壳幔部位较均一的热流向地壳浅部传输，期间受隆起背斜褶皱、区域深断裂带与挽近期活动断裂带及其次生断裂的影响和控制，与浅部流体发生热对流，从而形成局部热异常。贵州部分地区上震旦统陡山沱组中常赋存有天然放射性元素铀（U），且石阡东部紧邻中元古界梵净山群花岗岩侵入体，可能具有放射性热源。

2. 物质来源

贵州地下热水水源主要为大气降水。贵州碳酸盐岩遍布，岩溶地貌发育，以北东向、北北东向为主的活动断裂遍布全省，整个地区所处环境较为开放，为地下热水接受现代大气降水补给提供了有利途径。

整理已收集的 33 个地热井水样和 26 个温泉水样的氢、氧稳定同位素资料，并进行 δD–$\delta^{18}O$ 投点（图 7-3），投于全国雨水线、贵阳雨水线及安顺雨水线上。

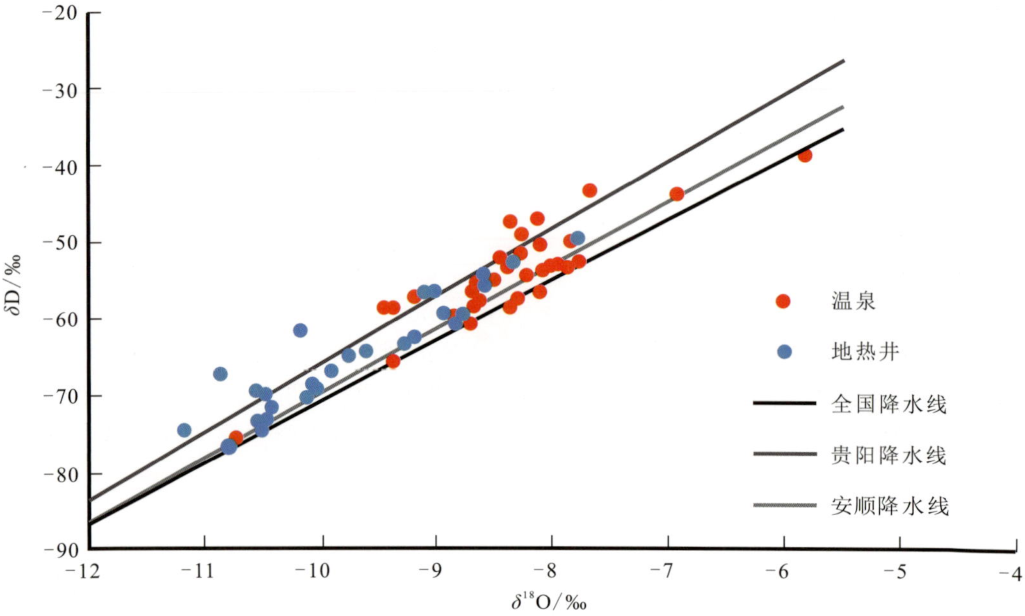

图 7-3　贵州省地热水氢、氧稳定同位素分布图
（据令狐燕艳，2019）

郑淑慧等（1983）综合各区域大气降水氢氧稳定同位素数据分析，定义了中国的大气降水线方程：

$$\delta D=7.9\delta^{18}O+8.2 \quad (7-1)$$

贵阳降水线方程（朱磊等，2014）：

$$\delta D=8.8\delta^{18}O+22.07 \quad (7-2)$$

安顺降水线方程（毛庆亚等，2017）：

$$\delta D=8.34\delta^{18}O+13.49 \quad (7-3)$$

上述投点均落于全国降水线附近，说明贵州地下热水主要接受现代大气降水补给，地热水与地表水交换更替频繁；整个地区 δD、$\delta^{18}O$ 值变化范围较小，δD、$\delta^{18}O$ 值分布范围具有明显分区，地热井的 δD、$\delta^{18}O$ 值整体小于温泉的 δD、$\delta^{18}O$ 值。地热水点向左偏离贵阳降水线，说明有浅部贫 ^{18}O 的水混入，或未与古老大气降水等深循环、径流时间长的水体混合；地热水点向右偏离贵阳降水线，推测个别地热点受地区纬度、气温及降水量等差异的影响。

四、热储类型

中国水热型地热资源可分为隆起山地对流型（火山型、深循环型）和沉积盆地传导型（中、新生代断陷盆地型，中、新生代坳陷盆地型和中生代坳陷盆地型）（张朝锋等，2018），隆起山地对流型主要分布于板块边缘、板块活动边缘。贵州处于上扬子陆块，属板内地热区，自二叠纪峨眉山玄武岩喷溢后无岩浆活动记录，且沉积盆地仅分布于贵州北隅赤水—习水地区。贵州地下热水以隆起山地对流型为主，其次为沉积盆地传导型。

依据贵州的构造特征、地层结构类型，将其热储类型分为层状热储、带状热储和层状兼带状热储的混合热储。贵州混合型热储是由区域性断裂带导通为主、构造形态较完整且有较完整热储单元的层状热储提供赋水、运移空间的带状热储。带状热储全省皆有分布，而以褶皱构造为主控构造的层状热储仅分布于赤水–习水平缓褶皱区和织金–金沙穹盆构造区。

贵州带状热储根据储层特征可以分为两种，第一种是则震旦系灯影组—三叠系沉积的碳酸盐岩地区的带状热储，另一种是浅变质岩地区发育的带状热储。

第一种带状热储是贵州分布最广、最主要的类型。根据对 121 处地热资源点的统计，碳酸盐岩带状热储有温泉 46 处、地热井 53 处。该类型地热水多沿背斜、背斜加断裂或断裂带以温泉（泉群）的形式，呈带状出露于山间盆地、山间洼地及河谷底部等喀斯特负地形。海子街鸭子塘温泉、贵安新区地热井（图 7–4）等皆为典型的碳酸盐岩带状热储地热资源。

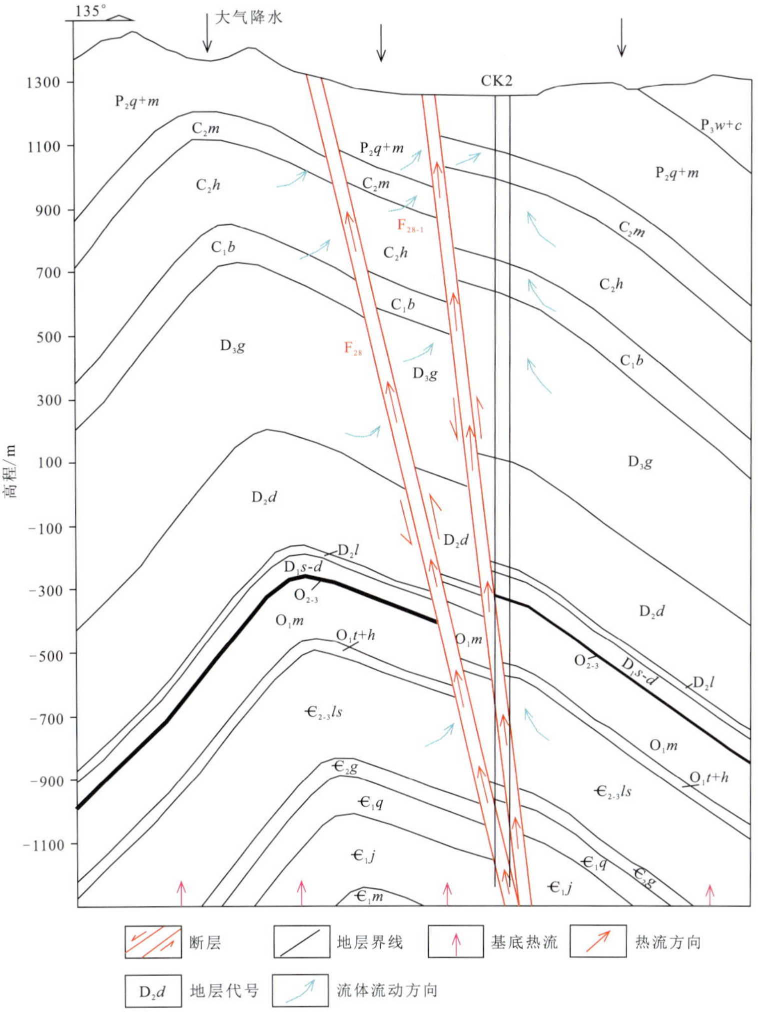

图 7–4　贵安新区地热成因模式图

（据贵州省地质矿产勘查开发局 114 地质大队，2015）

第二种带状热储主要分布黔东南地区，黔中、黔东北地区零星分布。根据对 121 处地热资源点的统计，浅变质岩带状热储有温泉 6 处、地热井 9 处。该类型地热水多沿断裂或断裂破碎带以温泉（泉群）的形式呈带状出露，如沿革东断裂侧翼的次级断裂带状出露的剑河温泉（图 7–5）、沿石头田断裂破碎带呈带状分布的息烽温泉群等。

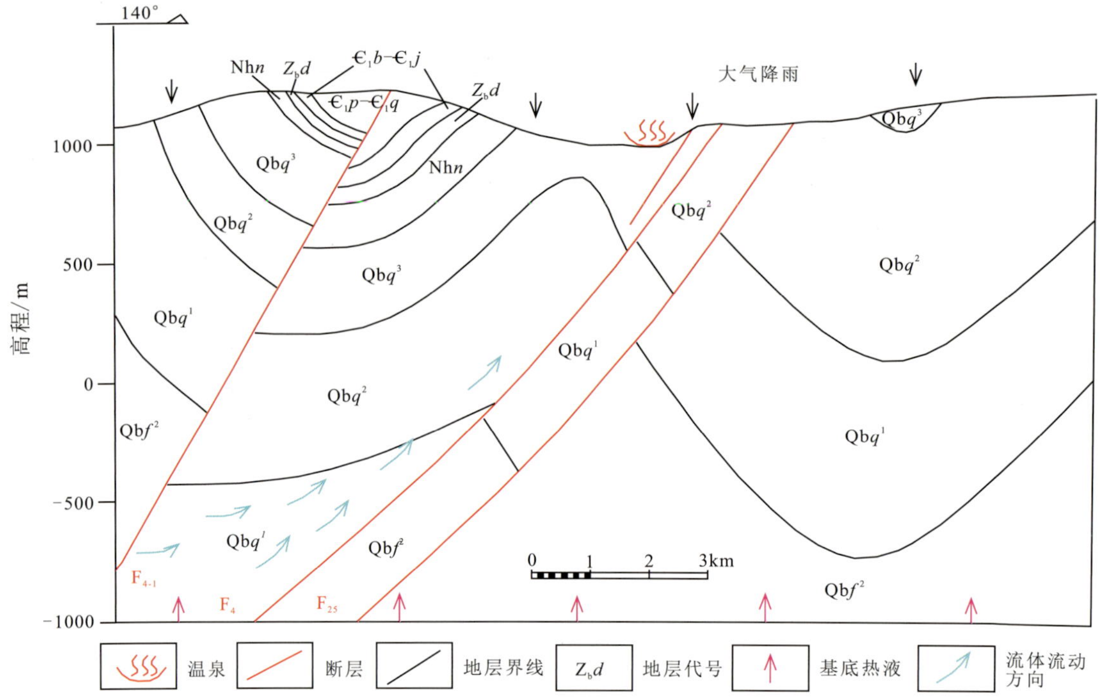

图 7–5　剑河温泉成因模式图

（据杨倩等，2017）

五、地温场特征

1. 大地热流背景

地球内部热量通过岩层传导和地热流体对流作用不断向地球表面散失，大地热流值为单位时间内通过地球表面单位面积的热流值。中国南方地温梯度介于 0.782 ~ 16.250℃ /100m 之间，平均值为 2.41℃ /100m；大地热流变化于 22 ~ 220MW/m^2 之间，平均值为 64.2MW/m^2（袁玉松等，2006）。扬子地区现今地温梯度为 1.0 ~ 7.4℃ /100m，大部分地区地温梯度介于 2.0 ~ 2.5℃ /100m 之间，平均值为 2.4℃ /100m（郝春艳等，2015）。

从地理位置来看，贵州远离板块接触带，整体处于板内扬子克拉通型沉积盆地的西南部，大地热流值处于 30 ~ 120MW/m^2 之间，大部分地区该值为 60 ~ 80W/m^2，该值平均为 69.9W/m^2。整体而言，贵州大地热流北高南低，高值区集中分布于黔北仁怀–遵义和铜仁石阡–思南等地，黔东南及黔西地区属低值区（30 ~ 60MW/m^2），黔西南贞丰–望谟为局部热异常区（70 ~ 85W/m^2）。贵州经历的多次构造运动及挽近期构造运动（穹窿、活动断裂、破碎带等）都是导致大地热流重新分布的主要因素。

2. 地温展布规律

根据收集的地热井资料，作井深与水温关系图（图 7-6）。由图可知，水温与井深呈正相关关系，一般热储层埋藏越深，地热流体温度越高。而带状热储多以断裂带为控热构造，工程中获取温度更高的地热流体不在于钻井深度，而在于钻孔是否钻遇导水断裂破碎带。

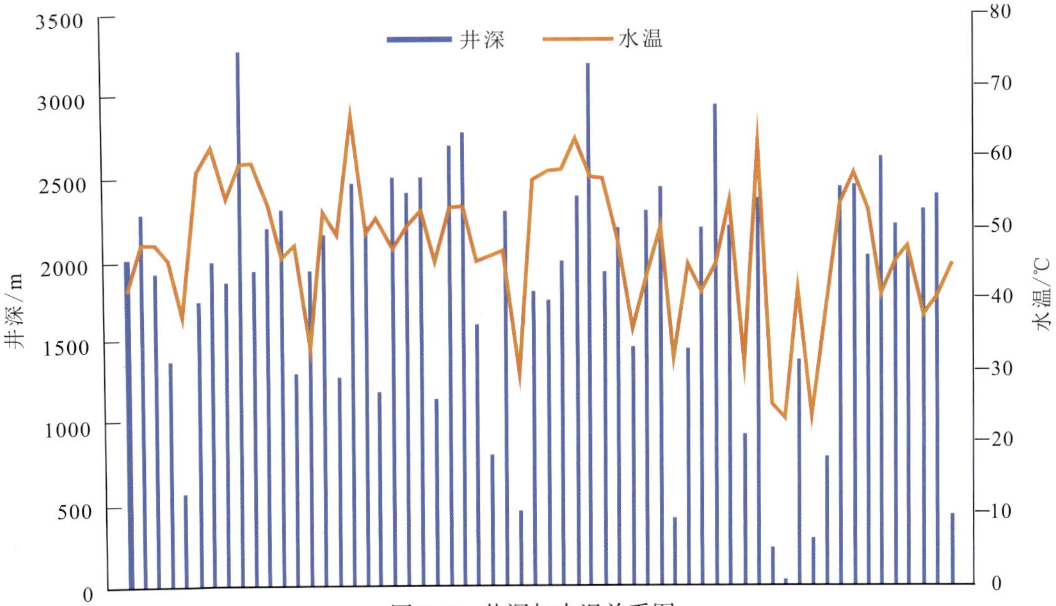

图 7-6　井深与水温关系图

（据令狐燕艳，2019）

根据收集的 65 个地热井资料计算地热增温率，结合原石油第八普查大队编制的贵州省地热增温率等值线图，对地温梯度值进行克里金插值，绘制地温梯度等值线图，如图 7-7 所示。贵州新增 65 个地温梯度数据中，最小值为 0.96℃ /100m，最大值为 10.60℃ /100m，算术平均值为 2.47℃ /100m。其中，小于 2℃ /100m 和大于 3℃ /100m 的数据点分别为 18 个和 13 个，占全部数据点的 47%，出现频率最高的数据是 2.0 ~ 2.5℃ /100m，共 23 个，占全部数据点的 35%。

贵州地温梯度平面分布特征为：

1）存在 4 个显著异常点。3 个高值区分别为大方—仁怀地区、贞丰—罗甸地区和石阡—思南—印江地区，地温梯度普遍大于 3℃ /100m；1 个低值区为镇宁—关岭周围，地温梯度为 1.5 ~ 2.0℃ /100m，明显低于南方扬子地区现今地温梯度平均值（2.4℃ /100m）。

2）整体上看，贵州不同次级构造单元具有相对一致的地温梯度。其中，扬子地块区平均地温梯度为 2.5℃ /100m，略高于江南造山带地区平均地温梯度（2.3℃ /100m）。

3）同一次级构造单元内地温梯度存在明显分区特征。例如，扬子地块区大方县安乐乡穹窿构造地温梯度为 3.5℃ /100m，铜仁石阡断裂带平均地温梯度为 5℃ /100m，而赫章地温梯度为 2.2℃ /100m。

与贵州地温梯度等值线图（图 7-7）对比，地温梯度整体趋势及分布特征基本一致，局部地区有明显出入，异常点信息见表 7-2。石阡—思南一带集中分布北北东向断裂束，

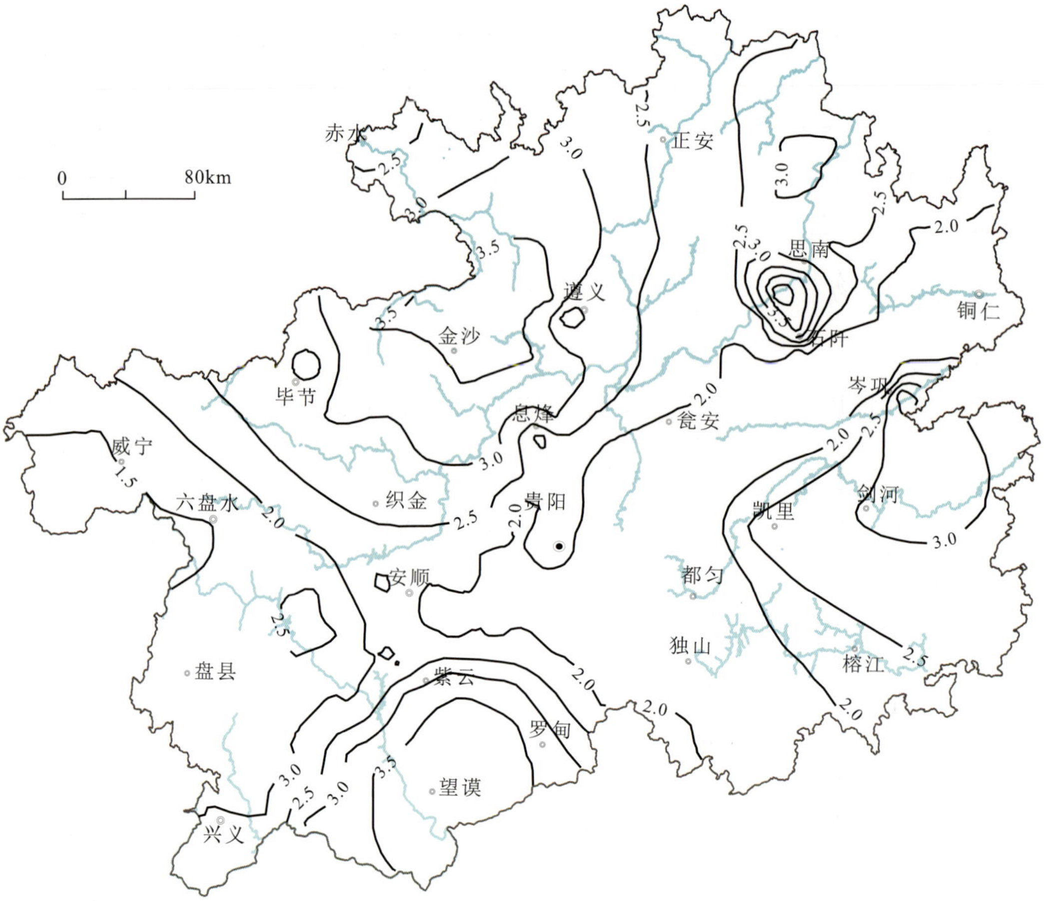

图 7–7　贵州地温梯度（℃ /100m）等值线图
（据令狐燕艳，2019）

地热资源开发率高，钻孔资料较为丰富，计算出的平均地温梯度为 5℃ /100m，高于图 7–7 上的值（2.5 ~ 3.0℃ /100m）。根据黔东南州地热资源的勘查数据，计算出的平均地温梯度为 3℃ /100m，在岑巩盐井村地热井出现高值（地温梯度为 3.89℃ /100m）。黔东南变质岩区资料有限，数据点较少，且空间分布极不均匀，仅集中分布于剑河周边，是以黔东南地区地温梯度值仅作参考。

表 7–2　热异常区地热井简表

构造单元	构造部位	位置	井深 /m	水温 /℃	地温梯度 /（℃/100m）
凤岗南北向构造变形区	鹦鹉溪背斜与樱桃断裂的结合部位	思南鹦鹉溪	437.05	45.0	10.60
		思南罗湾坨	1360.00	47.0	3.44
	袍木寨背斜与思南断层的结合部位	印江鹅岭	2155.00	59.0	2.30
	石阡背斜近轴部、石阡断裂处	石阡汤山城北溪沟	437.63	35.5	4.40
	石阡背斜东翼，石阡断裂次生断层上盘	石阡汤山原县政府	1134.20	48.0	2.78
		石阡汤山吴家湾	602.00	43.0	4.60
	石阡背斜东翼近轴部	石阡汤山城南	400.00	45.0	7.20
	红石断裂上盘	石阡中坝镇中坝村	1256.35	42.0	2.02

续表

构造单元	构造部位	位置	井深 /m	水温 /℃	地温梯度 / （℃/100m）
铜仁复式褶皱变形区	镇远断裂次级断裂——岑巩断裂	岑巩盐井村	802.61	46.0	3.89
	施洞口断裂	凯里大中	461.11	26.5	2.67
榕江复式褶皱变形区	革东断裂	雷山陶尧	2300.00	47.0	2.75
	革东 – 台江断裂北西盘	台江南市	1600.00	45.0	2.91

六、热储物性特征

1. 盖层特征

盖层是覆于地热流体矿产之上、起隔水隔热封闭作用的岩层。依据盖层岩石类型可分为变质岩盖层、侵入岩盖层和松散岩类盖层。贵州省沉积岩层广泛分布，碳酸盐岩与碎屑岩相间沉积、上下叠置，组成垂向上多元的储集结构，且碳酸盐岩岩溶发育，共同构成复杂的喀斯特裂隙热储系统。贵州新元古代—第四纪均有地层出露。通常，将新元古代震旦纪以来覆于热储层之上的相对隔水层看作贵州地热资源的盖层，自下而上包括：寒武系下统牛蹄塘组、明心寺组、金顶山组，奥陶系下统湄潭组或大湾组、中—上统、中—下志留统，石炭系下统岩关组、大塘组，二叠系中统梁山组及上统峨眉山玄武岩组、吴家坪组、龙潭组、长兴组、大隆组，三叠系下统飞仙关组。

第一储集单元盖层：牛蹄塘组，以黑色炭质页岩为主，上部渐变为黄绿色页岩夹黏土质粉砂岩，底部为含磷硅质岩夹磷块岩，厚 0 ~ 210m；明心寺组，黄灰色砂质泥岩、黏土质粉砂岩，下部为灰绿色砂质页岩与泥质砂岩，厚 265 ~ 680m；金顶山组，浅灰绿色石英砂岩、泥质砂岩、粉砂岩及砂质泥岩，夹钙质砂岩，厚 0 ~ 180m。

第二储集单元盖层：湄潭组，灰绿色页岩夹砂岩，由西向东泥灰岩、砂页岩及瘤状灰岩增多（大湾组），一般厚 180 ~ 250m；中—上奥陶统为厚 0 ~ 155m 的龟裂纹灰岩、泥灰岩、页岩和生物碎屑灰岩；中—下志留统，发育灰色粉砂质页岩夹石英砂岩、少量生物碎屑灰岩。

第三储集单元盖层：岩关组，灰黑色炭质泥灰岩、硅质灰岩及燧石灰岩夹燧石层；大塘组，泥晶灰岩，普遍含燧石团块或透镜体，夹页岩和泥灰岩，贵定–贵阳–赫章地区上部夹白云岩或白云质灰岩。

第四储集单元盖层：梁山组，以粉砂质泥岩、泥质粉砂岩和页岩为主，夹泥灰岩、生物灰岩、碳质页岩及煤系，厚 20 ~ 60m。水城地区较厚（约 100m）。

第五储集单元盖层：峨眉山玄武岩组，由暗绿、黑色块状微至细粒玄武岩、玄武质岩屑至玻屑凝灰岩或玄武质火山角砾岩组成，夹有少量灰岩、燧石灰岩、砂岩、页岩及煤线，全省皆有出露，威宁一带较厚，为 10 ~ 1249m；吴家坪组，深灰色含燧石团块灰岩、页岩，含煤系地层；龙潭组，发育砂岩、黏土岩、页岩夹泥灰岩及煤系，厚 150 ~ 350m；长兴组，页岩、泥岩夹灰色燧石灰岩及硅质岩，含煤层，厚 40 ~ 65m；大隆组，发育硅质岩夹蒙脱石化玻屑凝灰岩；飞仙关组，紫红、灰绿色泥质粉砂岩、岩屑粉砂岩，偶夹灰岩或泥岩层。

2. 主要热储层位及分布特征

结合区域地层结构、热储层空间分布与组合条件分析，贵州热储结构自下而上划分为第一热储层、第二热储层、第三热储层、第四热储层、第五热储层（张世从等，1998；王明章等，2007；杨胜元等，2008），共 5 个碳酸盐岩热储单元和一个变质岩地区的热储（表 7–3）。

表 7–3　贵州省热储结构划分及储层出露情况简表

热储单元	热储结构	年代地层	代表岩性	地理分布	备注
V	盖层	$P_3\beta$—T_1f	玄武岩、泥页岩、泥灰岩	贵州北中部、西部及西南部	共出露 14 处地热点
	热储层	P_2q+m	生物碎屑灰岩、藻灰岩，夹少量白云岩		
IV	盖层	P_2l	炭质页岩、石英砂岩、黏土岩，夹少量劣质煤	贵州南部、南中部	
	热储层	C_1d—C_2	白云岩、生物灰岩、白云质灰岩、泥质白云岩		
III	盖层	C_1x—C_1y	石英砂岩、炭质页岩	贵州南部、南中部	共出露 10 处地热点
	热储层	D_2d^3— D_3y	生物碎屑灰岩、颗粒白云岩		
II	盖层	O_1m—S_2h	页岩、砂质页岩、粉砂岩	贵州北中部、西部、黔东南州北西部及铜仁西部	共出露 68 处地热点
	热储层	$Є_1q$— $Є_{2-3}Ls$、O_1t—h、O_1d	颗粒白云岩、瘤状灰岩、石灰岩		
I	盖层	$Є_1n$— $Є_1j$	碳质页岩、黏土岩、砂岩	印江—黄平—都匀一线以西的贵州北中部	共出露 24 处地热点
	热储层	Z_bdn	颗粒白云岩、藻屑白云岩		
其他		Pt_bn	变质岩系，冰碛岩	黔东南部大量分布，铜仁西部、贵阳中北部少量分布	共出露 12 处地热点

根据 128 处地热资源点的统计，贵州省内主要控矿层为灯影组、清虚洞组、娄山关组、桐梓组—红花园组和栖霞组—茅口组，其中第一热储集单元灯影组及第二热储集单元娄山关群和桐梓组—红花园组占比较大，分别为 18.0%、21.0% 和 22.5%。泥盆系、石炭系大面积缺失，因此第三、第四热储集单元仅分布于安顺市、黔南地区；其他型热储层则集中分布于黔东南州。

3. 热通道特征

地热资源热储层及盖层中的断裂带是热能量与地热流体的主要运移通道。燕山期以来，贵州地壳大面积间歇性隆升，伴生大量对地热水生成和温泉出露具有控制意义的北东、北北东向褶皱、断裂活动带。贵州分布三条区域深断裂，构成导通深部热源的主要通道；挽近期活动断裂及其次级断裂带对贵州地热流体的对流加热、赋存、运移起着关键作用，次级断裂往往形成导水通道，为地下水向深部循环提供有利条件。

七、地热流体地球化学特征

1. 基本特征

贵州省地热水 pH 值范围为 6.75 ~ 8.46，平均值为 7.49，大部分属弱碱性。个别水样呈弱酸性，铜仁 1 个水样（沿河 S002 温泉），pH 值为 6.95，黔南 1 个水样（平塘地热井），pH 值为 6.90。据各地区 pH 值箱式图（图 7–8）分析可知，黔东南地区 pH 的中位值、最大值最大，平均值为 8；其他地区 pH 值相差较小，平均值范围为 7.27 ~ 7.44。贵州地热水整体呈弱碱性，推测地区地热水受补给水源和岩性影响。

贵州地热水井口水温范围为 21 ~ 63℃，为中低温地热资源。据各地区地热井和温泉的井口水温箱式图（图 7-9）分析，地热井平均水温为 44.5℃，温泉平均水温为 31.0℃，地热井井口水温整体高于天然温泉的井口水温。水温较高的地热点分布特征与地温场分布相符，位于遵义、贵阳、铜仁等地温梯度高值区。地热水井口水温最高点为贵阳的市南供电局地热井（井口水温为 63.0℃）其次是井口水温皆为 62.0℃的遵义董公寺后山沟地热井和铜仁思南罗湾坨地热井；地热井井口水温中位值的最大值位于安顺（54.0℃），其次为贵阳地区（50.50℃）；天然温泉井口水温的中位值落于铜仁地区（37.0℃），其次为贵阳地区（33.8℃）。

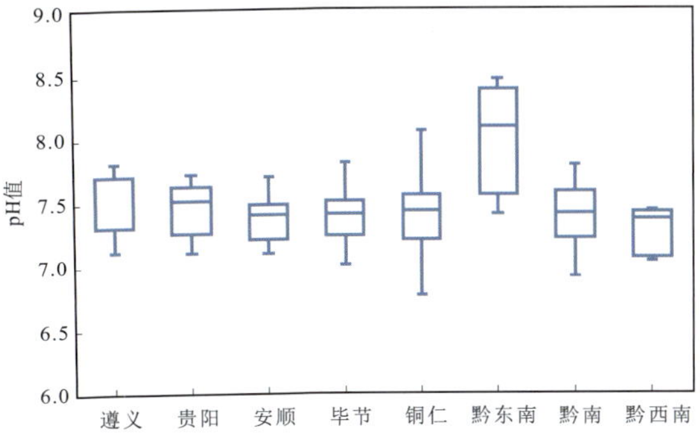

图 7-8　pH 值箱式图
（据令狐燕艳，2019）

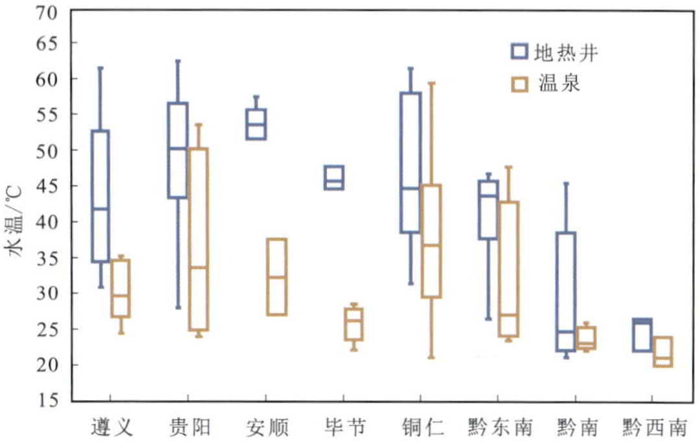

图 7-9　井口水温箱式图
（据令狐燕艳，2019）

2. 主要离子分布特征

贵州地热水四大阳离子浓度箱式图（图 7-10）。K^+ 离子质量浓度最大值位于贵阳地区（30.79mg/L），平均值和中位值的最大值都出现在遵义地区，分别为 10.10mg/L、4.70mg/L，其次为贵阳地区。Na^+ 离子质量浓度介于 1.1 ~ 199.0mg/L 之间，平均值为 28.6mg/L；异常高值分别出现在遵义忠庄 DR2 地热井（199.0mg/L）、遵义枫香马登 S3 温泉（185.0mg/L）、铜仁沿河 S001 和 S002 温泉（171.8mg/L、154.3mg/L）、铜仁中坝 ZK6 井（152.2mg/L）、毕节金沙 ZK2 井（141.0mg/L）；平均值及中位值的最大值均出现在黔东南浅变质岩地区，Na^+ 离子质量浓度分别为 56.5mg/L、65.8mg/L；其他地区中位值范围为 3.3 ~ 29.6mg/L。Ca^{2+}、Mg^{2+} 离子质量浓度范围分别为 1.83 ~ 557.51mg/L、0.37 ~ 151.04mg/L，平均值分别为 94.35mg/L、28.91mg/L。Ca^{2+}、Mg^{2+} 离子质量浓度在各地区具有相似的分布特征，平均值的最大值均位于遵义地区，中位值的最大值均落于铜仁地区；平均值及中位值的最小值落于黔东南地区。

据贵州地热水主要阴离子质量浓度及 TDS 箱式图（图 7-11），HCO_3^-离子质量浓度范围为 65.16 ~ 406.95mg/L，分布较为均匀，平均值为 210.62mg/L，中位值范围为 174.70 ~ 252.20mg/L。SO_4^{2-}离子质量浓度介于 4 ~ 1520mg/L 之间，平均值为 219.58mg/L，中位值变化幅度较小，共有 22 个水样点 SO_4^{2-}离子质量浓度大于 500mg/L，占水样总数的 23.6%，出现 6 个异常高值点（遵义地区 3 个、贵阳地区 1 个、铜仁地区 2 个），均超过 1000mg/L。Cl^-离子质量浓度为 0.91 ~ 66.30mg/L，平均值为 12.26mg/L，中位值变化范围为 2.00 ~ 7.30mg/L。贵州地热水 TDS 质量浓度变化幅度较大，最小值 190.20mg/L 位于剑

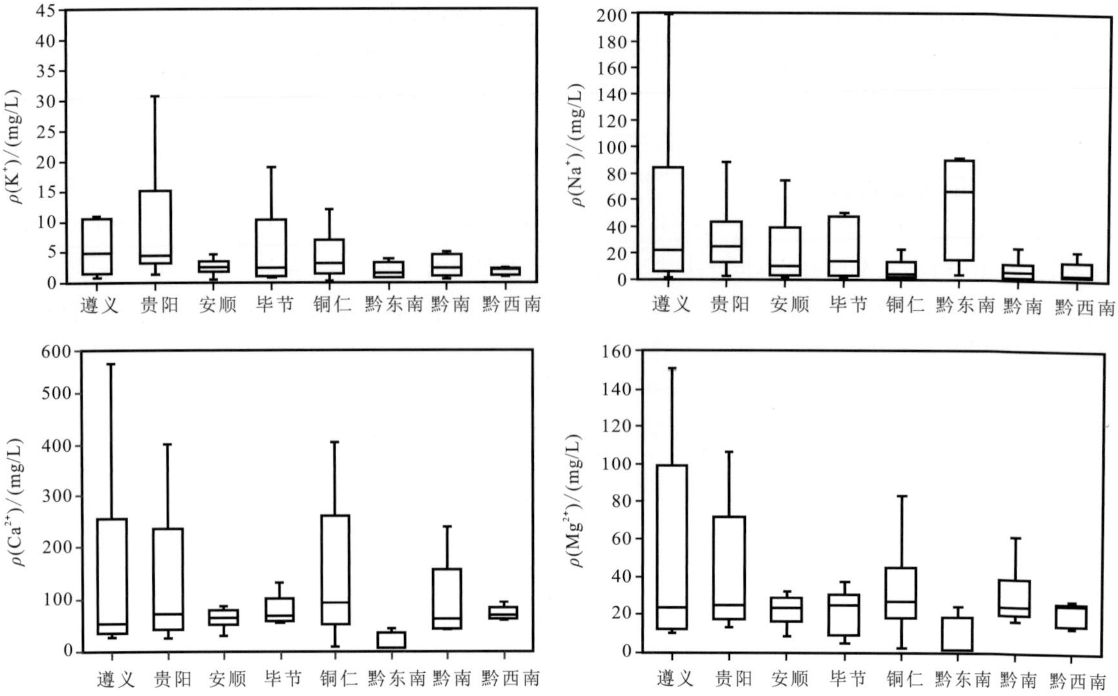

图 7-10 贵州地热水主要阳离子浓度箱式图

（据令狐燕艳，2019）

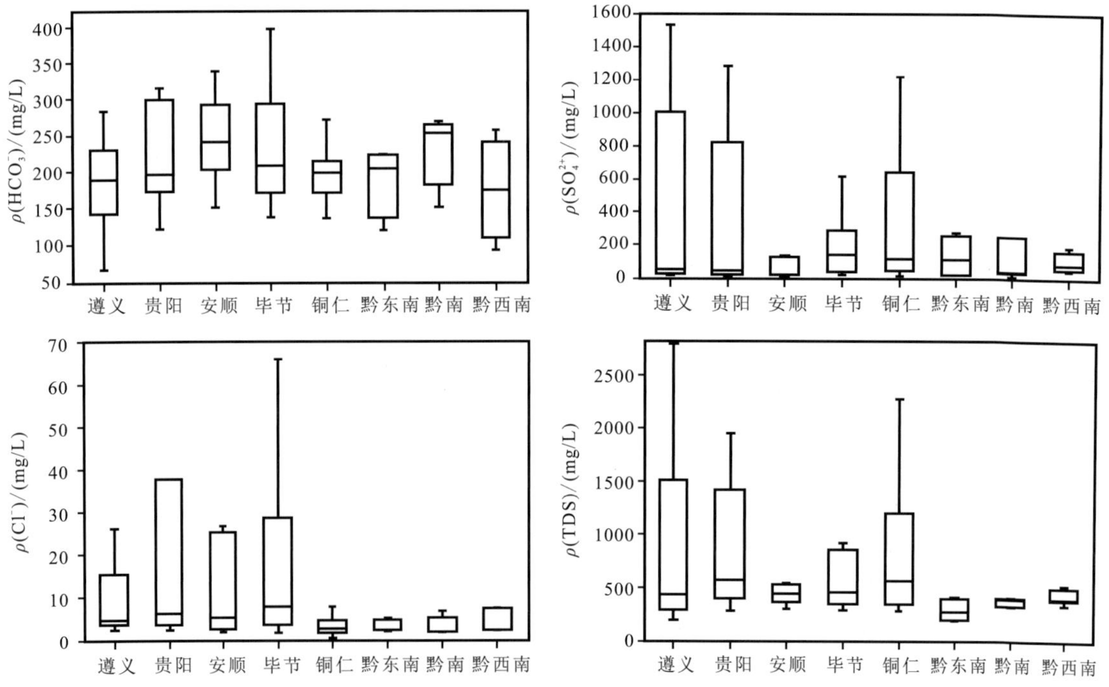

图 7-11 贵州地热水主要阴离子浓度及 TDS 箱式图

（据令狐燕艳，2019）

河 ZK6 地热井，最大值 2798.40mg/L 位于遵义新蒲地热井，平均值为 588.80mg/L，平均值范围为 275.52 ~ 983.10mg/L；中位值变化幅度较小，变化范围为 358 ~ 564mg/L。遵义地区 TDS 高值点储层为灯影组和娄山关群，井深大于 2500m；铜仁 TDS 质量浓度高值点出现在沿河，储层为娄山关群、井深为 1050m 的地热井。

3. 水化学类型特征

将已收集到的贵州省地下热水的主要组分含量投影到 Piper 三线图中，水化学类型特征如图 7-12 所示。贵州地热水水化学类型主要为 HCO_3–Ca 型、HCO_3–Ca·Mg 型、HCO_3·SO_4–Ca·Mg 型等重碳酸型水，次之为 SO_4–Ca 型、SO_4–Ca·Mg 型、SO_4·HCO_3–Ca·Mg 型等硫酸盐型水。

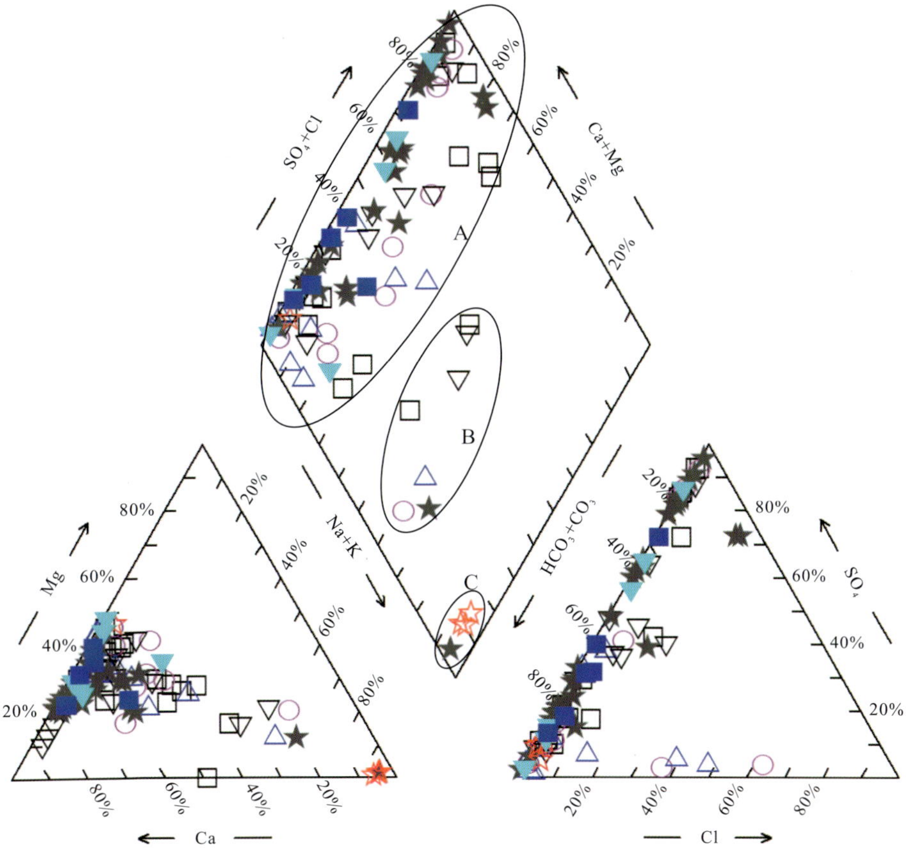

图 7-12　贵州地热水 Piper 三线图

（据令狐燕艳，2019）

贵州地热水化学类型可分为三组，基本为复合型水。

1）A 组地热水类型分布全省，有 HCO_3–Ca、HCO_3–Ca·Mg、HCO_3·SO_4–Ca·Mg、SO_4–Ca、SO_4–Ca·Mg、SO_4·HCO_3–Ca·Mg、HCO_3·Cl–Ca、SO_4·Cl–Ca·Mg 型水，水中主要离子为 Ca^{2+}、Mg^{2+}、HCO_3^-，阳离子质量浓度值由小到大依次为 Ca^{2+}、Mg^{2+}、Na^+，阴离子质量浓度值从大到小依次为 HCO_3^-、SO_4^{2-}、Cl^-（部分水样：HCO_3^-、Cl^-、SO_4^{2-}，SO_4^{2-}、Cl^-、HCO_3^-）。

2）B 组水样点基本落入三角图中心部分，阴阳离子近似均等，盘县–贵阳–铜仁以北地区零星分布，有 $HCO_3 \cdot SO_4$–$Ca \cdot Na$、HCO_3–Na、$HCO_3 \cdot Cl$–$Ca \cdot Na$ 型水，水中主要离子为 Ca^{2+}、Na^{+}、HCO_3^{-}、SO_4^{2-}。

3）C 组水样主要分布于黔东南浅变质岩地区，水化学类型主要为 HCO_3–Na 型水，与碳酸盐岩地区水化学类型存在明显差异；黔北、黔中地区偶有 HCO_3–$Ca \cdot Na$ 型水，推测与储层岩性有关。

4. 地热水氢、氧同位素特征

分析贵州境内各地区地热井、温泉水样的氢、氧稳定同位素值，对已收集的地热水的氢、氧同位素资料整理并进行 δD–$\delta^{18}O$ 投点。由图 7–13 分析可知，地热井中 δD 值的分布范围为 −76.77‰ ~ −49.69‰，平均值为 −64.71‰，最大值与最小值分别出现在铜仁地区和遵义地区；$\delta^{18}O$ 值的分布区间为 −11.17‰ ~ −7.769‰，平均值为 −9.68‰，最大值与最小值分别出现在铜仁地区和毕节地区。图 7–14 结果表明，温泉中 δD 值的分布范围为 −75.48‰ ~ −38.7‰，集中分布在 −60.57‰ ~ −47.07‰ 之间，平均值为 −54.21‰，最大值与最小值分别出现在铜仁地区和安顺地区；$\delta^{18}O$ 值的分布区间为 −10.71‰ ~ −5.82‰，集中分布在 −8.82‰ ~ −7.82‰ 之间，平均值为 −8.35‰，最大值与最小值分别出现在铜仁地区和毕节地区。

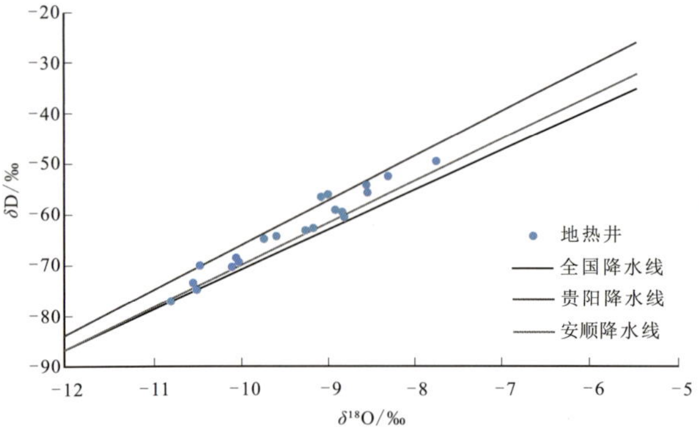

图 7–13　地热井氢、氧稳定同位素散点图
（据令狐燕艳，2019）

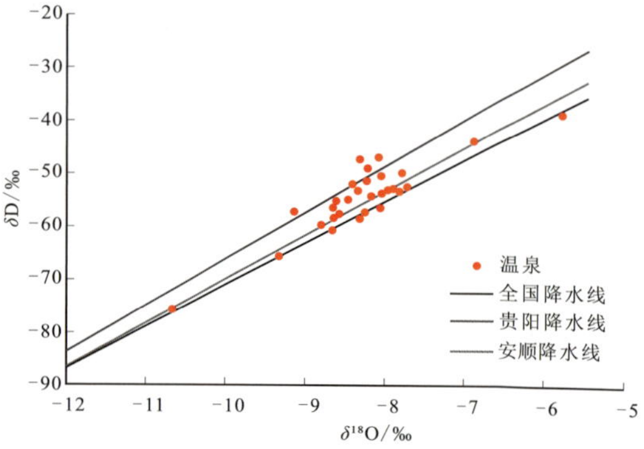

图 7–14　温泉氢、氧稳定同位素散点图
（据令狐燕艳，2019）

第二节　赫章县六曲河镇带状地热资源赋存特征

赫章六曲河 ZK1 地热井为古生界寒武系娄山关群热储。封藏在下奥陶统隔热保温层下的娄山关群碳酸盐岩不断吸收地壳深部散发的大地热流，画眉断层的次级断裂破碎带为导热通道，从而形成完整的热储构造。该地区资料较少，地热研究程度较低，为地热资源开发利用空白区，研究该地区的地热资源赋存特征对相似地区的地热资源开发具有参考价值。

一、地质条件

1. 自然地理概况

赫章县六曲河镇地处贵州省西北部，六曲河穿越全镇。区内地形地貌组合类型属侵蚀–

溶蚀中山沟谷，处于滇东高原向黔中山地丘陵过渡的倾斜地带，六曲河由南东向北西径流，最高海拔位于六曲河右岸，海拔 1782m，相对高差 250m 左右。气温日差较大，年差较小，年均气温 12.0℃，最高气温 33.6℃，最低气温 - 3.0℃；年均降水量 785.5 ~ 1068.0mm，具有显著雨热同季特征。

2. 地层、岩性

区域出露地层自新到老依次为第四系、侏罗系、三叠系、二叠系。

赫章县六曲河地热勘查类型为Ⅱ-3 型，属带状热储兼层状热储。布设并施工钻孔 ZK1，实际施工深度 1182.7m，揭穿寒武系娄山关组含水层 7.7m。钻井揭露地层由新到老依次为第四系、二叠系、石炭系、奥陶系、寒武系，地热井所处位置缺失古生界志留系、泥盆系及中生界，见表 7-4。

表 7-4　勘查区钻探遇地层岩性及热储结构简表

系	地层名称	代号	厚度 /m	岩性及水文地质特征简述	热储结构	储集单元
第四系	全新统	Qh	15	第四系浅灰色、黄褐色砾石	盖层	第五热储单元
二叠系	龙潭组 + 长兴组	P_3l+c	20	上段主要为浅灰色粉砂岩、泥质粉砂岩，下段主要为泥页岩、粉砂岩；隔水层		
	玄武岩组	$P_3\beta$	195	灰绿色、深灰色玄武岩，上部夹 35m 厚的砂岩，底部含少量泥页岩，岩芯中见杏仁状构造；隔水层		
	茅口组	P_2m	225	灰色、浅灰色灰岩、泥质灰岩，方解石脉发育，见少量星点状黄铁矿；含水层	储层	
	栖霞组	P_2q	95	深灰色含泥质灰岩夹深灰色细晶灰岩，见少量方解石脉；含水层		
	梁山组	P_1l	60	上部为灰色粉砂岩、泥质粉砂岩，下部为浅灰色粉砂岩、泥页岩；隔水层	盖层	第四热储单元
石炭系	马平组 + 黄龙组	C_3mp+C_2h	230	上部为浅灰色细晶灰岩、泥质灰岩，见方解石脉；中部为灰白色黏土岩、粉砂质黏土岩；下部为深灰色灰岩、含泥质灰岩；含水层	储层	
	大塘组 + 摆佐组	C_1d+C_1b	75	上部为浅灰色泥质灰岩，见方解石细脉；中部为浅灰色至灰色白云岩，夹少量细晶灰岩，下部为深灰色粉砂岩；含水层		
奥陶系	湄潭组	O_1m	250	主要为浅灰色粉砂岩，夹浅灰色黏土岩、粉砂质黏土岩、浅灰色白云岩；隔水层	盖层	第二热储单元
	断层		10	浅灰色断层破碎带，裂隙发育，含水层	储层	
寒武系	娄山关组	$€_{2-3}ls$	7.7	灰色白云岩夹少量深灰色白云岩，裂隙发育，含水层		

根据实测地质剖面和区域地层厚度，综合推断娄山关组厚 193m，下伏地层为高台组白云岩，含水性较好，亦可视作含水层。地热井目标含水层为娄山关群，含水丰富；上覆奥陶系湄潭组，厚度为 250m；画眉断裂的次级断裂破碎带介于娄山关群与湄潭组之间，具有导热、导水作用；整体封闭性较好，共同组成六曲河地区第二储集单元的热储结构。钻井泥浆温度数据表明，大塘组—马平组的井温变化较小，地层总厚度 305m，地温梯度 1.3℃ /100m；根据钻孔揭露地层埋深数据，估算热储温度值较低，并未作目标层。栖霞组、茅口组含水丰富，但部分地区出露地表，不具有良好的储热环境。

3. 地质构造

区域上，研究区处于毕节北东向构造变形区，总体围绕四川盆地地缘发育，可看作盆地边缘褶皱带的一部分。区内发育燕山期褶皱、挽近期活动断裂，由大致呈北东 45° 向平行斜向展布的皱褶和压扭性断层组成，主要构造有画眉背斜、六曲向斜、画眉断裂及其次生构造（图 7-15）。

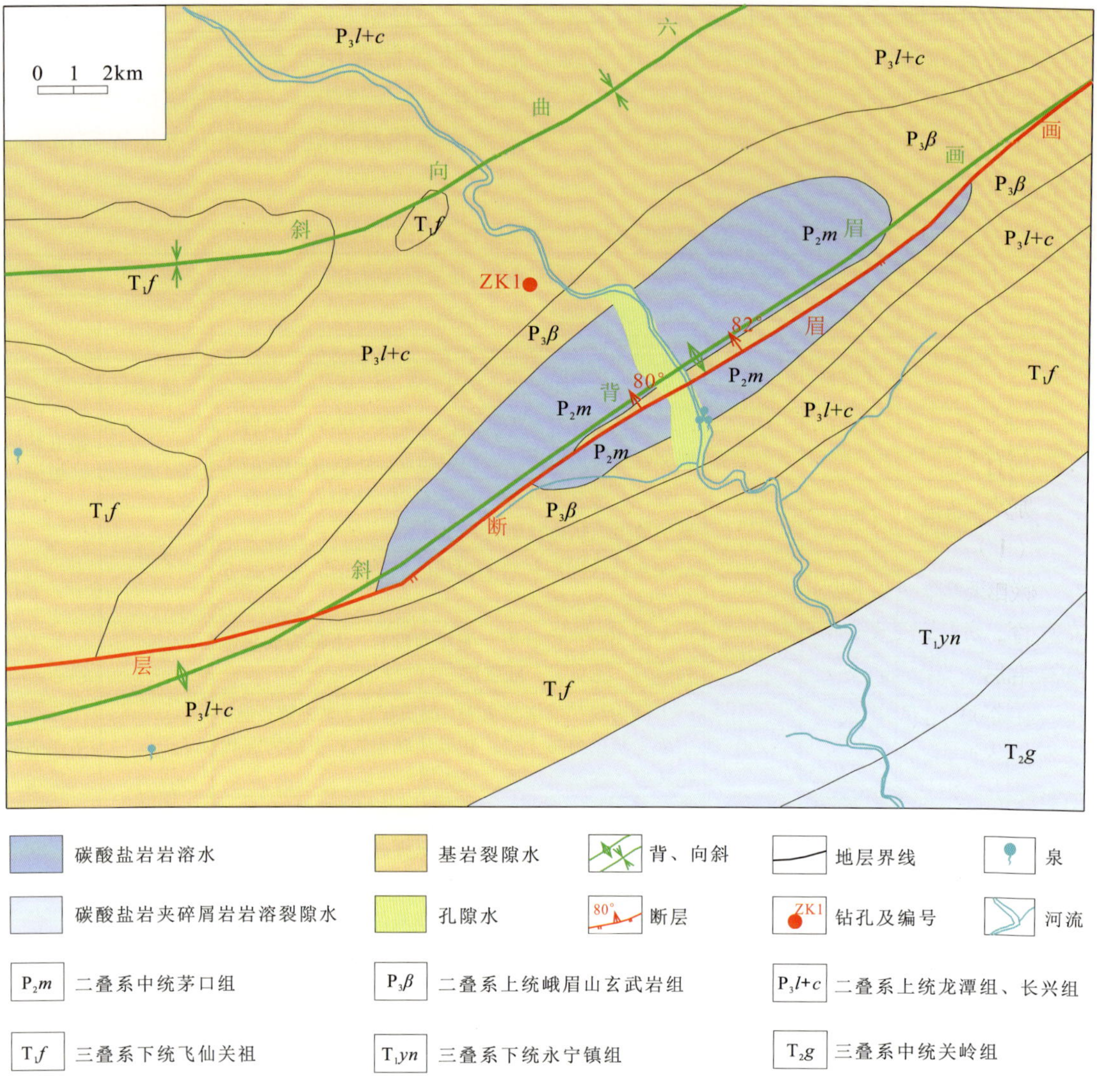

图 7-15 勘查区水文地质略图

（据令狐燕艳，2019）

（1）褶皱

画眉背斜：轴向为北东—南西向，轴向 55°，长 22km。核部出露地层为中二叠统茅口组，两翼岩层倾角 40° ~ 60°，出露地层从老到新依次为上二叠统峨眉山玄武岩组及长兴组—龙潭组及下三叠统飞仙关组。背斜核部发育大量构造张裂隙，且背斜轴被画眉断裂连续斜切，构成较开放的环境，方便接受大气降雨补给。

六曲向斜：轴向为北东—南西向，轴向为 55°，长 22km，与画眉背斜平行展布；核部地层为下三叠统，南东翼岩层倾角为 40°～45°，北西翼岩层倾角为 20°。

（2）断裂

画眉断裂：挽近期逆断层，断层发育深度大，总体走向约 60°，长度约 27km，倾向北西。断裂构造发育，导致原有褶曲形态的破坏，研究区出现地层倒转现象，地表出露的倾向为南东，倾角约 80°，深部有反转现象，倾向北西，且发育多组次级断裂。断层两盘地层为上二叠统峨眉山玄武岩组—下三叠统永宁镇组，核部出露地层为二叠系茅口组。画眉断裂四次斜切相伴出现的画眉背斜，部分地段代替了画眉背斜轴线。

断层压性兼具扭性，两盘岩石揉皱现象明显，岩石裂隙发育，具备导热构造特征，为地下热源导热通道。地下热源经画眉断层的次级断层（F_H–1）导入寒武系娄山关群，可将画眉断层看作远处补给水、热的主断裂。

二、水文地质条件

1. 含水岩组及富水性

区内地下水资源较丰富，地热井（ZK1）东南侧、西南侧皆有泉出露于画眉断裂旁侧，西侧亦有泉点出露。地下水类型主要为碳酸盐岩岩溶水，其次为基岩裂隙水，局部地区分布孔隙水。

（1）岩溶水

碳酸盐岩地层含水丰富，岩性以灰岩、白云岩为主，构成区内主要含水层。区内岩溶较发育，形成较多裂隙溶孔，溶洞暗河发育，地下径流模数为 6.5～7.0L/s·km^2。降水入渗补给后，岩溶地下水沿岩石中的溶蚀裂隙、溶洞等地下网络系统运移和赋存于地势低洼处，在谷底地带形成地下水富集区，主要以地下河及岩溶大泉的方式排泄，往往在画眉断层附近集中排泄。

（2）基岩裂隙水

玄武岩类裂隙水主要分布于画眉背斜两侧，含水岩组以峨眉山玄武岩组为主。碎屑岩类裂隙水分布于背斜两翼，含水岩组为长兴组、龙潭组、梁山组、湄潭组页岩、砂岩及黏土岩。大气降水通过背斜隆起与断裂滑动产生的裂隙、孔隙垂直入渗补给，地下径流模数约为 1L/s·km^2，向地势较低的部位汇流，富水性较弱，处于断裂带上的含水岩层富水性较强。

（3）孔隙水

第四系松散岩类孔隙水：第四系松散层呈带状集中分布于勘查区内六曲河流经地区，覆于背斜核部茅口组之上。岩性多为黏土夹冲积砂、砂砾等，流量小，水文动态变化大，富水性等级为贫乏。

2. 地下水补给、径流、排泄条件

地热井所在区域为上二叠统碎屑岩出露区，周边碎屑岩裂隙水、玄武岩裂隙水及栖霞组—茅口组碳酸盐岩岩溶水主要接受大气降水补给，沿基岩裂隙、构造裂隙和溶孔溶隙垂向径流，补给深层含水层。寒武系娄山关群为承压含水层，在上覆阻水盖层作用下，处于相对封闭状态，但区内有画眉断裂向下切穿含水层，形成断层破碎带，断层两侧水流向断

层带汇集并沿断层向上运移，增强含水层间的水力联系。地下水在溶隙、裂隙中汇集、运移，部分沿河道等地形低洼处以泉的形式出露，部分受断裂影响出露地表以泉的形式排泄（见图 7–15）。

三、地热水形成条件分析

研究区在晚二叠世玄武岩喷溢后无岩浆运动记录，因此不具备岩浆热源；区内未出现含天然放射性元素的地层，不考虑放射性热源；当地地热系统的形成以深部壳幔传热为能量来源，主要受构造、岩性特征等因素控制。

ZK1 地热井钻至 1182m 内出现娄山关组、大塘组—马坪组、栖霞且 + 茅口组三个富水性较好的含水层。岩溶水及周边出露的裂隙水主要接受大气降水补给。地热井周边分布大量玄武岩、碎屑岩，受北侧六曲向斜和井南侧画眉背斜作用，发育不同程度的裂隙带；且区内画眉断裂多次斜切画眉背斜，发育构造裂隙或次级断裂带；形成大气降雨入渗、径流的良好环境。栖霞且 + 茅口组部分出露地表，封闭条件差，不利于储存热能；钻井泥浆温度数据显示，大塘组—马坪组的井温变化较小，地温梯度为 1.3℃ /100m；在钻遇断层破碎带、揭穿娄山关组时，泥浆温度骤升，高于地区地温梯度，推测断层导通深部热源，且上覆湄潭组盖层厚度为 250m，封闭条件好，除断层导通的热源外，不断被壳幔热流加热，形成地热流体，受地质构造控制，在储热含水层中储存聚集，如图 7–16 所示。

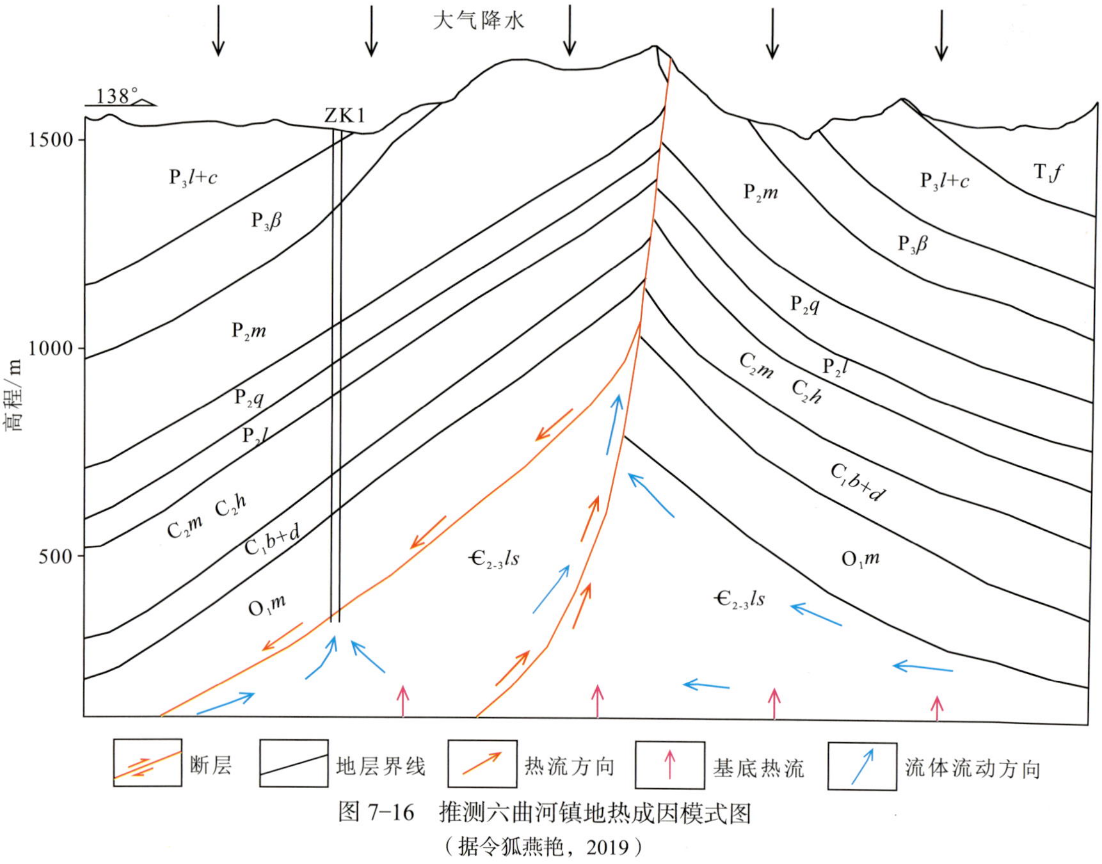

图 7–16　推测六曲河镇地热成因模式图
（据令狐燕艳，2019）

四、热流体化学特征

水质分析结果引用贵州省赫章县六曲河镇ZK1地热井资源普查报告的数据（表7-5）。根据水质检测报告，ZK1地热井井口水温为52℃，水中阳离子以Ca^{2+}为主，质量浓度为83.86mg/L，其次为Mg^{2+}，质量浓度为40.57mg/L；阴离子主要为SO_4^{2-}，质量浓度为258.32mg/L，其次为HCO_3^-，质量浓度为156.85mg/L。水化学类型为$SO_4\cdot HCO_3$-$Ca\cdot Mg$型。pH值为7.48，TDS质量浓度为568.9mg/L，属中性淡水。

表7-5　赫章六曲河地热井水化学统计表

点号	水温/℃	pH	离子质量浓度/（mg/L）							可溶性SiO_2质量浓度/（mg/L）	水化学类型
			Na^+	K^+	Ca^{2+}	Mg^{2+}	Cl^-	SO_4^{2-}	HCO_3^-		
ZK1	52	7.48	5.37	15.43	83.86	40.57	2.14	258.32	156.85	27.15	$SO_4\cdot HCO_3$-$Ca\cdot Mg$

五、热储层温度核算

ZK1地热井泥浆温度在钻遇断层至娄山关组时发生突变，水温骤升，故不能代表该地区地温梯度，地温梯度法不适用于研究区估算热储层温度。ZK1地热井SiO_2溶解度曲线（图7-17），其相应值靠近玉髓曲线并落于玉髓曲线上方，且处在石英（无蒸气损失）曲线的下方；与井口水温相比，石英（无蒸气损失）温标估算结果偏高（75.36℃），玉髓温标估算结果偏低（43.78℃）。

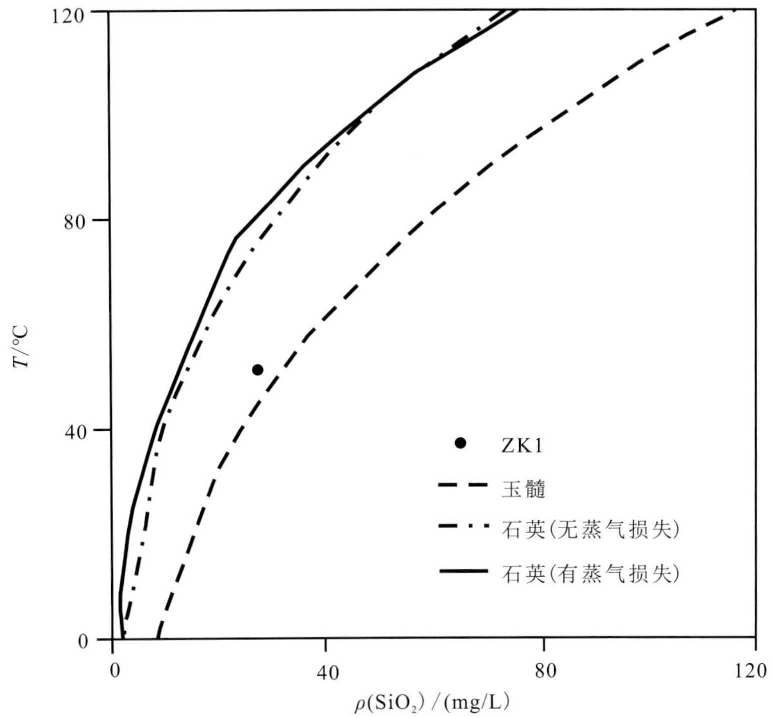

图7-17　SiO_2溶解度曲线图
（据令狐燕艳，2019）

应用 K–Mg 温标法和 SiO_2 温标法（无蒸气损失的石英温标）进行热储层温度估算。

（1）K–Mg 温标法

$$t=\frac{4418}{13.98-\lg\left(\rho\left(K^+\right)/\rho\left(Mg^{2+}\right)\right)}-273.15 \tag{7-4}$$

式中：t 为热储温度（℃）；$\rho(K^+)$ 为地热水中 K^+ 的质量浓度（mg/L）；$\rho(Mg^{2+})$ 为地热水中 Mg^{2+} 的质量浓度（mg/L）。

（2）SiO_2 温标法

$$t=\frac{1309}{5.19-\lg\rho\left(SiO_2\right)}-273.15 \tag{7-5}$$

式中：t 为热储温度（℃）；$\rho(SiO_2)$ 为地热水中 SiO_2 的质量浓度（mg/L）。

地热温标计算结果（表 7–6）表明，K–Mg 温标法计算结果合理，与地热井的实际温度较为接近；SiO_2 温标法计算结果大多高于 K–Mg 温标法的计算结果，石英传导温度普遍比 K–Mg 温度高，可以作为推断深部热储温度的依据（张誉栃，2016）。

表 7–6　地热温标估算储层温度结果表

编号	质量浓度 /（mg/L）		热储温度估算 /℃		水温 /℃
	SiO_2	$\rho(K^+)^2/\rho(Mg^{2+})$	SiO_2	$\rho(K^+)^2/\rho(Mg^{2+})$	
ZK1	27.15	5.87	75.36	61.24	52

六、热流体循环深度

分别以 K–Mg 温标法估算温度与井口水温为热储温度，根据以下公式估算地热流体的循环深度。

$$H=G(t_1-t_2)+h \tag{7-6}$$

式中：H 为热流体循环深度（m）；G 为地热增温级（根据贵州省地温梯度分布图，研究区地温梯度为 2～2.5℃ /100m，取平均值 2.25℃ /100m，经换算，G 为 44.4m/℃）；t_1 为地热储层温度（℃）；t_2 为研究区多年平均气温，取 12℃；h 为常温带深度，一般取 20～30m，现取 30m。

经计算，以 K–Mg 温标法估算温度为热储温度，研究区热流体循环深度为 2216m；以井口水温为热储温度，研究区热流体循环深度为 1806m。

七、地热井流场分析

1. 模拟软件介绍

Comsol Multiphysics 是针对多个物理场耦合模拟及建模的交互式有限元数值模拟软件，其分析求解是根据不同物理场间的各个描述物理现象的偏微分方程耦合进行有限元求解。在应用 Comsol Multiphysics 进行相关问题研究时，其提供给用户相当的自由度，不仅预设好一些常用物理模型供用户根据实际情况使用或修改，而且用户可以根据自己需要建立与实际对应的偏微分方程及特定物理模型。Comsol Multiphysics 与多个软件有接口，可以与常用的绘图设计软件、数据处理软件、编程软件（CAD、Excel、MATLAB）等直接联系,大大方便了用户构建几何模型。Comsol Multiphysics对几何图形的剖分方式有三角形、四边形、四面体及六面体等网格模型，且分为常规、细化、较细化、超细化、极细化等多种细化程度，这使得Comsol Multiphysics的运算求解能力大大加强（程学磊等，2014）。

2. 热储数值模拟

（1）概念模型

研究区位于画眉背斜，构成良好的储热环境；画眉断裂沟通深部热源，热流上移过程中沿画眉断层次级断裂运移，缩短娄山关组热储层的加热过程。

由区域水文地质图：可知，六曲河水流方向整体上由东南流向西北，水流经大地热流加热赋存、聚集于热储层内向前缓慢运移；由于断层的影响，局部承压水向断层汇集并沿断层向上运移。研究区地层垂向结构按岩性特征分为两类，一类为碳酸盐岩含水层，三个含水单元岩性皆以灰岩、白云岩为主；另一类为碎屑岩隔水盖层，主要岩性为粉砂岩。

（2）参数选取

地下水流场模型中，主要的水文地质参数为孔隙率、渗透系数。含水层的三个盖层岩性皆以粉砂岩为主，且钻井编录表中缺少分层水位，故模型中参数取值相同；参照岩土力学粉砂岩参数取值区间，结合相关文献中相似条件下的取值，孔隙率取0.35，渗透系数取1.65×10^{-5}m/s。未进行分层降压试验，故只能计算热储含水层的参数。本次地下水流场数值模拟所用含水介质及水的物理性质参数具体取值，主要依据降压试验结果、测井解译和具体岩层的岩性来确定。

赫章六曲河地热井揭穿热储含水层7.7m，自流量2600m^3/d，降压0.85MPa，采用非完整井稳定流抽水进行降压试验。由于利用稳定流公式计算含水层参数，未考虑井管、滤网的水头损失及人工误差，且假定条件为滤管管壁进水，与工程实际中底部进水的情况有出入，故计算所得的参数偏小。热储含水层水文地质参数取值见表7-7，计算所得渗透系数平均值为1.68×10^{-5}m/s，与热储含水层的强富水性不吻合；在模拟过程中经过反复调试，将实测涌水量与模拟所得涌水量拟合，直到模拟结果与实测数据基本一致，最终将储层渗透系数定为2.157×10^{-4}m/s。

表7-7　热储含水层水文地质参数赋值

储层	降压 /MPa	涌水量 /（m^3/d）	孔隙率	渗透系数 /（m/s）	
				计算值	调参取值
$\epsilon_{2-3}ls$	0.325	846	0.3	1.65×10^{-5}	2.157×10^{-4}
	0.500	1320	0.3	1.68×10^{-5}	
	0.850	2262	0.3	1.71×10^{-5}	

（3）边界条件

Comsol Multiphysics用于模拟地下水层流的预设物理场遵照Darcy定律。目标层为寒武系娄山关群白云岩地层，埋深1175m，承压含水层，可近似看作层流。地表为大气降雨补给边界，参照地区降雨入渗系数给定质量通量。地下水流场边界条件需要输入：①地热井水头（实测值）；②目标层水头边界（推测地下水流动方向为东南至西北，取水力梯度经验值，分别给定流入、流出边界水头值）；③栖霞组-茅口组水头边界（地热井缺少分层水头值；该组地层部分出露于地表，直接接受大气降水补给，可看作潜水含水层，选取画眉断层斜切背斜部位最高点水位分别设置两侧边界水头值）。

（4）模型建立

1）模型假设：将断层以下娄山关组、高台组视为均质承压含水层；区内揭露的大塘组、马平组岩性皆以泥质灰岩为主，视为具有略低于目标含水层渗透系数的均值承压含水层；栖霞组、茅口组视为直接接受大气降水补给的均值潜水含水层；相应盖层视作具有同一物理性质的隔水层。

2）网格剖分：地热井开采全过程中流场变化以区内地热井位与断层位置为水平向参考尺度，以地热井地表高程至目标层埋深为垂向参考，设定研究区范围并进行三角剖分网格超细化：网格顶点共 6182 个，单元网格数为 11922 块，单元面积比为 1.939×10^{-4}，网格面积为 $2.991\times10^{6}m^{2}$，见图 7-18。

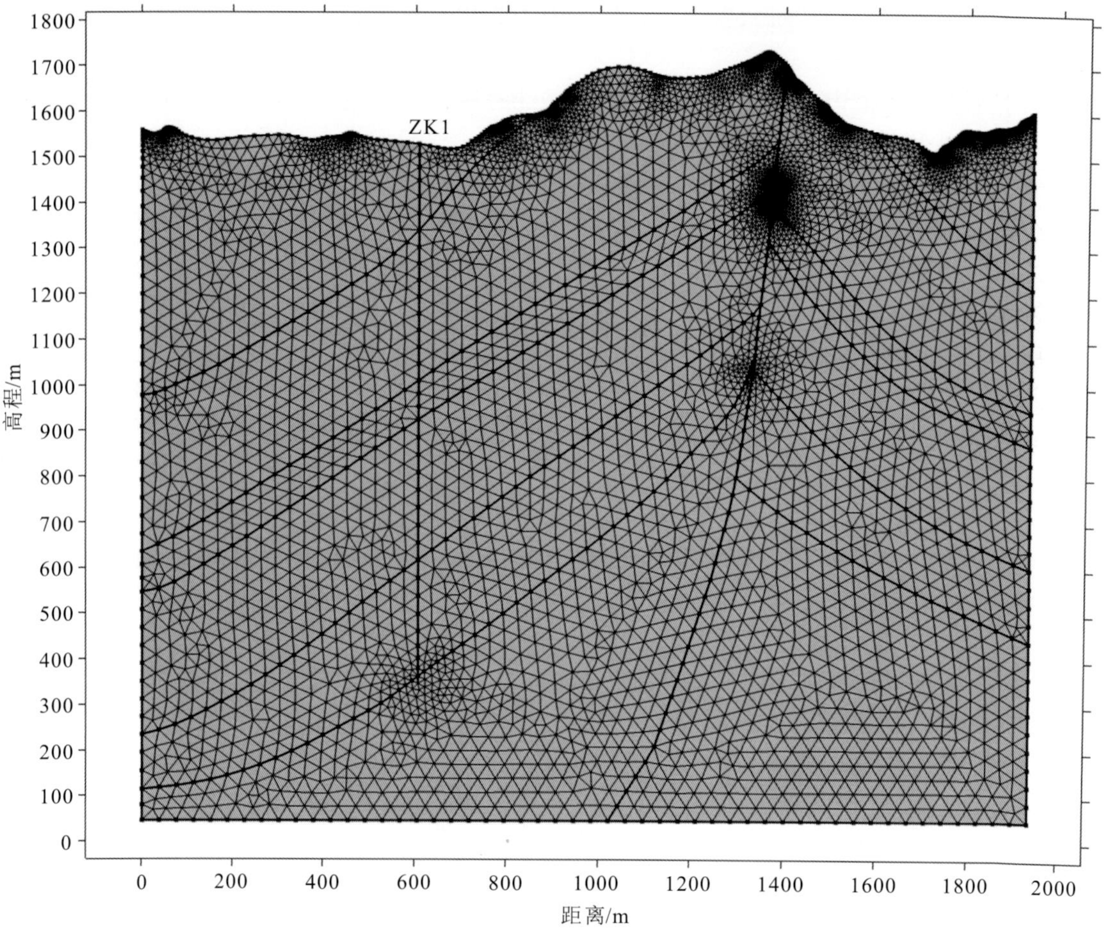

图 7-18　勘查区网格剖分

（据令狐燕艳，2019）

3）整个储层结构划分：储层分为三个含水层及其对应的盖层，栖霞组-茅口组潜水含水层及其盖层、石炭系含水层及二叠系梁山组盖层、寒武系承压含水层及奥陶系湄潭组盖层。

4）设置相应参数并模拟地热井开采过程：①地热井未开采（初始水头为 1613m）条件下的地下水流场分布；②地热井降压 0.325MPa 时地下水流场分布；③地热井降压 0.500MPa 情况下的流场分布；④地热井自流（降压 0.850MPa）情况下的流场分布。

3. 结果计算与分析

（1）模型计算结果

1）地热井未开采条件下流场分布。地热井未开采条件下，输出地下水流场模拟结果，如图 7–19 所示。由图 7–19 分析可知，地下流体受构造影响，且承压含水层水压为 0.850MPa，高承压性促使地下流体整体沿断层汇聚向表层运移，地下水流受压情况下以极小速度（9.77×10^{-5}m/s）穿越湄潭组相对隔水的粉砂岩、黏土岩层，向地表运移。表层水位最高点位于断层斜切背斜核部位置（地表高程 1703m），水头值为 1582.2m，水头由断层向两侧逐渐降低。该处地表高程高于地下水测压水位，故地表无天然温泉出露。推测赋存于娄山关群流体接受壳幔传热，同时深部热流经画眉断裂上涌至其次级断裂带时沿次级断裂带继续向深部循环，加热娄山关群内赋存的流体。

2）地热井开采条件下流场分布。将地热井降压 0.325MPa 时的流场模拟结果（图 7–20）与地热井降压 0.500MPa 时的流场模拟结果（图 7–21）、未开采情况下的流体流场分布做对比发现：受地热井开采影响，井周围水位逐渐降低，四周流体优先流向地热井，少部分流体继续沿断裂带运移；上部含水层的水位有所降低，降压 0.325MPa 时，上部含水层水头最高点的值为 1574m；降压 0.500MPa 时，上部含水层水头最高点的值为 1568.4m。对井段位置的达西速度进行积分计算，求得降压 0.325MPa 条件下的涌水量为 862.4m^3/d、降压 0.500MPa 条件下的涌水量为 1328m^3/d。

当地热井降压 0.850MPa 抽水时，地下水流场模拟结果如图 7–22 所示，井抽水量增大，明显改变了流场的流动趋势，水流集中供给抽水地热井，井周边形成明显呈近似“U”形水头值下降区域，地下水流几乎不沿断裂上移。上部含水层的水位降低，潜水含水层水头最高点的值为 1560m。对井段位置的达西速度进行积分计算，求得该降深条件下的涌水量为 2260.5m^3/d。

（2）对比分析

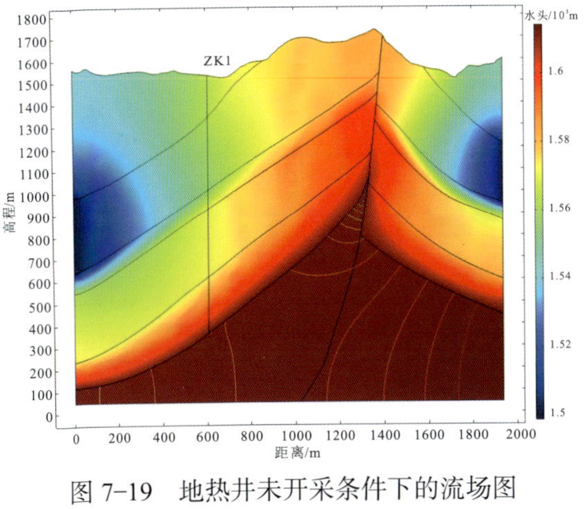

图 7–19　地热井未开采条件下的流场图
（据令狐燕艳，2019）

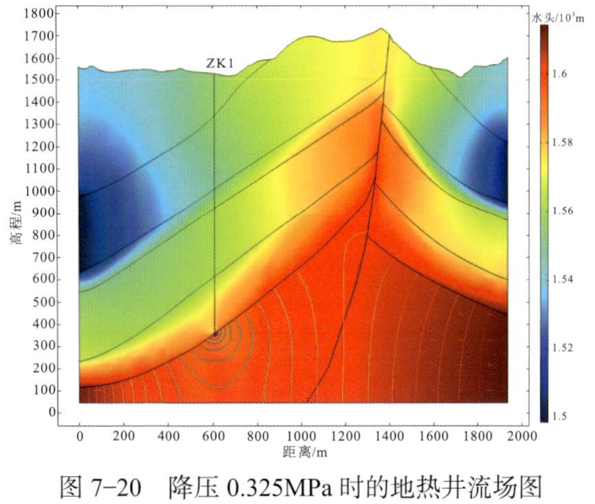

图 7–20　降压 0.325MPa 时的地热井流场图
（据令狐燕艳，2019）

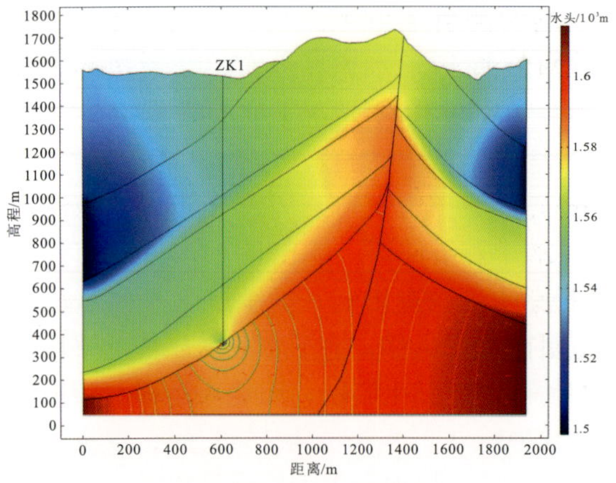

图 7-21　降压 0.500MPa 时的地热井流场图
（据令狐燕艳，2019）

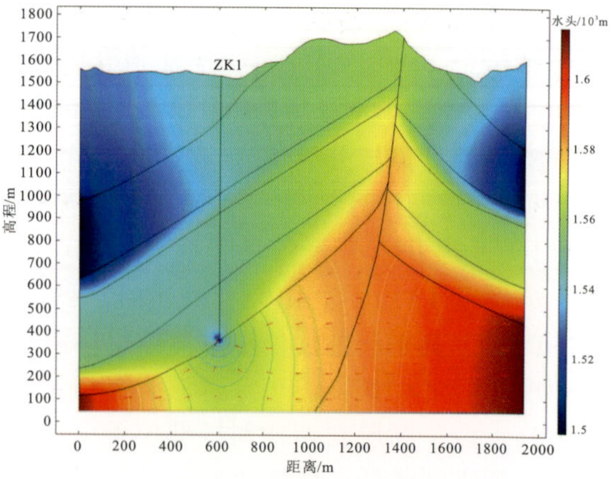

图 7-22　降压 0.850MPa 时的地热井流场图
（据令狐燕艳，2019）

根据热储特征，地下热流体开采可视为无限含水层中地下水向集水井运动的承压稳定流运动，热矿水井看作无限含水层中承压非完整井，采用承压非完整井稳定流计算成井影响半径的公式：

$$K = \frac{Q}{2\pi SM}\left[\ln\frac{R}{r} + \frac{M-L}{L}\ln(1+0.2\frac{M}{r})\right] \quad (7\text{–}7)$$

$$R = 10 \times S \times \sqrt{K} \quad (7\text{–}8)$$

式中：K 为渗透系数（m/d）；Q 为涌水量（m³/d）；S 为水位降深值（m）；r 为水井半径（m）；R 为井影响半径（m）；M 为含水层厚度（m）；L 为有效进水长度（m）。

估算地热开采量对热储的影响半径（R_1），视其为单井开采权益保护半径。

$$R_1 = \sqrt{\frac{36500Qf}{0.15H\pi}} \quad (7\text{–}9)$$

式中：Q 为地热井涌水量（m³/d）；f 为水比热与热储岩石比热的比值，介于 3 ~ 5 之间，本次研究取值 4；H 为热储层厚度（m），取 193m；R_1 为地热井开采 100 年累计排出热量对热储的影响半径（m）。

根据以上公式计算出井影响半径（R）与单井开采权益保护半径（R_1），并与模拟值进行对比；将模拟得出的涌水量与降压试验实测涌水量做对比（表 7-8）。

表 7-8　相关参数值与模拟值对比表

降压 /MPa	涌水量 /（m³/d）		影响半径 /m		
	实测值	模拟值	R	R_1	模拟值
0.325	846	862.4	388	1176	1267
0.500	1320	1328.0	604	1456	1290
0.850	2262	2260.5	1033	1906	1330

通过模拟结果可得出：

1）将压力值视作唯一变量，模拟不同降压值条件下流场的变化情况，可直观、清晰地观测到开采井周围的水头值随降压值增大而降低、影响半径随降压值增大而增大，模型计算得出涌水量随降压值增大显著增大。

2）相应降压条件下，涌水量的模拟计算值与实测值十分接近，整体误差较小，随降压值增大（0.325MPa → 0.500MPa → 0.850MPa）涌水量模拟值的误差减小（16.4m^3/d → 8.0m^3/d → 1.5m^3/d）；影响半径模拟值与单井开采权益影响半径值变化趋势一致，皆随降压值增大而增大，且两者取值相近。

3）计算所得渗透系数平均值为 1.68×10^{-5}m/s，可视作弱透水层；模拟调参所取渗透系数为 2.157×10^{-4}m/s，符合热储含水层的强富水性。

综上所述，研究区的地下水流场模型适用。建议开采过程中，降压值控制在 0.850MPa 以内，涌水量控制在 1300m^3/d，开采保护半径控制在 1400m。

参考文献

班文韬，段先前，杨倩，丁坚平 .2018. 贵州革东地区带状热储赋存规律研究 [J]. 地质与勘探，54（02）：366–375.

党爽，褚学伟，丁坚平 . 2014. 贵州大型工业废渣堆场岩溶渗漏污染治理评价 [J]. 人民长江，45（544）：96–99.

丁航航，邹银先，等 . 2016. 贵州岩溶水赋存特征 [C]，贵州省岩石力学与工程学会 2016 年学术年会论文 ..

丁坚平 . 1991. 林歹矿魏家寨 1 号竖井突水特征及其涌水量预测 [J]. 中国岩溶，10（4）：313–317.

丁坚平，王伍军，褚学伟 . 2014. 贵州岩溶地下水渗漏污染预测及防治 [M]. 北京：地质出版社 .

丁坚平，褚学伟，段先前，梁风，王中美 . 2017. 贵州岩溶塌陷 [M]. 北京：地质出版社 .

贵阳市水务局 . 2014. 贵阳市地下水开发利用及保护的工作方案 [R]. 贵阳：贵阳市水务局 .

贵州大学资源与环境工程学院 . 2012. 贵州省地下水打井工程利用情况调查评估报告 [R]. 贵阳：贵州大学资源与环境工程学院 .

贵州工学院地质系岩溶科研队 . 1985. 独山南部地区岩溶及其水资源和开发治理研究报告 [R]. 贵阳：贵州工学院地质系岩溶科研队 .

贵州省毕节地区水利局，贵州省毕节地区勘测设计研究院，贵州大学 .2008. 贵州省毕节地区地下水保护行动试点——煤矿开采区地下水开发、利用、管理和保护研究 [R]. 贵州省毕节地区水利局，贵州省毕节地区勘测设计研究院，贵州大学 .

贵州省地质工程勘察院 . 1991. 贵州省贵阳市城市供水水文地质报告 [R]. 贵阳：贵州省地质工程勘察院 .

贵州省地质环境监测院 .2009. 贵州地质灾害及其防治 [M]. 贵阳：贵州科技出版社 .

贵州省地质局第一水文地质工程地质大队 . 1982. 贵州省贵阳市城市供水水文地质初勘报告 [R]. 贵阳：贵州省地质局第一水文地质工程地质大队 .

贵州省地质矿产勘查开发局 . 2012. 贵州省勘查找水打井总结报告 [R]. 贵阳：贵州省地质矿产勘查开发局 ..

贵州省地质矿产勘查开发局 111、114 地质大队 . 2018. 贵州省岩溶地下水系统及水资源研究 [R]. 贵阳：贵州省地质矿产勘查开发局 111、114 地质大队 .

贵州省地质矿产勘查开发局 114 地质大队 . 2017. 贵州省地下热水资源可持续发展研究 [R]. 遵义：贵州省地质矿产勘查开发局 114 地质大队 .

贵州省环境地质研究所 .2017. 贵州省地质环境可持续利用研究报告 [R]. 贵阳：贵州省环境地质研究所 .

贵州省土地矿产资源储备局 . 2017. 贵州省矿泉水调查评价报告 [R]. 贵阳：贵州省土地矿产资源储备局 .

贵州省有色金属和核工业地质勘查局七总队 . 2018. 贵州省赫章县六曲河 ZK1 地热井资源普查报告 [R]. 贵阳：贵州省有色金属和核工业地质勘查局七总队 .

贵州省住建厅 .2018. 贵州建筑岩土工程技术规范（DBJ52/T046–2018）[M]. 北京：中国建筑工业出版社

令狐燕艳 .2019. 贵州带状热储赋存特征研究 [D]. 贵阳：贵州大学 .

罗和平 .2021. 贵州省天然劣质岩溶水的分布与成因研究 [D]. 贵阳：贵州大学 .

罗维，杨秀丽，宁黎元等 .2019. 贵州主要碳酸盐岩含水层污染现状与特征 [J]. 地球科学，44（09）：2851–2861.

吕子明 . 2019. 老鹰山煤矿矿井涌水量动态特征分析及预测 [D]. 贵阳：贵州大学 .

蒲文斌 . 2014. 乌当地区岩溶大泉动态特征研究 [D]. 贵阳：贵州大学 .

“7.2”重大突水事故调查组专家组 . 2011. 平塘县牛棚煤矿“7.2”重大突水事故直接原因技术鉴定报告 [R].

“7.2”重大突水事故调查组专家组.
屈伟.2010.贵州岩溶地区矿山超深开采矿坑涌水量预测研究[D].贵阳：贵州大学.
王明章，张林，王伟等.2015.贵州省岩溶区地下水与地质环境[M].北京：地质出版社.
王诗扬，卢天丕.2018岩溶区地下室抗浮水位问题讨论——以贵州省安顺市西秀区城区某建筑物地下室为例[J].贵州地质，35（1）：44-48.
张世从，陈履安编著，1998.贵州热矿水[M].贵阳：贵州科技出版社.
张雪梅.2019.岩溶裂隙-管道水动力弥散特征室内模拟研究[D].贵阳：贵州大学.
中国地质大学（北京）.2017.贵州省岩溶地下水资源可持续开发利用战略研究[R].中国地质大学（北京）.
中国电建集团贵州电力设计研究院有限公司，贵州大学.2014.贵阳市地下水资源普查报告[R].贵阳：中国电建集团贵州电力设计研究院有限公司，贵州大学.
中国电建集团贵州电力设计研究院有限公司.2016.贵州省水城县典型煤矿老空区水害隐蔽致灾因素勘查工程报告[R].贵阳：中国电建集团贵州电力设计研究院有限公司.
邹凤钗，邹银先.2016.贵州岩溶地下水资源变化特征分析[J].环保科技，22（4）：28-30.